工程勘察现场作业人员培训教材

住房城乡建设部工程质量安全监管司　组织编写

中国城市出版社
·北京·

图书在版编目（CIP）数据

工程勘察现场作业人员培训教材/住房城乡建设部工程质量安全监管司组织编写. —北京：中国城市出版社，2014.6（2015.4 重印）
ISBN 978-7-5074-2843-8

Ⅰ.①工… Ⅱ.①住… Ⅲ.①建筑工程—地质勘探—技术培训—教材
Ⅳ.①TU195

中国版本图书馆 CIP 数据核字（2014）第 132066 号

本书共分为四篇，第一篇是职业道德和法律责任篇；第二篇是基础知识篇，内容涉及与勘察工作相关的各类基础知识，包括地貌和第四纪地质、地质构造及岩体结构、岩土分类、地下水、勘探与取样、现场原位测试、不良地质作用、地基基础以及钻探机械设备常识等；第三篇是基本技能篇，主要内容包括钻探技术和现场鉴别与记录等；第四篇是安全生产篇。

本书既可作为勘察现场作业人员上岗培训教材，也可以用于机长和记录员的继续教育。

* * *

责任编辑：常 燕 付 娇

工程勘察现场作业人员培训教材
住房城乡建设部工程质量安全监管司 组织编写
*
中国城市出版社出版、发行（北京市西城区广安门南街甲 30 号）
各地新华书店、建筑书店经销
广州市友间文化传播有限公司制版
廊坊市海涛印刷有限公司印刷
*
开本：889×1194 毫米 1/16 印张：12.25 字数：293 千字
2014 年 6 月第一版 2015 年 4 月第四次印刷
定价：**36.00** 元
ISBN 978-7-5074-2843-8

本社网址：http://www.citypress.cn

本书编委会

主 编 单 位： 住房城乡建设部工程质量安全监管司

参 编 单 位： 北京市勘察设计研究院有限公司

北京城建勘测设计研究院有限责任公司

重庆市都安工程勘察技术咨询有限公司

福建省建筑设计研究院

建设综合勘察研究设计院有限公司

山东省建设工程勘察质量监督站

中兵勘察设计研究院

中航勘察设计研究院有限公司

北勘国建（北京）建设工程有限公司

编委会成员：（按姓氏笔画排序）

刁呈城　乔　社　李根义　杨建生　吴铭炳

何　平　沈小克　张建青　张荣成　周宏磊

郝春英　侯东利　郭明田　温　靖

前　　言

建设工程勘察的质量安全直接影响整个工程建设的质量、安全、成本和周期，同时对工程建设和环境保护也具有重要意义。近年来的全国建设工程质量安全监督执法检查情况表明，工程勘察质量整体处于受控状态，但在勘察工作中确实存在违反工程建设强制性标准，原始资料特别是勘察现场原始资料的真实性、准确性欠缺，甚至个别原始数据涉嫌造假等问题，工程质量安全事故时有发生，造成直接或间接的经济损失。工程勘察现场作业人员流动性较大，从业人员缺乏培训，从而导致原始资料质量得不到保证。

为了提高勘察现场工作的质量，确保勘察成果的真实、准确，落实《住房城乡建设部关于开展全国工程质量专项治理工作的通知》（建质［2013］149号）要求，住房城乡建设部工程质量安全监管司组织北京市勘察设计研究院有限公司等单位的专家编写了《勘察现场作业人员培训教材》，旨在指导各地对勘察现场作业人员的培训工作，本培训教材主要针对机长和记录员的培训进行编写。

本教材共分为四篇，第一篇是职业道德和法律责任篇；第二篇是基础知识篇，内容涉及与勘察工作相关的各类基础知识，包括地貌和第四纪地质、地质构造及岩体结构、岩土分类、地下水、勘探与取样、现场原位测试、不良地质作用、地基基础以及钻探机械设备常识等；第三篇是基本技能篇，主要内容包括钻探技术和现场鉴别与记录等，第四篇是安全生产篇。

本教材注重基本知识和基本技能相结合，不仅包括了工程勘察钻探技术和现场记录基本技能的要求，还包括了土力学和工程地质学的基本概念和基本知识，特别是突出了安全生产和职业道德方面对现场工作的要求。教材从始至终贯穿了最新勘察规范的相关规定，加强了依据勘察规范进行规范化操作的观念。本教材作为一部全国通用教材，内容融入了大量勘察工作中的经验、方法和技术，力求在指导实际生产方面具有实用性和可操作性。既可以作为勘察现场作业人员上岗培训教材，也可以用于对机长和记录员的继续教育，各地可根据不同的培训需求选用其中的内容。

由于我国幅员辽阔，各地工程地质条件差异较大，在开展培训工作时可根据本地区的具体情况及地方标准对本教材进行必要的补充。

本教材在编写过程中引用了国家标准和行业标准的内容，也参考了许多学者、专家的论著，在此对原作者表示衷心的感谢！

由于编写时间紧迫，书中难免有不妥之处，敬请批评指正！

目录

第一篇　职业道德和法律责任篇

职业道德既是从业人员在进行职业活动时应遵循的行为规范，又是从业人员对社会所应承担的道德责任和义务。加强工程勘察行业职业道德建设是社会主义精神文明建设的必然要求，是解决当前工程勘察质量安全突出问题的重要措施，是促进工程勘察行业健康发展的有效保证。本篇针对当前工程勘察质量安全方面存在的突出问题，结合勘察现场作业特点和现场作业人员的职业责任，梳理了工程勘察行业职业道德基本要求，提出了勘察现场作业人员职业道德规范。为使勘察现场作业人员了解相关规定，明确自身的法律责任，本篇摘录了部分与勘察现场作业人员密切相关的法律法规条文。

第一章　工程勘察行业职业道德基本要求

勘察现场作业人员必须首先明确对社会所应承担的道德责任和义务，恪守工程勘察行业职业道德基本要求，包括政策法规和行业自律要求、勘察现场作业规范性要求等，才能有针对性地加强职业道德修养，提高自身的职业道德素养。

第一节　与职业道德有关的政策法规和行业自律要求

一、政策法规要求

2012 年胡锦涛总书记在中国共产党第十八次全国代表大会上的报告提出：“倡导爱国、敬业、诚信、友善，积极培育和践行社会主义核心价值观。”

2001 年中共中央印发的《公民道德建设实施纲要》。其中明确提出要在全民族牢固树立建设有中国特色社会主义的共同理想和正确的世界观、人生观、价值观，在全社会大力倡导“爱国守法、明礼诚信、团结友善、勤俭自强、敬业奉献”的基本道德规范，努力提高公民道德素质，促进人的全面发展，培养一代又一代有理想、有道德、有文化、有纪律的社会主义公民；要大力倡导以爱岗敬业、诚实守信、办事公道、服务群众、奉献社会为主要内容的职业道德，鼓励人们在工作中做一个好建设者。

二、行业自律要求

2002 年中国勘察设计协会公布了《全国勘察设计行业从业公约》和《全国勘察设计行业从业职业道德准则》，具体内容如下：

（一）《全国勘察设计行业从业公约》

为了强化全国勘察设计行业的自律管理，维护行业秩序和合法权益，提高行业的整体素质和道德风尚，特制定本从业公约：

1. 坚持党的基本路线，努力实践“三个代表”，全面提高职工素质，为社会主义现代化建设服务。

2. 坚持依法执业，严格遵守党和国家有关工程建设和勘察设计的法规，认真执行各级政府主管部门颁布的工程建设标准规范，使勘察成果和设计文件达到最佳水平。

3. 坚持质量第一、精心勘察、精心设计，建立质量保证体系，严格校审，实行签章制度，保证勘察设计成果文件准确无误。

4. 坚持技术创新，提高装备水平，积极推广高新技术，保证勘察设计成果的合理性和先进性，努力赶上国际同行业的先进水平。

5. 坚持合法经营、平等竞争，自觉做到不压价竞争，不弄虚作假，不剽窃、抄袭和私自转让他人成果，坚决维护市场秩序。

6. 坚持以诚信为本，严格履行合同，讲求职业道德，维护信誉，加强信用建设。

7. 坚持服务宗旨，讲求服务质量，树立企业风尚和文化，与时俱进，健康发展。

8. 中国勘察设计协会和各部门、各地方同行业协会组织对本公约实行共同监管。

对违规者，行业协会有权做出相应的处罚，并向社会公开或通报全行业，直至建议降低或取消从业资格登记证书。

（二）全国勘察设计行业从业职业道德准则

职业道德建设是社会主义精神文明建设的重要内容，在进行社会主义现代化建设的过程中，工程勘察设计执业人员肩负重大责任。为了不断提高执业人员执业道德水平和主人翁精神，特制定本准则：

1. 认真学习和实践“三个代表”，不断提高政治思想水平和文化知识水平，树立正确的人生观、价值观，勇于攀登高新科技领域高峰，更好地为祖国建设服务。

2. 遵纪守法，自觉接受和服从管理，做到令行禁止，恪尽职守。

3. 树立高度责任感，精心勘察、精心设计、精心管理，保证质量，做到万无一失。

4. 敬业爱岗，无私奉献，一心为公，做好本职工作。

5. 解放思想，实事求是，敢于创新，热情服务，主动配合，发扬团结协作精神。

6. 从全局出发，抵制不正之风，恪守市场规则，自觉做到不强行介绍施工单位和制定厂商；不私自收取中介费、好处费；不无故拖延解答工程中碰到的问题；不得违反建设标准规范，不剽窃、抄袭和侵犯他人知识产权。

7. 加强行为自律、廉洁执业，洁身做人，自觉维护行业和单位的名誉。

8. 中国勘察设计协会和各部门、各地方同行业协会组织，对本准则实行共同监管，对卓有成效的贡献者，给予表彰，对违规者给予批评或全行业通报，并对未取得执业考试资格的人员建议延期，对已经取得执业资格者暂停或取消其个人执业注册资格。

（三）《工程勘察与岩土工程行业自律公约》

该《公约》于2013年12月17日经中国勘察设计协会工程勘察与岩土分会第六届第二次理事大会审议表决通过，由全体会员（理事）单位共同遵守，中国勘察设计协会工程勘察与岩土分会（简称“分会”）负责本《公约》的实施监管。对违约且拒不整改或影响恶劣者，分会将视恶劣影响和造成损害程度，对其做出警告、严重警告、取消“工程勘察诚信单位”称号、撤销会员（理事）资格的处罚，同时向行业、社会公众通报，并有权依法向建设主管部门建议降低或取消从业资格等级证书。

1．公约正文

坚持依法执业，接受社会监督；

诚实守信为本，恪守职业道德；

精心勘察设计，确保安全质量；

运用先进技术，创造服务价值；

保护公众利益，爱护环境资源；

发展企业文化，践行社会责任。

2．公约释义

（1）坚持依法执业，接受社会监督

会员企业（单位）应严格遵守国家法律法规和各项规章制度，贯彻执行国家技术方针与标准规范，严格履行法定合同责任，自觉接受行业管理和社会监督。

（2）诚实守信为本，恪守职业道德

会员企业（单位）应主动维护行业尊严，坚守诚信，合法、公平参与市场竞争，共同维护良好市场秩序，并教育、培训员工崇尚科学精神，恪守职业道德。

（3）精心勘察设计，确保安全质量

产品服务的质量是企业生存和建设项目的根基，安全直接涉及顾客项目、企业及员工的切身利益。会员企业（单位）应本着对社会、对行业、对员工和对顾客高度负责的精神，强化工程质量与项目安全管理，确保工作过程的安全和产品服务的质量。

（4）运用先进技术，创造服务价值

会员企业（单位）应坚持学习，主动创新，通过不断提高技术服务的能力与水平，为顾客创造智力服务价值，促进行业技术进步。

（5）保护公众利益，爱护环境资源

会员企业（单位）应重视公众利益与公共安全保护，贯彻可持续发展理念，在技术服务产品和工作过程中积极保护资源、环境，有效预防灾害。

（6）发展企业文化，践行社会责任

会员企业（单位）应重视企业文化建设，积极承担社会责任，为建设和谐社会做贡献。

（四）《工程勘察与岩土工程行业从业人员职业道德准则》

该《准则》于2013年12月17日经中国勘察设计协会工程勘察与岩土分会第六届第二次理事大会审议表决通过，由全体会员（理事）单位共同遵守，中国勘察设计协会工程勘察与岩土分会（简称“分会”）负责本《公约》的实施监管。准则内容如下：

诚信为本，追求精品；尊重科学，敬业创新；恪守法规，服务社会；公平竞争，和谐共进。

准则一：客户服务	
诚信为本	信守合同，认真履约，竭诚服务；勘察、设计、施工不弄虚作假
追求精品	体察客户需求，保障项目品质与运营安全；崇尚卓越服务，实现项目或成果的最佳价值
准则二：职业使命	
尊重科学	实事求是，遵循客观规律；保证基础资料真实、准确、可靠，专业建议与结论科学合理
敬业创新	以敬畏之心履行职业责任，自觉维护行业尊严和市场秩序；继承优良传统，以创新意识发展专业服务技术

续表

准则三：社会责任	
恪守法规	依法从业，严格遵守工作地法律法规及规程；保护项目委托人和业界同仁知识产权、商业机密
服务社会	重视生态环境，珍惜地球资源；以专业知识技能和研究成果为公共、生命财产安全与社会可持续发展作出贡献
准则四：合作发展	
公平竞争	依靠技术、质量、效率承揽业务；在招投标过程中，对腐败、欺诈和贿赂等事件零容忍
和谐共进	奉献个人才智，共创团队绩效；弘扬合作精神，促进协作伙伴和企业员工的共同发展

第二节　与职业道德有关的勘察现场作业规范性要求

一、勘察现场作业技术对职业道德的要求

工程勘察是工程建设的先行，是建筑工程和土木工程的重要组成部分，是为工程建设的规划、选址、可行性研究、设计、施工以及建成后的运营监测，提供技术成品和技术服务的重要手段。从这个意义上讲，工程勘察行业是一个技术密集型行业。勘察现场作业人员必须牢固树立科学的理念，在系统学习及掌握工程勘察行业及与其相关的规范规程标准、深刻领会勘察纲要全部内容的基础上，依靠科学的手段，履行好职业责任。

二、勘察现场作业质量对职业道德的要求

勘察现场作业质量关乎整个工程建设的质量。勘察现场作业人员使用钻探设备，在钻探过程中记录数据，描述地层状态，采取土样，并进行部分原位测试，如标准贯入、动力触探和静力触探等等。这些野外工作揭示了勘察区域的地质构造、不良地质作用、各地层的物理力学状态、地下水情况等等。原始资料和数据必须是真实、准确的，否则就会造成工程质量隐患。由于勘察作业对象具有隐蔽性，这就需要勘察现场作业人员不仅有熟练的职业技能，而且还要有高度的责任心和爱岗敬业的职业精神。

三、勘察现场作业安全对职业道德的要求

安全责任重于泰山。勘察现场作业既是一项艰苦的野外工作，也是一项存在安全生产风险的工作，包括恶劣天气带来的安全生产风险、用电和机械操作等方面的安全生产风险。特别是在条件艰苦、环境恶劣的情况下进行勘察现场作业，如在人迹罕至的荒原、险滩上从事公路、铁路工程勘察，在摇摆不定的水面上从事交通码头工程勘探，在人口和建筑密集的城区内从事工业与民用建筑工程勘察等等，面临的安全生产风险更大。这就需要勘察现场作业人员牢固树立文明作业、安全生产的职业观念，将安全生产隐患消灭在萌芽状态。

四、勘察现场作业环保对职业道德的要求

建设资源节约型、环境友好型社会，是全社会的责任，勘察现场作业人员应自觉履行这一社会责任。勘察现场作业除了注意节约用水用电用材之外，还要尽可能地为工程建设方节约工程投资；在郊区及野外进行勘察工作应注意保护植被、防止污染环境；在城区内

进行勘察工作应注意噪声扰民、防止扬尘等等。这就需要勘察现场作业人员牢固树立环保意识，减少对环境的危害。

第二章　勘察现场作业人员职业道德规范

勘察现场作业人员除了要恪守工程勘察行业职业道德基本要求之外，还应有适合自身工作特性的职业道德规范。勘察现场作业人员既要服从工程技术负责人、作业队长的指挥，又要协同各岗位环节间的配合，还要遵从纲要和操作规程的要求；同时面对露天作业不同的自然环境、作业条件和隐蔽、千变万化的地质条件；还要接受甲方的现场监督，这些对现场作业人员职业道德构成了使其自我约束的特定要求。

第一节　爱岗敬业

一、爱岗敬业的涵义

爱岗敬业是指认真对待自己的岗位，无论在任何时候都尊重自己的岗位职责，对自己的岗位职责勤奋有加、负责到底。爱岗就是热爱自己的工作岗位，热爱本职工作，敬业就是要用一种恭敬严肃的态度对待自己的工作。爱岗敬业作为最基本的职业道德规范，是对人们工作态度的一种普遍要求。

二、爱岗敬业的基本要求

1．尊敬尊崇自己的职业。要将工作当成自己的事，忠于职守、认真负责、一丝不苟、善始善终。勘察现场作业人员无论在什么岗位、从事什么工种，都应该尽职尽责，依法履行劳动合同，依法履行纳税义务。

2．强化职业责任。职业责任是指人们在一定职业活动中所承担的特定的职责，它包括人们应该做的工作和应该承担的义务。职业责任具有明确的规定性和法律纪律的强制性，与物质利益存在直接关系。勘察现场作业人员加强自身的职业责任修养，真正做到干一行、爱一行。

3．提高职业技能。职业技能也称职业能力，是人们进行职业活动、履行职业责任的能力和手段，它包括从业人员的实际操作能力、业务处理能力、技术技能以及与职业有关的理论知识等等。人的职业技能的形成条件包括人的先天生理条件、人的职业活动实践和职业教育。勘察现场作业人员应加强专业知识学习和岗位实践锻炼，真正做到干一行、精一行。

4．工作要做到位。工作不到位就是不敬业，就是对职业的亵渎，就是对企业的不忠诚。对勘察现场作业人员而言，工作到位不仅是职业本身的要求，更应该是自我要求。只有工作到位了，才能在工作中显现出实力，从而赢得更好的发展机遇。

5．服从企业管理要求。在遵守法律的前提下服从组织管理是企业员工的天职，也是保证企业组织利益不受损失的基础。勘察现场作业人员要自觉服从组织管理，遵守劳动纪律，弘扬团队精神，团结友善、和谐相处。

第二节　诚实守信

一、诚实守信的涵义

诚实守信的本义就是要诚实、诚恳、守信、有信，反对隐瞒欺诈、反对伪劣假冒、反对弄虚作假。所谓“诚实”，诚实意味着诚心诚意，忠贞不贰，就是说老实话、办老实事，做老实人。所谓“守信”，是说话算数和信守承诺，就是要“讲信用”、“守诺言”，也就是要“言而有信”、“诚实不欺”。诚实守信是一切道德的根基和本源，它不仅是一种个人的美德和品质，而且是一种社会的道德原则和规范；不仅是一种内在的精神和价值，而且是一种外在的声誉和资源。诚实守信是人和人之间正常交往、社会生活能够稳定、经济秩序得以保持的重要力量。对一个人来说，诚实守信既是一种道德品质和道德信念，也是一种道德责任，更是一种崇高的“人格力量”。

二、诚实守信的基本要求

1. 说老实话、办老实事、做老实人。真诚无欺、实事求是的态度和信守承诺的行为品质是每个行业的从业人员必须而且应当具备的基本素质和品格。在市场经济条件下，勘察现场作业人员只有说老实话、办老实事、做老实人，才能适应社会生活的要求，并实现自身人生价值。

2. 坚持诚信服务。勘察现场作业人员要始终秉持诚信至上，以诚信为立身之本，视诚信为单位和个人的无形法宝，坚持把诚信作为评价自身行为的基本准则，奉行言而有信、一诺千金的信条，真正做到有约必守、有诺必践。唯有如此，才能赢得客户信任和市场信誉。

3. 决不造假。对勘察现场作业人员来说，关键在于严格执行国家和地方关于工程勘察行业的规范规程标准要求，从自身做起，坚决抵制不做勘察就施工、减少勘察工作量、勘察报告不真实、钻孔数量和深度不够、无中生有、弄虚作假、取样不规范、试验数据不准确、管理审核制度不健全、不遵守市场行为等违规违法行为和行业不正之风，从源头上防范原始资料、原始记录涉嫌造假问题的发生。

第三节　自觉学习

一、自觉学习的内涵

学习是获取知识和掌握技能的过程，既包括通过正规的教育和训练获得知识技能，也包括在日常生活和实践活动中积累知识经验。自觉学习是一种主动的学习，是一种独立的学习，是基于学习兴趣和学习责任的一种内在需要，在学习活动中表现“我要学”、“我能学”。自觉学习还是勇于创新的必要条件之一，是勘察现场作业人员难能可贵的道德品质。

二、自觉学习的基本要求

1. 学习的主动性要强。以积极的态度学习与被动的学习是有本质区别的，主动学习的目标不仅是完成学习任务，而且是把学习任务完成好。勘察现场作业人员，要积极参加技术培训，牢固树立终身学习理念，主动学习、深入学习、持久学习，不但要学习规范规程标准和与本职工作有关的专业知识，还要学习法律法规、文明礼仪等方面的知识，全面提升自身素质。

2．学习的投入度要高。勘察现场作业人员要把学习当成立身立业之本，全身心地投入学习，持之以恒地进行有针对性地、系统地学习，包括书本知识学习和在实践中学习。要坚持理论联系实际、学用结合、以学致用，努力解决好工作与学习的矛盾，真正做到学以立德、学以增智、学以创业。从学习中获取成功的快乐或是攻克难题的喜悦，通过工程实践亲身体验知识本身的魅力，进而形成持久的学习动力。

3．增强创新意识。勘察现场作业人员，要克服安于现状的心理，不断学习科学技术与管理经验，打破墨守成规的观念，积极开拓进取，在不断创新发展思路的同时，紧密结合勘察现场工作实际，积极推广应用新技术、新工艺。

第四节　安全生产

一、安全生产的涵义

安全生产是指以“预防为主、安全第一”为指导方针，为防止勘察现场作业过程中发生人员伤亡和财产损失而采取的各项技术及组织措施和方法。重视安全生产就是珍视自己和他人的生命，珍惜国家和集体财产。

二、安全生产的基本要求

1．深刻认识安全生产的重要性。安全责任重于泰山，勘察现场作业人员，要增强安全责任意识，任何时候都不能忽视和放松文明作业和安全生产工作，必须始终把安全生产放在第一位。

2．妥善处理安全与生产的辩证关系。特别是在生产任务繁忙时、在安全与生产发生矛盾时，更要处理好两者的关系，切不可忽视安全，必须让生产服从安全。越是生产任务忙，越要把安全工作做好。否则就会因安全事故造成人员伤亡或财产损失，影响生产工作以及本行业和所在单位的形象。

3．坚持“预防为主”。预防为主就是要在事前做好安全工作，防患于未然，把工伤事故和职业危害消灭在萌芽状态。“预防为主”、“安全第一”两者是相辅相成、互相促进的。“预防为主”是实现“安全第一”的基础，防范措施做好了，就可以保证安全生产，落实安全第一。

4．严格落实安全生产责任制。目前，国家和行业主管部门已制定了安全生产方面的一系列法律法规，出台了安全生产责任制、安全生产教育培训、安全生产检查、安全责任追究等一系列管理规章制度。这些法律法规和管理规章制度，为落实“预防为主、安全第一”方针提供了法律保障和政策依据，工程勘察单位和所有从业人员都必须认真贯彻执行。

第五节　文明作业

一、文明作业的涵义

文明作业是指勘察现场作业要按照规范规程标准要求和勘察纲要，严格执行勘察现场作业管理制度和科学规范的作业程序，做到经常性的监督检查，保证现场材料设备管理有序、工完场清，保护勘察现场环境，保持良好的勘察工作秩序。这对提高投资效益、保证工程质量以及提升整个行业的外在形象具有十分重要的意义。

二、文明作业的基本要求

1. 增强文明作业的责任意识。在勘察现场作业过程中，要在确保人身安全以及国家和集体财产安全的同时，保护工地现场环境，保证勘察现场管理井然有序，改变过去脏、乱、差的面貌。

2. 科学地节约资源，提高效益。要增强环保意识，严格监控施工用水、用电和工程材料领用，杜绝水、电和工程材料的浪费，自觉肩负起在建设资源节约型、环境友好型社会方面应有的责任。

第三章　勘察现场作业人员的法律责任

为了加强对建设活动的监督管理，保证建设工程的质量和安全，《中华人民共和国建筑法》、《中华人民共和国安全生产法》、《建设工程质量管理条例》、《建设工程勘察设计管理条例》、《建设工程安全生产管理条例》、《建设工程勘察质量管理办法》等相关法律法规和部门规章对建设工程从业人员的职业行为和法律责任进行了相应规定。遵守法律法规是对从业人员的基本要求。为使勘察现场作业人员了解相关规定，明确自身的法律责任，本章摘录了其中与勘察现场作业人员法律责任相关的部分法律法规条文。

一、《中华人民共和国建筑法》（自 1998 年 3 月 1 日起施行）

第五十六条 建筑工程的勘察、设计单位必须对其勘察、设计的质量负责。

二、《中华人民共和国安全生产法》（自 2002 年 11 月 1 日起施行）

第四十五条　生产经营单位的从业人员有权了解其作业场所和工作岗位存在的危险因素、防范措施及事故应急措施，有权对本单位的安全生产工作提出建议。

第四十六条　从业人员有权对本单位安全生产工作中存在的问题提出批评、检举、控告；有权拒绝违章指挥和强令冒险作业。

第四十七条　从业人员发现直接危及人身安全的紧急情况时，有权停止作业或者在采取可能的应急措施后撤离作业场所。

第四十九条　从业人员在作业过程中，应当严格遵守本单位的安全生产规章制度和操作规程，服从管理，正确佩戴和使用劳动防护用品。

第五十条　从业人员应当接受安全生产教育和培训，掌握本职工作所需的安全生产知识，提高安全生产技能，增强事故预防和应急处理能力。

第五十一条　从业人员发现事故隐患或者其他不安全因素，应当立即向现场安全生产管理人员或者本单位负责人报告；接到报告的人员应当及时予以处理。

第九十条　生产经营单位的从业人员不服从管理，违反安全生产规章制度或者操作规程的，由生产经营单位给予批评教育，依照有关规章制度给予处分；造成重大事故，构成犯罪的，依照刑法有关规定追究刑事责任。

三、《建设工程质量管理条例》（国务院令第 279 号，自 2000 年 1 月 30 日起施行）

第十九条　勘察、设计单位必须按照工程建设强制性标准进行勘察、设计，并对其勘察、设计的质量负责。

第二十条　勘察单位提供的地质、测量、水文等勘察成果必须真实、准确。

第六十三条　违反本条例规定，有下列行为之一的，责令改正，处 10 万元以上 30 万元以下的罚款：

（一）勘察单位未按照工程建设强制性标准进行勘察的；

（二）设计单位未根据勘察成果文件进行工程设计的；

（三）设计单位指定建筑材料、建筑构配件的生产厂、供应商的；

（四）设计单位未按照工程建设强制性标准进行设计的。

第七十三条　依照本条例规定，给予单位罚款处罚的，对单位直接负责的主管人员和其他直接责任人员处单位罚款数额 5% 以上 10% 以下的罚款。

第七十七条　建设、勘察、设计、施工、工程监理单位的工作人员因调动工作、退休等原因离开该单位后，被发现在该单位工作期间违反国家有关建设工程质量管理规定，造成重大工程质量事故的，仍应当依法追究法律责任。

四、《建设工程勘察设计管理条例》（国务院令第 293 号，自 2000 年 9 月 25 日起施行）

第五条 建设工程勘察、设计单位必须依法进行建设工程勘察、设计，严格执行工程建设强制性标准，并对建设工程勘察、设计的质量负责。

五、《建设工程安全生产管理条例》（国务院令第 393 号，自 2004 年 2 月 1 日起施行）

第十二条　勘察单位应当按照法律、法规和工程建设强制性标准进行勘察，提供的勘察文件应当真实、准确，满足建设工程安全生产的需要。

勘察单位在勘察作业时，应当严格执行操作规程，采取措施保证各类管线、设施和周边建筑物、构筑物的安全。

第五十六条 违反本条例的规定，勘察单位、设计单位有下列行为之一的，责令限期改正，处 10 万元以上 30 万元以下的罚款；情节严重的，责令停业整顿，降低资质等级，直至吊销资质证书；造成重大安全事故，构成犯罪的，对直接责任人员，依照刑法有关规定追究刑事责任；造成损失的，依法承担赔偿责任：

（一）未按照法律、法规和工程建设强制性标准进行勘察、设计的；

（二）采用新结构、新材料、新工艺的建设工程和特殊结构的建设工程，设计单位未在设计中提出保障施工作业人员安全和预防生产安全事故的措施建议的。

六、《建设工程勘察质量管理办法》（建设部令第 115 号，自 2003 年 2 月 1 日起施行）

第十四条　工程勘察工作的原始记录应当在勘察过程中及时整理、核对，确保取样、记录的真实和准确，严禁离开现场追记或者补记。

第十五条　工程勘察企业应当确保仪器、设备的完好。钻探、取样的机具设备、原位测试、室内试验及测量仪器等应当符合有关规范、规程的要求。

第十六条　工程勘察企业应当加强职工技术培训和职业道德教育，提高勘察人员的质量责任意识。观测员、试验员、记录员、机长等现场作业人员应当接受专业培训，方可上岗。

第二十五条　违反本办法规定，工程勘察企业有下列行为之一的，由工程勘察质量监督部门责令改正，处1万元以上3万元以下的罚款：

（一）勘察文件没有责任人签字或者签字不全的；

（二）原始记录不按照规定记录或者记录不完整的；

（三）不参加施工验槽的；

（四）项目完成后，勘察文件不归档保存的。

第二篇　基础知识篇

第一章　地貌和第四纪地质

地球在浩瀚的宇宙中，就像是广阔原野上的一粒灰尘，但是它的形成和发展却经历了十分漫长的过程。随着地球上生命的诞生，这里才变成了一个生机勃勃的世界，人类出现以后，地球更闪现出智慧的光芒。美丽的山川、蜿蜒的河流、宁静的湖泊、险峻的山峰、辽阔的平原、蔚蓝的大海、广垠的沙漠，这些组成了地球的外貌。

地质作用在地壳表面形成的各种不同成因、不同类型、不同规模的起伏形态，称为地貌。

第一节　地质作用

地质学将自然界引起地壳物质成分、结构、构造及地表形态等发生不断改变和发展的各种作用总称为地质作用。地质作用分为内动力地质作用和外动力地质作用。

一、内力地质作用

内力地质作用是因地球内部能产生的地质作用，有构造运动、岩浆活动、地震作用和变质作用，这类地质作用主要发生在地下深处，有的可波及到地表。它使岩石圈发生变形、变位，或发生变质，或发生物质重熔，以至形成新岩石。

1. 构造运动是指岩石圈物质的机械运动。它有垂直和水平两种运动形式。构造运动可使岩石变形、变位，形成各种构造形迹，塑造岩石圈的构造，并决定地表形态发育的基础。构造运动可引起海陆变迁。

2. 岩浆活动是岩浆从形成、运动直到冷凝成岩的全过程。岩浆是地下岩石的高温（一般 800 ~1200℃）熔融体。它不连续地发源于地幔顶部或地壳深部。岩浆形成后循软弱带从深部向浅部运动，在运动中随温度、压力的降低，本身也发生变化，并与周围岩石相互作用。

3. 地震作用是岩石中积蓄的应变能以弹性波形式突然释放而引起的地球内部的快速颤动。地震发源于地下深处，并波及地表。绝大多数地震是构造运动引起岩石断裂而发生的。

4. 变质作用是岩石在风化带以下，受温度、压力和流体物质的影响，在固态下转变成新的岩石的作用 。岩石变质后，其原有构造、矿物成分都有不同程度的变化，有的可完全改变原岩特征。

二、外力地质作用

外力地质作用是因地球外部能产生的，它主要发生在地表或地表附近。外力地质作用几乎都有重力能参与。外力地质作用使地表形态和地壳岩石组成发生变化。可分成河流的地质作用、地下水的地质作用、冰川的地质作用、湖泊和沼泽的地质作用、风的地质作用和海洋的地质作用等。外力地质作用按照其发生的序列还可分成风化作用、斜坡重力作用、剥蚀作用、搬运作用、沉积作用、固结成岩作用及地面沉降作用等。

1. 风化作用是地表环境中，矿物和岩石因大气温度的变化，水分、氧、二氧化碳和生物的作用在原地分解、碎裂的作用，包括物理作用、化学作用和生物作用。

2. 斜坡重力作用是斜坡上的土和岩石块体在重力作用下顺坡向低处移动的作用。重力是主要营力，斜坡是必要条件，暴雨、地震、人为开挖往往起诱发作用。块体物质的运动方式分为崩落、滑移、流动和蠕动，前三者运动较快，后者较慢。

3. 剥蚀作用是河流、地下水、冰川、风等在运动中对地表岩石和地表形态的破坏和改造的总称。

4. 搬运作用是地质营力将风化、剥蚀作用形成的物质从原地搬往他处的过程，包括机械搬运和化学搬运作用两类。

5. 沉积作用是各种被外营力搬运的物质因营力动能减小，或介质的物化条件发生变化而沉淀、堆积的过程，包括机械，化学，生物三类。

6. 固结成岩作用是松散沉积物转变为坚硬岩石的过程。这种过程往往是因上覆沉积物的重荷压力作用使下层沉积物减少孔隙，排除水分、碎屑颗粒间的联系力增强而发生；也可以因碎屑间隙中的充填物质具有粘结力，或因压力、温度的影响，沉积物部分溶解并再结晶而发生。

7. 地面沉降作用是指地面垂直向下的变形作用，主要是指因抽取地下液体而造成的地面沉降，作用范围一般较大。此外，溶洞、采空区、地下水土流失等也能引起地面沉降，但其影响范围相对较小。

三、内、外力地质作用关系

内、外力地质作用互有联系，但发展趋势相反。内力作用使地球内部和地壳的组成和结构复杂化，造成地表高低起伏；外力作用使地壳原有的组成和构造改变，夷平地表的起伏，向单一化发展。一般来说，内力作用控制着外力作用的过程和发展。

第二节　地貌单元的分类

我国的陆地地貌习惯上划分为平原、丘陵、山地、高原和盆地五大形态类型。

岩土工程勘察中常遇到的地貌类型有：①构造、剥蚀地貌，主要由构造和强烈的冰川剥蚀地质作用引起，地貌单元为山地、丘陵、剥蚀残山、剥蚀准平原。②山麓斜坡堆积地貌，主要地貌单元为洪积扇、坡积裙、山前平原、山间凹地，③河流侵蚀堆积地貌，主要地貌单元有河谷、河床、河漫滩、阶地、谷坡、谷岸、河间地块。④河流堆积地貌单元有冲积平原与河口三角洲。⑤大陆停滞水堆积地貌单元有湖泊平原和沼泽地。⑥大陆构造——剥蚀地貌，地貌单元为构造平原、黄土塬、梁、峁。⑦岩溶（喀斯特）地貌，地貌单元主要有岩溶盆地、峰林地形、石芽残丘和溶蚀准平原。⑧海成地貌、风成地貌和冰川地貌。

详细的地貌单元划分见附件一。

第三节　第四纪地质

地质时代主要是根据生物的演变和地壳运动等重大变动来划分，在地球约46亿年的地质年代中，地质的最大时间单位是“代”，代又分“纪”，纪又分“世”，世内分“期”。由古至今地质时代划分为：太古代、元古代、古生代、中生代和新生代。第四纪是地质史上最新的一个时间单位，它隶属于新生代，包括更新世和全新世两个阶段。第四纪时期形成的一套地层称为第四系，包括更新统和全新统两个早晚衔接的地层单位。

第四纪开始于大约260万年前，现在也是第四纪。第四纪有两件大事，一件是发生大规模的冰期，一件是人类和现代动物的出现。

第四纪堆积是指第四纪期间形成的堆积物，广泛分布于自然界的碎石土、砂土、黏性土等松散堆积物未经风化成岩作用，或经风化残留在原地，或经搬运沉积而成。他们具有不同的特征，其堆积类型和特征如下。

一、第四纪堆积物的成因类型

第四纪堆积物的成因类型详见表2.1－1。

第四纪堆积物的成因类型　　表2.1－1

成因	成因类型	主导地质作用
风化残积	残积	物理、化学风化作用
重力堆积	坠积	较长期的重力作用
	崩塌堆积	短促间发生的重力破坏作用
	滑坡堆积	大型斜坡块体重力破坏作用
	土溜	小型斜坡块体表面的重力破坏作用
大陆流水堆积	坡积	斜坡上雨水、雪水间由重力的长期搬运、堆积作用
	洪积	短期内大量地表水流搬运、堆积作用
	冲积	长期的地表水流沿河谷搬运、堆积作用
	三角洲堆积（河、湖）	河水、湖水混合堆积作用
	湖泊堆积	浅水型的静水堆积作用
	沼泽堆积	潴水型的静水堆积作用
海水堆积	滨海堆积	海浪及岸流的堆积作用
	浅海堆积	浅海相动荡及静水的混合堆积作用
	深海堆积	深海相静水的堆积作用
	三角洲堆积（河、海）	河水、海水混合堆积作用
地下水堆积	泉水堆积	化学堆积作用及部分机械堆积作用
	洞穴堆积	机械堆积作用及部分化学堆积作用
冰川堆积	冰碛堆积	固体状态冰川的搬运、堆积作用
	冰水堆积	冰川中冰下水的搬运、堆积作用
	冰碛湖堆积	冰川地区的静水堆积作用
风力堆积	风积	风的搬运堆积作用
	风—水堆积	风的搬运堆积作用后，又经流水的搬运堆积作用

二、主要第四纪堆积物的特征

几种主要成因类型第四纪堆积物的特征见表2.1－2。

主要成因类型第四纪堆积物特征　　表2.1－2

成因类型	堆积方式及条件	堆积物特征
残　积	岩石经风化作用而残留在原地的碎屑堆积物	碎屑物自表部向深处逐渐由细变粗，其成分与母岩有关，一般不具层理，碎块多呈棱角状，土质不均，具有较大孔隙，厚度在山丘顶部较薄，低洼处较厚，厚度变化较大
坡积或崩积	风化碎屑物由雨水或融雪水沿斜坡搬运；或由本身的重力作用堆积在斜坡上或坡脚处而成	碎屑物岩性成分复杂，与高处的岩性组成有直接关系，从坡上往下逐渐变细，分选性差，层理不明显，厚度变化较大，厚度在斜坡较陡处较薄，坡脚地段较厚
洪　积	由暂时性洪流将山区或高地的大量风化碎屑物携带至沟口或平缓地带堆积而成	颗粒具有一定的分选性，但往往大小混杂，碎屑多呈亚棱角状，洪积扇顶部颗粒较粗，层理紊乱呈交错状，透镜体及夹层较多，边缘处颗粒细，层理清楚，其厚度一般高山区或高地处较大，远处较小
冲　积	由长期的地表水流搬运，在河流阶地、冲积平原和三角洲地带堆积而成	颗粒在河流上游较粗，向下游逐渐变细，分选性及磨圆度均好，层理清楚，除牛轭湖及某些河床相沉积外，厚度较稳定
冰　积	由冰川融化携带的碎屑物堆积或沉积而成	粒度相差较大，无分选性，一般不具层理，因冰川形态和规模的差异，厚度变化大
淤　积	在静水或缓慢的流水环境中沉积，并伴有生物、化学作用而成	颗粒以粉粒、黏粒为主，且含有一定数量的有机质或盐类，一般土质松软，有时为淤泥质黏性土、粉土与粉砂互层，具清晰的薄层理
风　积	在干旱气候条件下，碎屑物被风吹扬，降落堆积而成	颗粒主要由粉粒或砂粒组成，土质均匀，质纯，孔隙大，结构松散

第二章　地质构造及岩体结构

第一节　地质构造

所谓地质构造是指组成地壳的岩层和岩体在内、外动力地质作用下发生的变形变位，从而形成诸如褶皱、裂隙（节理）、断层以及其他各种面状和线状构造等。

地质构造因此可依其生成时间分为原生构造与次生构造。次生构造是构造地质学研究的主要对象，而原生构造一般是用来判断岩石有无变形及变形方式的基准。

一、褶皱

（一）褶皱的基本概念

岩层受挤压作用发生弯曲变形称褶皱。褶皱的基本类型有背斜和向斜两种。背斜两侧岩层倾向相背，中部为老岩层；向斜两侧岩层倾向相向，中部为新岩层。如图 2.2－1 所示。

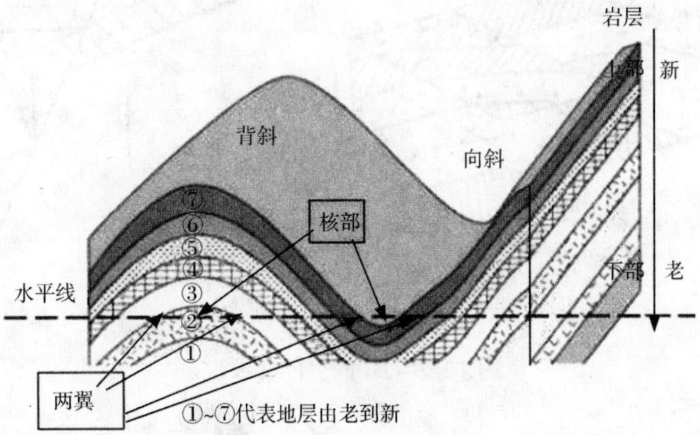

图 2.2－1　褶皱示意图

（二）褶皱主要形态的分类

1．按横剖面的形状分为：背斜褶皱和向斜褶皱

2．按轴面的空间位置和翼部的倾斜分为：直立褶皱（对称褶皱）、歪斜褶皱（不对称褶皱）、倒转褶皱、平卧褶皱。

3．按两翼和顶部的形态分为：尖顶褶皱、圆顶褶皱、箱形褶皱、扇形褶皱、等斜褶皱。

4．按顶部和翼部岩层厚度的变化分为：平行褶皱、相似褶皱、薄顶褶皱、底辟褶皱。

5．按脊线的长短和两翼的倾斜方向分为：线状褶皱、短轴褶皱、穹窿构造、盆地构造。

6．按剖面组合形态分为：复背斜褶皱、复向斜褶皱、隔档式褶皱、隔槽式褶皱。

二、裂隙（节理）

岩石中的断裂，沿断裂面没有（或有很微小）位移称裂隙（节理）。裂隙的主要类型有：

1．按成因分为：原生裂隙和次生裂隙。

2．按力的来源分为：构造裂隙和非构造裂隙。

3．按力的性质分为：剪裂隙和张裂隙。

（1）剪裂隙：产状较稳定，沿走向和倾向延伸较远；裂隙面平直、光滑；裂隙面常有擦痕和摩擦镜面；裂隙多呈闭合状；由于发育较密，常形成裂隙密集带。

（2）张裂隙：产状不稳定，往往延伸不远即消失；裂隙面粗糙不平，呈弯曲状或锯齿状；裂隙呈开口状或楔形；由于发育稀疏，很少构成裂隙密集带。

4．按其与岩层走向关系分为：走向裂隙、倾向裂隙、斜向裂隙和顺层裂隙。

5．按其与褶曲轴向关系分为：纵裂隙、横裂隙、斜裂隙。

三、断层

断裂两侧的岩石沿断裂面发生明显位移者称断层。

（一）断层的基本要素（图 2.2－2）

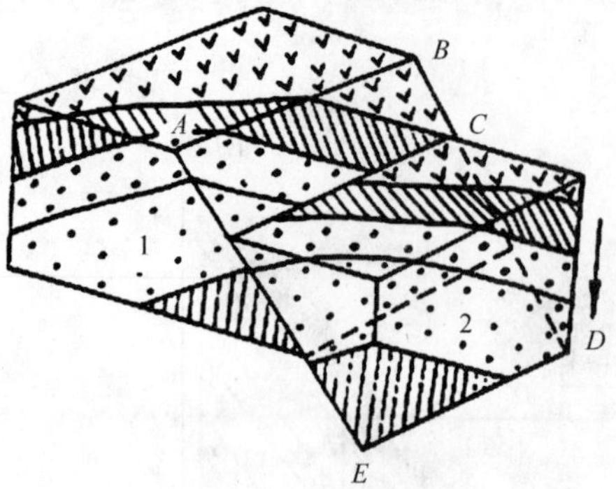

（a）

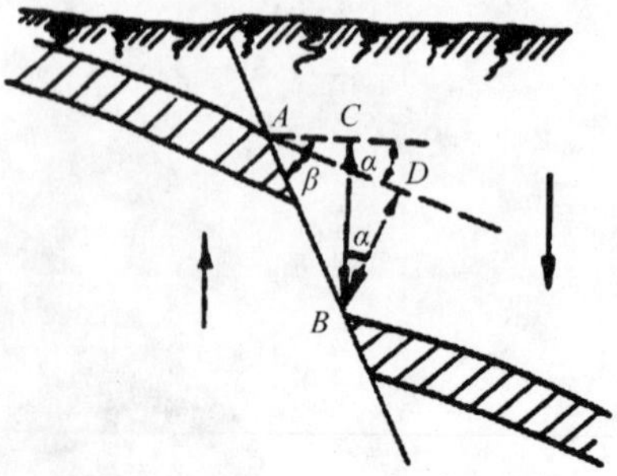

（b）

图 2.2－2　断层的基本要素

（a）断层要素；（b）断层断距

1—下盘；2—上盘；（a）中的 ABCDE 面—断层面；（a）中的 AB 线—断层走向线；

（a）中的 AE 线—断层倾向线；（b）中的 AB 线—总断距；

（b）中的 CB 线—垂直断距；（b）中的 AC 线—水平断距

（二）断层的类型

1．按断层两盘的相对位移可分为：正断层、逆断层（冲断层、逆掩断层、辗掩断层、叠瓦式断层）和平移断层。

2．按断层走向与岩层走向的关系分为：走向断层、倾向断层和斜交断层。

3．按断层走向与褶曲轴向的关系分为：纵断层、横断层和斜断层。

4．按断层组合形态可分为：阶梯状断层、地垒、地堑、叠瓦式断层。

（三）断层的识别

1．地形上的特征：表现为陡坡悬崖或河流纵坡突变或山峰中断，有时沿断层方向出现溪谷，沿断层往往有多个泉水出露。

2．岩层排列上的特征：岩脉的移动，地层的重复或缺失，岩层的突然中断。沿岩层走向观察如岩层突然中断等，都可能有断层。

3．断层面及破碎带上的特征：

（1）擦痕：断层面上因两盘摩擦而产生断层擦痕，从擦痕方向可推知断层运动方向，但有些断层面因长期风化和侵蚀，擦痕可能不清楚。

（2）破碎带：由于断层两盘相对运动的结果，常使断层面附近岩石破碎成碎石和粉末，形成断层角砾岩和断层泥，角砾岩和断层附近的岩体岩性相同。在正断层中，角砾岩岩块多呈棱角，堆积较无次序，混杂物质很普遍。在逆掩断层中角砾岩岩块多磨圆或磨光，不出现其它混杂物质。

（3）断层的拖曳现象：断层两盘相对运动，常使断层面两侧的岩石发生一定的塑性变形，形成小的弯曲。一般从拖曳弯曲方向可推知断层的运动方向。

四、活动性断裂

1. 活动性断裂划分的时间界线

在我国由于第四纪的早更新世和中更新世之间的构造运动是一次大范围的大地运动，它引起的断裂活动基本上是一直延续至今的，而且由中更新世至今几十万年间的具体活动部位也没有多大改变。这个时期以来的活动性断裂与现代地震活动在空间分布上大体也相吻合，所以把中更新世以来有过活动痕迹的断裂，定为划分活动性断裂的时间界线比较适宜。也可根据工程建设的需要，在近代地质时期（一万年）内有过较强烈地震活动或近期正在活动、在将来（今后一百年）可能继续活动的断裂定为全新活动断裂。

2. 活动性断裂的判别特征

（1）中更新统以来的第四系地层中发现有断裂（错动）或与断裂有关的伴生褶曲；

（2）断裂带中的侵入岩，其绝对年龄新或者对现场新地层有扰动或接触烘烤剧烈；

（3）在实际工作中遇到上列两条有充分依据来判断活动性断裂的情况是不多的。可寻找一些间接地质现象作为判断活动性断裂的佐证。比如：活动性断裂常常表现在山区和平原上有长距离的平滑分界线；沿分界线常有沼泽地、芦苇地呈串珠状分布；泉水呈线状分布；有的泉水有温度升高和矿化度明显增大的现象；有的在地表有一定规律的形态完整的构造地裂缝；有的在断层面上有一种新的擦痕叠加在有不同矿化现象的老擦痕之上。另外，由断层新活动引起河流横向迁移，阶地发育不对称，河流袭夺，河流一侧出现大规模的滑坡，文化遗迹的变位，植被不正常干扰等。

五、沉积岩的原生构造

层理是沉积岩中最普遍的原生构造，依据层理形态及其结构，将其分为水平层理、波状层理、斜层理和块状层理。

（一）岩层和层理的分类

1. 按岩层厚度分类（表 2.2－1）

岩层厚度分类 **表 2.2－1**

分类名称	薄 层	中厚层	厚 层	巨厚层
单层厚度 h（cm）	$h \leqslant 10$	$10 < h \leqslant 50$	$50 < h \leqslant 100$	$h > 100$

2. 按层理形成条件的分类（表 2.2－2）

层理按形成条件的分类 **表 2.2－2**

类 型	形 成 过 程	形 成 环 境
水平层理	在沉积环境相当固定和稳定的条件下形成	平静的沉积环境，如牛轭湖、深水湖、海
波状层理	在两个或多个方向上的振荡运动环境中形成	湖泊浅水带、海湾或河漫滩
斜层理	在一个方向运动的沉积环境中形成	河流的三角洲、海岸的潮汐带
块状层理	物质在快速沉积过程中形成	浊流沉积环境，洪积或冰碛

（二）岩层的产状和接触关系

1. 岩层的产状要素由走向、倾向和倾角（真倾角、假倾角）组成。

2. 岩层的接触关系从成因特征上可分为整合和不整合两种基本类型（表 2.2－3）。

岩层的接触关系　　表 2.2－3

接触关系		产状特征
整合		岩层在沉积时间上没有间断，形成连续的平行层理，各层的走向和倾向一致
不整合	平行不整合（假整合）	沉积物在沉积过程中发生过间断，虽然不同地质时代的各个岩系相互接触，层理彼此平行，但在接触面上通常可见冲刷或风化的痕迹，常有底砾岩分布
	角度不整合（斜交不整合）	较老的岩层经过构造运动发生褶曲和错动，再经长期侵蚀作用后，新的沉积物覆盖其上，新老岩层之间呈显著的角度切交现象
	假角度不整合	在平行不整合中，由于交错层理的出现而造成

第二节　岩体结构

一、结构面和结构体

岩体结构包括两个要素，即结构面和结构体。

岩体结构面：是指岩体中各种地质界面，它包括物质分异面及不连续面。是在地质发展的历史中，在岩体内形成的具有不同方向、不同规模、不同形态以及不同特性的面、缝、层、带状的地质界面。

结构体：是由不同产状的各种结构面将岩体切割而成的单元体。

二、岩体结构的类型及其特征

岩体结构类型及特征见表 2.2－4。

岩体按结构类型分类　　表 2.2－4

岩体结构类型	岩体地质类型	主要结构体形状	结构面发育情况	岩土工程特征	可能发生的岩土工程问题
整体状结构	巨块状岩浆岩、变质岩、巨厚层沉积岩	巨块状	以层面和原生构造节理为主，多呈闭合型，结构面间距大于 1.5m，一般为 1～2 组，无危险结构面组成的落石、掉块	整体性强度高，岩体稳定，在变形特征上可视为均质弹性各向同性体	要注意由结构面组合而成的不稳定结构体的局部滑动或坍塌，深埋洞室要注意岩爆
块状结构	厚层状沉积岩、块状岩浆岩、变质岩	块状 柱状	只具有少量贯穿性较好节理裂隙，结构面间距 0.7～1.5m。一般为 2～3 组，有少量分离体	整体强度较高，结构面互相牵制，岩体基本稳定，在变形特征上接近弹性各向同性体	
层状结构	多韵律的薄层及中厚层状沉积岩、副变质岩	层状 板状	层理、片理、节理裂隙，但以风化裂隙为主，常有层间错动面	岩体接近均一的各向异性体，其变形及强度特征受层面控制，可视为弹塑性体，稳定性较差	可沿结构面滑塌，可产生塑性变形

续表

岩体结构类型	岩体地质类型	主要结构体形状	结构面发育情况	岩土工程特征	可能发生的岩土工程问题
破裂状结构	构造影响严重的破碎岩层	碎块状	层理及层间结构面较发育，结构面间距 0.25 ~ 0.50m，一般在 3 组以上，有许多分离体	完整性破坏较大，整体强度很低，并受软弱结构面控制，多呈弹塑性体，稳定性很差	易引起规模较大的岩块失稳，地下水加剧岩体失稳
散体状结构	断层破碎带、强风化及全风化带	碎屑状	构造及风化裂隙密集，结构面错综复杂，并多充填黏性土，形成无序小块和碎屑	完整性遭到极大破坏，稳定性极差，岩体属性接近松散体介质	

第三章　岩土的分类

建筑地基的岩土可分为岩石、碎石土、砂土、粉土、黏性土、特殊性土和人工填土等。

第一节　岩石的分类

岩石为矿物的集合体，是组成地壳的主要物质。岩石可以由一种矿物所组成，如石灰岩仅由方解石一种矿物所组成；也可由多种矿物所组成，如花岗岩则由石英、长石、云母等多种矿物集合而成。

一、岩石按成因分类

岩石按成因可分为：岩浆岩（火成岩）、沉积岩和变质岩 3 大类。

（一）岩浆岩

岩浆在向地表上升过程中，由于热量散失逐渐经过分异等作用冷凝而成岩浆岩。在地表下冷凝的称侵入岩；喷出地表冷凝的称喷出岩。侵入岩按距地表的深浅程度又分为：深成岩和浅成岩。

岩基和岩株为深成岩产状，岩脉、岩盘和岩枝等为浅成岩产状，火山锥和岩钟为喷出岩产状。

常见地喷出岩浆岩有：玄武岩、安山岩和流纹岩等。常见的深成侵入岩浆岩有：花岗岩、辉长岩、闪长岩。常见的浅成侵入岩浆岩有：花岗斑岩、辉长玢岩和闪长玢岩。根据化学组分又可将火成岩分为超基性岩（SiO_2含量小于 45%）、基性岩（SiO_2含量为 45% ~ 52%）、中性岩（SiO_2含量 52% ~ 65%）、酸性岩（SiO_2含量大于 65%）和碱性岩（含有特殊碱性矿物，SiO_2含量为 52% ~ 66%）。

（二）沉积岩

沉积岩是由岩石、矿物在内外力作用下破碎成碎屑物质后，再经水流、风吹和冰川等的搬运，堆积在大陆低洼地带或海洋，再经胶结、压密等成岩作用而成的岩石。沉积岩的主要特征是具有层理。

常见的沉积岩有：砂岩、凝灰质砂岩、砾岩、黏土岩、页岩、石灰岩、白云岩、硅质岩、铁质岩、磷质岩等。沉积岩占地壳体积的7.9%，但在地壳表层分布则甚广，约占陆地面积的75%，而海底几乎全部为沉积物所覆盖。沉积岩有两个突出特征：一是具有层次，称为层理构造。层与层的界面叫层面，通常下面的岩层比上面的岩层年龄古老。二是许多沉积岩中有“石质化”的古代生物的遗体或生存、活动的痕迹—化石，它是判定地质年龄和研究古地理环境的珍贵资料。

（三）变质岩

变质岩是岩浆岩或沉积岩在高温、高压或其他因素作用下，经变质所形成的岩石。

根据变质作用类型的不同，可将变质岩分为5类：动力变质岩、接触变质岩、区域变质岩、混合岩和交代变质岩。常见的变质岩有：糜棱岩、碎裂岩、角岩、板岩、千枚岩、片岩、片麻岩、大理岩、石英岩、角闪岩、片粒岩、榴辉岩、混合岩等。变质岩占地壳体积的27.4%。

岩浆岩、沉积岩和变质岩的详细分类见附件二。

二、岩石按坚硬程度分类

（一）岩石坚硬程度按饱和单轴抗压强度分类见表2.3－1。

岩石按坚硬程度分类 **表2.3－1**

坚硬程度	坚硬岩	较硬岩	较软岩	软　岩	极软岩
饱和单轴抗压强度（MPa）	$f_r>60$	$60\geqslant f_r>30$	$30\geqslant f_r>15$	$15\geqslant f_r>5$	$f_r\leqslant 5$

注：1. 当无法取得饱和单轴抗压强度数据时，可用点荷载试验强度换算，换算方法按现行国家标准《工程岩体分级标准》GB 50218）执行。

2. 当岩体完整程度为极破碎时，可不进行坚硬程度分类。

（二）岩石坚硬程度定性划分见表2.3－2。

岩石按坚硬程度分类 **表2.3－2**

坚硬程度		定性鉴定	代表性岩石
硬质岩	坚硬岩	锤击声清脆，有回弹，震手，难击碎，基本无吸水反应	未风化～微风化的花岗岩、闪长岩、辉绿岩、玄武岩、安山岩、片麻岩、石英岩、石英砂岩、硅质砾岩、硅质石灰岩等
	较硬岩	锤击声较清脆，有轻微回弹，稍震手，较难击碎，有轻微吸水反应	1. 微风化的坚硬岩； 2. 未风化～微风化的大理岩、板岩、石灰岩、白云岩、钙质砂岩等
软质岩	较软岩	锤击声不清脆，无回弹，较易击碎，浸水后指甲可刻出印痕	1. 中等风化～强风化的坚硬岩或较硬岩； 2. 未风化～微风化的凝灰岩、千枚岩、泥灰岩、砂质泥岩等
	软岩	锤击声哑，无回弹，有凹痕，易击碎，浸水后手可掰开	1. 强风化的坚硬岩或较硬岩； 2. 中等风化～强风化的较软岩； 3. 未风化～微风化的页岩、泥岩、泥质砂岩等
极软岩		锤击声哑，无回弹，有较深凹痕，手可捏碎，浸水后可捏成团	1. 全风化的各种岩石； 2. 各种半成岩

三、岩石按风化程度分类

岩石按风化程度划分见表2.3－3。

岩石按风化程度分类 表2.3－3

风化程度	野外特征	风化程度参数指标	
		波速比 K_v	风化系数 K_f
未风化	岩质新鲜，偶见风化痕迹	0.9~1.0	0.9~1.0
微风化	结构基本未变，仅节理面有渲染或略有变色，有少量风化裂隙	0.8~0.9	0.8~0.9
中等风化	结构部分破坏，沿节理面有次生矿物、风化裂隙发育，岩体被切割成岩块。用镐难挖，岩芯钻方可钻进	0.6~0.8	0.4~0.8
强风化	结构大部分破坏，矿物成分显著变化，风化裂隙很发育，岩体破碎，用镐可挖，干钻不易钻进	0.4~0.6	<0.4
全风化	结构基本破坏，但尚可辨认，有残余结构强度，可用镐挖，干钻可钻进	0.2~0.4	—
残积土	组织结构全部破坏，已风化成土状，锹镐易挖掘，干钻易钻进，具可塑性	<0.2	—

注：1. 波速比 K_v 为风化岩石与新鲜岩石压缩波速度之比。

2. 风化系数 K_f 为风化岩石与新鲜岩石饱和单轴抗压强度之比。

3. 岩石风化程度，除按表列野外特征和定量指标划分外，也可根据当地经验划分。

4. 花岗岩类岩石，可采用标准贯入试验划分，$N \geqslant 50$ 为强风化；$50 > N \geqslant 30$ 为全风化；$N < 30$ 为残积土。

5. 泥岩和半成岩，可不进行风化程度划分。

四、岩石按软化程度分类

岩石按软化系数 K_R 可分为软化岩石和不软化岩石。当软化系数 K_R 值小于或等于0.75时，为软化岩石；当软化系数 K_R 大于0.75时，为不软化岩石。

当岩石具有特殊成分、特殊结构或特殊性质时，应定为特殊性岩石，如易溶性岩石、膨胀性岩石、崩解性岩石、盐渍化岩石等。

五、岩体按完整程度分类

（一）岩体完整程度的定量划分见表2.3－4。

岩体完整程度分类 表2.3－4

岩体完整性系数（K_v）	>0.75	0.75~0.55	0.55~0.35	0.35~0.15	<0.15
完整程度	完整	较完整	较破碎	破碎	极破碎

注：岩体完整性指数（K_v）按式 $K_v=(v_{p岩体}/v_{p岩石})^2$ 计算，式中 $v_{p岩体}$、$v_{p岩石}$ 分别为岩体和岩石的压缩波速度（m/s）。

（二）岩体完整程度的定性划分见表2.3－5。

岩体完整程度的定性分类　　　　表 2.3－5

<table>
<tr><th rowspan="2">完整程度</th><th colspan="2">结构面发育程度</th><th rowspan="2">主要结构面的结合程度</th><th rowspan="2">主要结构面类型</th><th rowspan="2">相应结构类型</th></tr>
<tr><th>组数</th><th>平均间距（m）</th></tr>
<tr><td>完整</td><td>1～2</td><td>>1.0</td><td>结合好或结合一般</td><td>裂隙、层面</td><td>整体状或巨厚层状结构</td></tr>
<tr><td rowspan="2">较完整</td><td>1～2</td><td>>1.0</td><td>结合差</td><td rowspan="2">裂隙、层面</td><td>块状或厚层状结构</td></tr>
<tr><td>2～3</td><td>1.0～0.4</td><td>结合好或结合一般</td><td>块状结构</td></tr>
<tr><td rowspan="3">较破碎</td><td>2～3</td><td>1.0～0.4</td><td>结合差</td><td rowspan="3">裂隙、层面、小断层</td><td>裂隙块状或中厚层状结构</td></tr>
<tr><td rowspan="2">≥3</td><td rowspan="2">0.4～0.2</td><td>结合好</td><td>镶嵌碎裂结构</td></tr>
<tr><td>结合一般</td><td>中、薄层状结构</td></tr>
<tr><td rowspan="2">破碎</td><td rowspan="2">≥3</td><td>0.4～0.2</td><td>结合差</td><td rowspan="2">各种类型结构面</td><td>裂隙块状结构</td></tr>
<tr><td>≤0.2</td><td>结合一般或结合差</td><td>碎裂状结构</td></tr>
<tr><td>极破碎</td><td>无序</td><td>－</td><td>结合很差</td><td>－</td><td>散体状结构</td></tr>
</table>

注：平均间距指主要结构面（1～2 组）间距的平均值。

六、岩体基本质量等级分类

岩体基本质量等级划分见表 2.3－6。

岩体基本质量等级分类　　　　**表 2.3－6**

坚硬程度＼完整程度	完　整	较完整	较破碎	破碎	极破碎
坚硬岩	Ⅰ	Ⅱ	Ⅲ	Ⅳ	Ⅴ
较硬岩	Ⅱ	Ⅲ	Ⅳ	Ⅳ	Ⅴ
较软岩	Ⅲ	Ⅳ	Ⅳ	Ⅴ	Ⅴ
软岩	Ⅳ	Ⅳ	Ⅴ	Ⅴ	Ⅴ
极软岩	Ⅴ	Ⅴ	Ⅴ	Ⅴ	Ⅴ

七、岩体按岩石的质量指标（RQD）分类

岩体按岩石质量指标分类见表 2.3－7。

岩体按岩石的质量指标（RQD）分类　　　　**表 2.3－7**

岩体分类	RQD（%）
好	>90
较好	75～90
较差	50～75
差	25～50
极差	<25

注：RQD 指钻孔中用 N 形（75mm）二重管金刚石钻头获取的大于 10cm 的岩芯段长度与该回次钻进深度之比。

第二节　土的分类

土的分类方法较多，有按照地质成因、沉积时代分类的；也有根据土颗粒组成及其特征；土的塑性指标：液限（W_L）、塑限（W_p）和塑性指数（I_p）以及土中有机质存在情况等指标分类的。不同行业土的分类也不尽相同。

一、按地质成因分类

土按地质成因可分为：残积土、坡积土、洪积土、冲积土、淤积土、冰积土、风积土等类型。

二、按沉积时代分类

1. 老沉积土：第四纪晚更新世及其以前沉积的土，一般具有较高的强度和较低的压缩性。

2. 新近沉积土：第四纪全新世中近期沉积的土，一般为欠固结的，且强度较低。

三、按颗粒级配和塑性指数分类

土按颗粒级配和塑性指数可分为碎石土、砂土、粉土和黏性土。

1. 碎石土：为粒径大于2mm的颗粒质量超过总质量50%的土。碎石土的分类见表2.3－8。

碎石土分类　　**表2.3－8**

土的名称	颗粒形状	颗粒级配
漂石	圆形及亚圆形为主	粒径大于200mm的颗粒质量超过总质量50%
块石	棱角形为主	
卵石	圆形及亚圆形为主	粒径大于20mm的颗粒质量超过总质量50%
碎石	棱角形为主	
圆砾	圆形及亚圆形为主	粒径大于2mm的颗粒质量超过总质量50%
角砾	棱角形为主	

注：定名时，应根据颗粒级配由大到小以最先符合者确定。

2. 砂土：为粒径大于2mm的颗粒质量不超过总质量50%、粒径大于0.075mm的颗粒质量超过总质量50%的土。砂土的分类见表2.3－9。

砂土分类　　**表2.3－9**

土的名称	颗粒级配
砾砂	粒径大于2mm的颗粒质量占总质量25～50%
粗砂	粒径大于0.5mm的颗粒质量超过总质量50%
中砂	粒径大于0.25mm的颗粒质量超过总质量50%
细砂	粒径大于0.075mm的颗粒质量超过总质量85%
粉砂	粒径大于0.075mm的颗粒质量超过总质量50%

注：定名时，应根据颗粒级配由大到小以最先符合者确定。

3. 粉土：为粒径大于0.075mm的颗粒质量不超过总质量的50%，且塑性指数等于或小于10的土。有的地方又细分为：黏质粉土 $10 \leqslant I_p < 7$；砂质粉土 $7 \leqslant I_p < 3$。

4. 黏性土：为塑性指数大于10的土。黏性土的分类见表2.3-10。

黏性土分类 **表2.3-10**

土的名称	塑性指数
粉质黏土	$10 < I_p \leqslant 17$
黏土	$I_p > 17$

注：确定塑性指数 I_p 时，液限以76克瓦氏圆锥仪入土深度10mm为准；塑限以搓条法为准。

四、按有机质含量分类

根据有机质含量分类见表2.3-11。

土按有机质含量分类 **表2.3-11**

分类名称	有机质含量 W_u（%）	现场鉴别特征	说明
无机土	$W_u < 5\%$	–	–
有机质土	$5\% \leqslant W_u \leqslant 10\%$	深灰色，有光泽，味臭，除腐植质外尚含少量未完全分解的动植物体，浸水后水面出现气泡，干燥后体积有收缩	1. 如现场能鉴别有机质土或有地区经验时，可不做有机质含量测定 2. 当 $w > w_L$，$1.0 \leqslant e < 1.5$ 时称淤泥质土 3. 当 $w > w_L$，$e \geqslant 1.5$ 时称淤泥
泥炭质土	$10\% < W_u \leqslant 60\%$	深灰或黑色，有腥臭味，能看到未完全分解的植物结构，浸水体胀，易崩解，有植物残渣浮于水中，干缩现象明显	根据地区特点和需要，也可按 W_u 细分为： 弱泥炭质土（$10\% < W_u \leqslant 25\%$） 中泥炭质土（$25\% < W_u \leqslant 40\%$） 强泥炭质土（$40\% < W_u \leqslant 60\%$）
泥炭	$W_u > 60\%$	除有泥炭质土特征外，结构松散，土质很轻，暗无光泽，干缩现象极为明显	–

注：有机质含量 Wu 按灼失量试验确定。

第三节　特殊性岩土

具有一定分布区域或工程意义上具有特殊成分、状态和结构特征的土称特殊性土，根据工程特性分为湿陷性土、红黏土、软土（包括淤泥和淤泥质土）、冻土、膨胀土、盐渍土、混合土、污染土和人工填土。

1. 湿陷性土：室内压缩试验在200kPa压力下附加湿陷量与土样原高度之比等于或大于0.015的土或野外浸水载荷试验在200kPa压力下附加湿陷量与承压板宽度之比等于或大于0.023的土。

2. 红黏土：包含原生红黏土与次生红黏土。颜色为棕红或褐黄，覆盖于碳酸盐岩系之上，其液限大于或等于50%的高塑性黏土，应判定为原生红黏土。原生红黏土经搬运、沉积后仍保留其基本特征，且其液限大于45%的黏性土，可判定为次生红黏土。

3. 软土：在静水或缓慢的流水环境中沉积，经生物化学作用形成的土。粉土或黏性土的孔隙比大（$e/1$），天然含水量高（$w > w_L$）、土的压缩性高（$E_s < 4$MPa）、强度低（$c_u < 30$kPa）。当天然孔隙比大于或等于1.5时称为淤泥，天然孔隙比小于1.5而大于或等于1.0时称为淤泥质土。

4. 冻土：指零摄氏度以下，并含有冰的各种岩石和土壤。按冻土含冰特性，可定名为少冰冻土、多冰冻土、富冰冻土、饱冰冻土和含土冰层。

5. 膨胀土：含有大量的亲水黏土矿物成分，在环境湿度变化的条件下产生较大胀缩变形，变形受约束时产生较大应力的土。

6. 盐渍岩土：含有较多易溶盐类的岩土。对易溶盐含量大于0.3%，且具有腐蚀、溶陷和盐胀等特性的土成为盐渍土；对含有较多的石膏、芒硝、岩盐等硫酸盐或氯化物的岩层，称为盐渍岩。

7. 混合土：由细粒土和粗粒土混杂且缺乏中间粒径的土。混合土主要由黏粒、粉粒、砾粒和漂砾粒组成，成因主要为洪积、坡积，冰水沉积和残积。当碎石土中粒径小于0.075mm的细粒土质量超过总质量的25%时，应定名为粗粒混合土；当粉土或黏性土中粒径大于2mm的粗粒土质量超过总质量的25%时，应定名为细粒混合土。

8. 污染土：由于致污物质侵入改变了物理力学性状的土。污染土的定名，可在原分类名称前冠以“污染”两字。致污物质主要有酸、碱、煤焦油等。

9. 人工填土：由人类活动堆填而成，一般均匀性差、强度低、压缩性高，常具湿陷性，据其组成成分又可分为：素填土、杂填土和炉灰。

（1）素填土：由一种或数种岩土材料组成，常含有少量砖瓦片及其他人为产物。工程定名时前面冠以主要成分，如碎石素填土、粉土素填土、粉质黏土素填土、黏质粉土素填土、黏土素填土等。

（2）杂填土：含有大量建筑垃圾，工业废料或生活垃圾等杂物的填土。以建筑垃圾为主要成分时称为房渣土。以生活垃圾为主要成分时称为生活垃圾土。

（3）炉灰：煤及煤土混合物经过燃烧而成的无机物质，又可分为：炉灰和变质炉灰。

1）炉灰：无凝聚性，一般堆积年代不久，颜色为褐红色或黑灰色。

2）变质炉灰：堆积年代较久的炉灰经风化变质而成，稍具黏性，手捻呈粉末、变软。

第四章　地下水

地下水是贮存于包气带以下地层空隙（包括孔隙、裂隙和溶洞）之中的水。

第一节　地下水的类型及其特征

一、地下水类型

（一）按埋藏条件分类

根据地下水的埋藏条件，地下水可分为上层滞水、潜水和承压水三大主要类型。见图2.4－1。

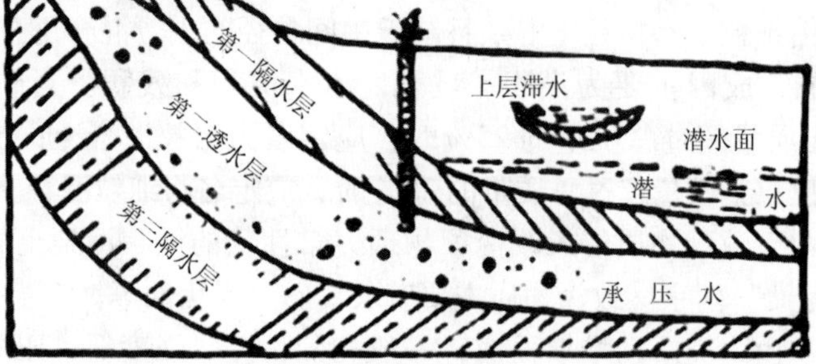

图2.4－1　地下水的埋藏条件

1．上层滞水，地表水下渗，积聚在局部透水性小的黏性土隔水层上的小规模水体，这种局部水体变化较大，一般分布不广，呈季节性变化，雨季出现，干旱季节消失，其动态变化与气候、水文因素的变化密切相关。水量小，不能大量开采。

2．潜水：地下第一隔水层之上的具有自由水面的地下水。一般埋藏在地表堆积的松散土体中，主要有大气降水和地表水体向下渗透得到补充。在重力作用下，潜水由高处向低处流动。潜水在自然界中分布很广，一般埋藏在第四纪松散沉积物的孔隙及坚硬基岩风化壳的裂隙、溶洞内。

3．承压水：埋藏并充满两个稳定隔水层之间的含水层中的地下水。承压水受静水压力，动态变化不显著，承压水不具有潜水那样的自由水面，所以它的运动方式不是在重力作用下的自由流动，而是在静水压力的作用下，以水交替的形式进行运动。受气候和水温的影响较小，比较稳定。

（二）按含水空隙的类型分类

按含水空隙的类型，地下水又被分为孔隙水、裂隙水和岩溶水。孔隙水是存在于岩土孔隙中的地下水，如松散的砂层、砾石层和砂岩层中的地下水。裂隙水是存在于坚硬岩石和某些黏土层裂隙中的水。岩溶水又称喀斯特水，指存在于可溶岩石（如石灰岩、白云岩等）的洞隙中的地下水。

1. 孔隙水：疏松岩石孔隙中的水。孔隙水是储存于第四系松散沉积物及第三系少数胶结不良的沉积物的孔隙中的地下水。沉积物形成时期的沉积环境对于沉积物的特征影响很大，使其空间几何形态、物质成分、粒度以及分选程度等均具有不同的特点。

2. 裂隙水：赋存于坚硬、半坚硬基岩裂隙中的重力水。裂隙水的埋藏和分布具有不均一性和一定的方向性；含水层的形态多种多样；明显受地质构造的因素的控制；水动力条件比较复杂。

3. 岩溶水：赋存于岩溶空隙中的水。水量丰富而分布不均一，在不均一之中又有相对均一的地段；含水系统中多重含水介质并存，既有具统一水位面的含水网络，又具有相对孤立的管道流；既有向排泄区的运动，又有导水通道与蓄水网络之间的互相补排运动；水质水量动态受岩溶发育程度的控制，在强烈发育区，动态变化大，对大气降水或地表水的补给响应快；岩溶水既是赋存于溶孔、溶隙、溶洞中的水，又是改造其赋存环境的动力，不断促进含水空间的演化。

二、泉的类型及其特征

泉是地下水的天然露头，地下水溢出地表形成泉。可分为上升泉和下降泉。

上升泉：由承压水补给，水流在压力作用下作上升运动。

下降泉：由潜水或上层滞水补给，水流做下降运动。

第二节　地下水位量测及水文地质参数测试方法

一、地下水位的量测

（一）遇地下水时应量测水位；

（二）对于多层含水层的水位量测，应采取止水措施，将被测含水层与其他含水层隔开，分别量测。

当场地中有多层对工程有影响的地下水时，应采取止水措施将被测含水层与其他含水层隔离后测定地下水位或承压水头高度。各层地下水具有各自的独立水位和最高水位。

止水用的材料有黏土、水泥、橡胶、高分子聚合物、桐油石灰等，应根据止水条件和要求来选用。

（三）初见水位和稳定水位可在钻孔、探井或测压管内直接量测，稳定水位的间隔时间按地层的渗透性确定，对砂土和碎石土不得少于 0.5h，对粉土和黏性土不得少于 8h，并宜在勘察结束后统一量测稳定水位。量测读数至厘米，精度不得低于 ±2cm。

（四）测定地下水流向可用几何法，量测点不应少于呈三角形分布的 3 个测孔（井）。测点间距按岩土的渗透性、水力梯度和地形坡度确定，宜为 50～100m。应同时量测各孔（井）内水位，确定地下水的流向。

地下水流速的测定可采用指示剂法或充电法。

（五）抽水试验应符合下列规定：

1. 抽水试验方法可按表 2.4－1 选用；

2. 抽水试验宜三次降深，最大降深应接近工程设计所需的地下水位降深的标高；

3. 水位量测应采用同一方法和仪器，读数对抽水孔为厘米，对观测孔为毫米；

4. 当涌水量与时间关系曲线和动水位与时间的关系曲线，在一定范围内波动，而没有持续上升和下降时，可认为已经稳定；

5. 抽水结束后应量测恢复水位。

抽水试验方法和应用范围 **表 2.4-1**

试验方法	应用范围
钻孔或探井简易抽水	粗略估算弱透水层的渗透系数
不带观测孔抽水	初步测定含水层的渗透性参数
带观测孔抽水	较准确测定含水层的各种参数

（六）渗水试验和注水试验可在试坑或钻孔中进行。对砂土和粉土，可采用试坑单环法；对黏性土可采用试坑双环法；试验深度较大时可采用钻孔法。

（七）压水试验应根据工程要求，结合工程地质测绘和钻探资料，确定试验孔位，按岩层的渗透特性划分试验段，按需要确定试验的起始压力、最大压力和压力级数，及时绘制压力与压入水量的关系曲线，计算试段的透水率，确定 $p-Q$ 曲线的类型。

（八）孔隙水压力的测定应符合下列规定：

1. 测定方法可按表 2.4-3 即《岩土工程勘察规范》GB 50021 附录 E 表 E.0.2 确定；

2. 测试点应根据地质条件和分析需要布置；

3. 测压计的安装和埋设应符合有关安装技术规定；

4. 测试数据应及时分析整理，出现异常时应分析原因，并采取相应措施。

二、水文地质参数的测定

水文地质参数的测定方法应符合表 2.4-2 的规定。

水文地质参数测定方法 **表 2.4-2**

参数	测定方法
水位	钻孔、探井或测压管观测
渗透系数、导水系数	抽水试验、注水试验、压水试验，室内渗透试验
给水度、释水系数	单孔抽水试验、非稳定流抽水试验、地下水位长期观测、室内试验
越流系数、越流因数	多孔抽水试验（稳定流或非稳定流）
单位吸水率	注水试验、压水试验
毛细水上升高度	试坑观测、室内试验

注：除水位外，当对数据精度要求不高时，可采用经验数值。

孔隙水压力可按表 2.4-3 的方法测定。

孔隙水压力测定方法和适用条件 **表 2.4-3**

仪器类型		适用条件	测定方法
压计式	立管式测压计	渗透系数大于 10^{-4} cm/s 的均匀孔隙含水层	将带有过滤器的测压管打入土层，直接在管内量测
	水压式测压计	渗透系数低的土层，量测由潮汐涨落、挖方引起的压力变化	用装在孔壁的小型测压计探头，地下水压力通过塑料管传导至水银压力计测定

续表

仪器类型		适用条件	测定方法
压计式	电测式测压计（电阻应变式、钢弦应变式）	各种土层	孔压通过透水石传导至膜片，引起挠度变化，诱发电阻片（或钢弦）变化，用接收仪测定
	气动测压计	各种土层	利用两根排气管使压力为常数，传来的孔压在透水元件中的水压阀产生压差测定
孔压静力触探仪		各种土层	在探头上装有多孔透水过滤器、压力传感器，在贯入过程中测定

地下工程和深基坑的开挖会遇到地下水，水的作用会给工程带来危害。比如产生边坡失稳、坑底隆起以及因为抗浮设计的不足从而引发建筑物上浮甚至结构破坏等重大工程质量事故，还会引发管涌、流沙、突涌、潜蚀等一些岩土工程问题。为防止这些问题的发生，就必须要对这些不良作用形式的产生条件及相应危害程度进行了解和分析，从而根据其特点进行相应的防治措施，因此，勘探施工时测定地下水位深度、水文地质参数就显得非常重要。

第五章 勘探与取样

地质勘探是通过各种手段、方法对地质进行勘查、探测，确定合适的持力层，根据持力层的地基承载力，确定基础类型，计算基础参数的调查研究活动。主要包括：探槽、探井、洞探和钻探取样是岩土工程勘察中必不可少的、经常性的工作。是为定量评价岩土工程问题而提供室内试验的样品，包括岩样、土样和水样。

第一节 探槽、探井与洞探

一、探槽

探槽一般适用于了解构造线、破碎带宽度、不同地层岩性的分界线、岩脉宽度及其延伸方向等。探槽的挖掘深度较浅，一般在覆盖层小于3m时使用，其长度可根据所了解的地质条件和需要决定，宽度和深度则根据覆盖层的性质和厚度决定。当覆盖层较厚，土质较软易塌时，挖掘宽度需适当加大，甚至侧壁需挖成斜坡形；当覆盖层较薄，土质密实时，宽度亦可相应减小至便于工作即可。

探槽一般用锹、镐挖掘，当遇大块碎石、坚硬土层或风化基岩时，亦可采用爆破或动力机械。

二、探井

探井能直接观察地质情况，详细描述岩性和分层，利用探井能取出接近实际的原状结构的土试样。因此，在地质条件复杂地区和黄土地区，经常采用。但探井存在着速度慢、劳动强度大和不太安全等缺点。在坝址、地下工程、大型边坡等勘察中，当需详细查明深部岩层性质、构造特征时，可采用竖井或平洞。探井的深度不宜超过地下水位。竖井和平洞的深度、长度、断面按工程要求确定。

探井的种类根据开口的形状可分为：圆形、椭圆形、方形、长方形等。圆形探井在水平方向上能承受较大侧压力，比其他形状的探井安全。

三、洞探

洞探是地质勘探一种方法，是为了探明地质情况，确定施工设计所需参数。基岩埋藏较深，探槽无法达到或受地面条件影像探槽无法施工时采用，一般深度不超过20m。

探洞断面可采用梯形、矩形或拱形，洞宽不宜小于1.2m，洞高不宜小于1.8m。

隧道施工中常采用导硐法。导硐法是为施工主巷（隧）道探明地质情况，以便确定主硐施工设计所需参数，一般先在巷（隧）道内部或外部施工一条与设计巷（隧）道平行的巷道。亦可为主硐施工降水、排水或增加自由面，并可用于通风道。

四、编录要求

探槽、探井和洞探编录除进行岩土描述外，应以剖面图、展开图等形式全面反映井（槽）壁、底部的岩性、地层分界线、构造特征、取样或原位测试位置，并辅以代表性部位的彩色照片。岩土描述内容同钻孔编录。

第二节 钻 探

在岩土工程勘察中，钻孔是最广泛采用的一种勘探手段，可以鉴别描述土层，岩土取样，进行标准贯入试验或波速测试等。

一、钻进方法

根据破碎岩土的方式，钻进方法的种类可分为（图2.5-1）：

钻进方法分类
- 冲击钻进
  - 钢绳冲击钻进
    - 手摇冲击钻进 —— 无冲洗液的钻进
    - 机械冲击钻进 —— 无冲洗液的钻进
  - 钻杆冲击钻进
    - 手摇冲击钻进
    - 机械冲击钻进
      - 无冲洗液的钻进
      - 有冲洗液的钻进
- 回转钻进
  - 孔底全面钻进
    - 无冲洗液的手摇慢速回转钻进
    - 机械快速回转钻进
      - 无冲洗液的螺旋钻进
      - 有冲洗液的
        - 发动机在地面的转盘式钻进
        - 发动机在孔底的
          - 涡轮钻进
          - 电钻钻进
  - 孔底环状钻进—冲洗钻进
    - 硬质合金钻进
    - 钻粒钻进
    - 金刚石钻进
- 冲击—回转钻进
- 振动钻进

图2.5-1 钻进方法分类图

1. 冲击钻进：利用钻具的重力和向下冲击力使钻头冲击孔底以破碎岩土。根据使用的工具不同可分为钻杆冲击钻进和钢绳冲击钻进，但以钢绳冲击钻进较普遍。对于硬层（如岩石、碎石土）一般采用孔底全面冲击钻进；对于土层一般采用筒形钻头的刃口借钻具冲击力切削土层钻进。一般配合回转钻进使用。

2. 回转钻进：利用钻具回转使钻头切削刃或研磨材料削磨岩土使之破碎。回转钻进根据钻头主要类型和功能可分为螺旋钻进、环形钻进（岩芯钻进）及无岩芯钻进等三类。岩芯钻进根据所使用的研磨材料不同，又可分为硬质合金钻进、钻粒钻进和金刚石钻进。

3. 冲击—回转钻进：也称综合钻进。岩石的破碎是在冲击、回转综合作用下发生的，在岩土工程勘察中，冲击—回转钻进应用较广泛。

4. 振动钻进：是将机械动力所产生的振动力，通过连接杆及钻具传到圆筒钻头周围土中。由于振动器高速振动的结果，使土的抗剪力急剧降低。这时圆筒钻头依靠钻具和振动器的重量切削土层进行钻进。钻进速度较快，但主要适用于粉土、黏性土及粒径较小的碎石（卵石）层。对孔底扰动大，影响高质量土样的采取。

二、选择钻探方法应考虑的原则

1. 地层特点和钻探方法的相关性；

2. 能保证以一定的精度鉴别地层，了解地下水情况；

3. 尽量避免或减轻对取样段的扰动影响。

具体根据钻进地层和勘察要求按表 2.5－1 选择。

钻进方法的适用范围 **表 2.5－1**

钻进方法		钻进地层					勘察要求		
		黏性土	粉土	砂土	碎石土	岩石	直观鉴别，采取不扰动试样	直观鉴别，采取扰动试样	不要求直观鉴别，不采取试样
回转	螺纹钻探	○	△	△	—	—	○	○	○
	无岩芯钻探	○	○	○	△	○	—	—	○
	岩芯钻探	○	○	○	△	○	○	○	○
冲击钻探		—	△	○	○	—	—	—	○
锤击钻探		○	○	○	△	—	○	○	○
振动钻探		○	○	○	△	—	△	○	○
冲洗钻探		△	○	○	—	—	—	—	○

注：○代表适用；△代表部分情况适用；—代表不适用。

为了解浅部土层，可采用以下简易钻进方法：

（1）小口径人力麻花钻钻进。

（2）小口径勺形钻钻进。

（3）洛阳铲钻进。

第三节 取 样

一、土试样的质量等级

土样的质量实质上是土样的扰动问题。土样扰动表现在原位应力状态、含水率、结构和组成成分等方面的变化，它们产生于取样之前，取样之中以及取样之后直至试样制备的全过程之中。

《现行国家标准岩土工程勘察规范》GB 50021 将土试样按试验目的分为 4 个质量等级，即表 2.5－2。

土试样质量等级 **表 2.5－2**

级 别	扰动程度	试 验 内 容
Ⅰ	不扰动	土类定名、含水量、密度、强度试验、固结试验
Ⅱ	轻微扰动	土类定名、含水量、密度
Ⅲ	显著扰动	土类定名、含水量
Ⅳ	完全扰动	土类定名

采取土试样的全过程，包括取样设备、取样操作、土试样质量的现场鉴别和土试样的封装、贮存、运输。

二、取样操作

取样之前，应对取土器和衬管或镀锌铁皮进行仔细检查。取土器的刃口应圆整，其卷折残缺的累计长度不应超过周长的3%。对镀锌铁皮，应保证形状圆整，重复使用前应注意整形，清除内外壁黏附的残土或锈迹（表 2.5－3）。

不同等级土试样要求的取样工具或方法 **表 2.5－3**

土试样质量等级	取样工具或方法		适用土类										
			黏性土					粉土	砂土				砾砂、碎石土、软岩
			流塑	软塑	可塑	硬塑	坚硬		粉砂	细砂	中砂	粗砂	
Ⅰ	薄壁取土器	固定活塞	++	++	+	—	—	+	+	—	—	—	—
		水压固定活塞	++	++	+	—	—	+	+	—	—	—	—
	薄壁取土器	自由活塞	—	+	++	—	—	+	+	—	—	—	—
		敞口	+	+	+	—	—	+	+	—	—	—	—
	回转取土器	单动三重管	—	+	++	++	+	++	++	++	—	—	—
		双动三重管	—	—	—	+	++	—	—	—	++	++	+
	探井（槽）中刻取块状土样		++	++	++	++	++	++	++	++	++	++	++

续表

土试样质量等级	取样工具或方法		适用土类										
			黏性土					粉土	砂土				砾砂、碎石土、软岩
			流塑	软塑	可塑	硬塑	坚硬		粉砂	细砂	中砂	粗砂	
Ⅱ	薄壁取土器	水压固定活塞	++	++	+	—	—	+	+	—	—	—	—
		自由活塞	+	++	++	—	—	+	+	—	—	—	—
		敞口	++	++	++	—	—	+	+	—	—	—	—
	回转取土器	单动三重管	—	+	++	++	+	++	++	++	—	—	—
		双动三重管	—	—	—	+	++	—	—	—	++	++	++
	厚壁敞口取土器		+	++	++	++	++	+	+	+	+	+	—
Ⅲ	厚壁敞口取土器		++	++	++	++	++	++	++	++	++	++	—
	标准贯入器		++	++	++	++	++	++	++	++	++	++	—
	螺纹钻头		++	++	++	++	++	+	—	—	—	—	—
	岩芯钻头		++	++	++	++	++	++	+	+	+	+	+
Ⅳ	标准贯入器		++	++	++	++	++	++	++	++	++	++	—
	螺纹钻头		++	++	++	++	++	+	—	—	—	—	—
	岩芯钻头		++	++	++	++	++	++	++	++	++	++	++

注：1. ++适用，+部分适用，—不适用。

2. 采取砂土试样应有防止试样失落的补充措施。

3. 有经验时，可用束节式取土器代替薄壁取土器。

（一）钻孔取样

采取Ⅰ、Ⅱ级土试样的钻孔，孔径应比取土器直径略大。

1. 在地下水位以上，应采用干法钻进，不得注水或使用冲洗液。土质较硬时，可采用二（三）重管回转取土器，钻进、取土合并进行。

2. 在饱和软黏性土、粉土、砂土中钻进，宜采用泥浆护壁。采用套管时，应先钻进后跟进套管，套管的下设深度与取样位置之间应保留3倍以上的距离。不得向未钻过的土层中强行击入套管。为避免孔底土隆起受扰动，应始终保持套管内的水头高度等于或稍高于地下水位。

3. 钻进宜采用回转方式，在地下水位以下钻进，应采用螺旋钻头。当采用冲洗、冲击、振动等方式钻进时，应在预计取样位置以上1m改用回转钻进。

4. 取土器下放之前应清孔，采用敞口取土器取样时，孔底残留浮土的厚度不得超过5cm。

5. 钻机安装必须牢固，保持钻进平稳，防止钻具回转时抖动，升降钻具时，应避免对孔壁的扰动破坏。

（二）贯入式取土器取样

1. 取土器应平稳下放，不得冲击孔底。取土器下放后，应核对孔深和钻具长度，发现残留浮土厚度超过规定，应提起取土器重新清孔。

2. 采取Ⅰ级土试样，应采用快速、连续的静压方式贯入取土。贯入速率不应小于0.1m/s。当利用钻机的给进系统施压时，应保证具有连续贯入的足够行程。采取Ⅱ级土试样，可使用间断静压方式。

3. 提升取土器应做到均匀、平稳，避免磕碰。

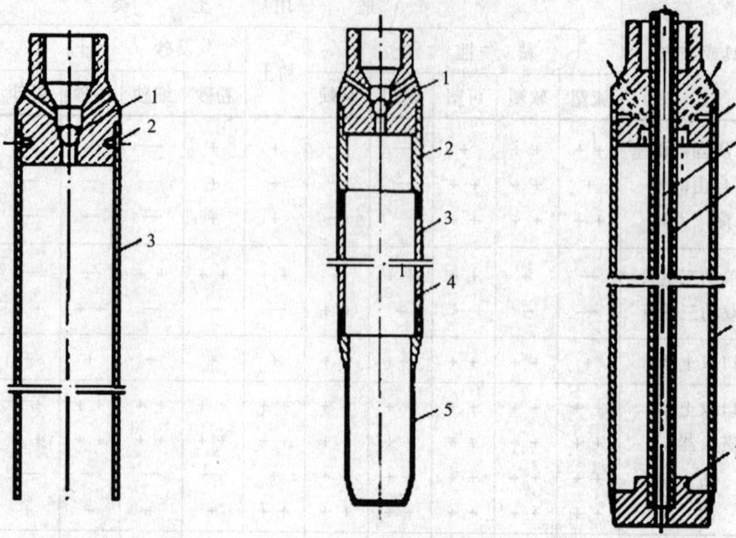

图2.5-2　贯入式取土器

1—球阀；2—固定螺钉；
3—薄壁取样管

1—球阀；2—废土管；
3—半合取样管；4—衬管或环刀；
5—束节取样管囊

1—固定活塞；2—薄壁取样管；
3—活塞；4—消除真空杆；
5—固定螺钉

（三）回转式取土器取样

1. 采用单动、双动二（三）重管采取原状土试样，必须保证平稳回转钻进，使用的钻杆应顺直。为避免钻具抖动，造成土层扰动，可在取土器上接加重杆。

2. 冲洗液宜采用泥浆。

具体操作方法按现行标准《建筑工程地质勘探与取样技术规程》JGJ/T 87－2012执行。

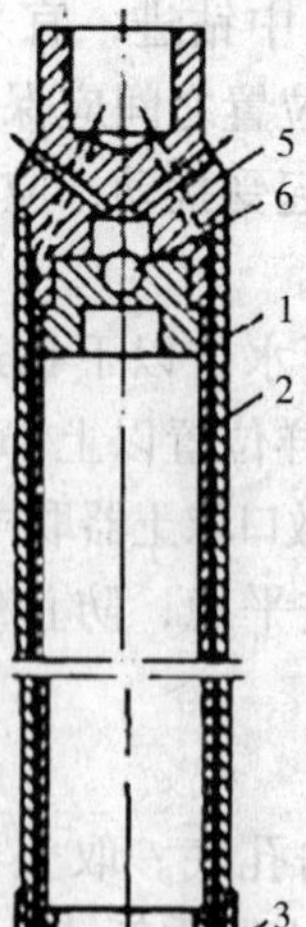

图 2.5－3　双动二重（三重）管取土器

1—外管；2—内管（取样管及衬管）；3—外管钻头；4—内管钻头；5—取土器头部；6—逆止阀

（四）在钻孔中采取Ⅰ、Ⅱ级砂试样时，可采用原状取砂器。

（五）保证取土质量的措施

1. 钻孔应保持垂直。当钻孔倾斜，在下放取土器时，取土器会刮削孔壁，而使余土过多，使土试样受挤压扰动。

2. 应认真清孔，只有完全清除孔底残留的废土碎屑，才能避免余土过多而造成扰动。

3. 取土器切入土层的方式和速度：锤击法取样由于土样受冲击而扰动；而静力连续压入法对土样的扰动较小。取土器切入土层速度过慢，土样的侧向膨胀，使土样与取土器内壁产生摩擦而造成扰动；反之，取土器切入土层速度较快时，不待土样膨胀，土样已顺利进入取土器，因此，土样受扰动较小。

4. 保证取土器刃口圆整，铁皮干净光滑，与取土器内壁接触整合，铁皮不易卷折，取土器进入土层阻力减小，土样不易受扰动。

5. 取出的试样如扰动长度超过1/2时，原则上应重取。

6. 要求用专门退样器退样，及时黏贴土样标签和用黏胶带封闭。以保持土样的天然含水量。

7. 取土器用后要及时擦拭干净，涂抹润滑油后存放，以备后用。

（六）土试样的保管和运输

1. 土试样自取土器中取出后，应立即用盖将铁皮（衬管）两端盖严，铁皮（衬管）内未取满土样时，可用废土补填满，以免土样在铁皮（衬管）内晃动。在铁皮（衬管）上注明上下，贴上标签。

2. 土样盒用黏胶带封好后，应放置在土样箱内，土样筒周围应放置缓震物，以防土试样扰动。土试样保存处的温度和湿度要适宜，冬季保持5°以上，防止冰冻；夏季应防晒和防雨淋。

3. 土样搬运要轻拿轻放，运输时一定要装箱运输，并防止土样箱摇动。

三、岩石试样采取

1. 采样数量应根据工程性质决定，岩样可在试坑、平洞、竖井、天然地面、边坡及钻孔中采取，所取岩样应具有代表性，采取岩样时，应让岩样受到最小程度扰动，并保持岩块、岩芯原状结构及天然湿度；用钻机取样时，每节岩芯两端面完整长度不宜小于12cm，除此以外的取样，应将岩石修凿成15～17cm见方岩块，制样时应注意岩石结构不被破坏，经爆破后的岩石，在选取试样时更应注意；对于风化度高的软质岩石和结构面较发育的破碎岩石，每节岩芯两端面完整长度不宜小于10cm，岩块制成10cm见方，涉及变形模量、弹性模量、三轴试验每节岩芯两端面完整长度不宜小于20cm、直径不宜小于10cm，岩块制成20cm见方岩块。

2. 采取岩样数量应满足所要求进行的试验项目和试验方法的需要。

四、水试样采取

1. 采样容器及采样量。（1）采样容器，一般采用玻璃瓶、塑料瓶或塑料桶，取样前容器内壁的尘垢应清洗干净，保持容器洁净。（2）采样量应根据工程性质确定。

2. 水样采集及封装。将洁净的取样容器用所取水源清洗2～3次后，再将水样灌入容器中，然后轻轻转动摇晃几次，取好后盖好瓶盖并用溶蜡封住瓶口。测浸蚀性CO_2的水样应立即加大理石粉，盖好瓶盖并用溶蜡封住瓶口。

第六章　现场原位测试

现场原位测试是在岩土体所处的位置，基本保持岩土原来的结构、湿度和应力状态，对岩土体的工程力学性质指标进行的测试。现场原位测试主要包括圆锥动力触探试验、标准贯入试验、静力触探试验、静载荷试验、现场直接剪切试验、旁压试验、十字板剪切试验、扁铲侧胀试验、波速测试等。

原位测试的优点：可以测定难于取得不扰动土样的有关工程力学性质；可避免取样过程中应力释放的影响；影响范围大，代表性强。其缺点：各种原位测试有其适用条件；有些理论往往建立在统计经验的关系上等。影响原位测试成果的因素较为复杂，使得对测定值的准确判定造成一定的困难

钻探中钻探人员自己做的主要原位测试有圆锥动力触探试验、标准贯入试验，其他为配合测试人员工作。

第一节　圆锥动力触探试验

是利用一定质量的重锤，将与探杆相连接的标准规格的探头打入土中，根据探头贯入土中一定深度（30cm 或 10cm）时，所需要的锤击数，判断土的力学特性，具有勘察与测试的双重性能。根据穿心锤质量和提升高度的不同，动力触探试验一般分为轻型、重型、超重型动力触探。见表 2. 6 – 1。

圆锥动力触探类型　　**表 2. 6 – 1**

类型		轻型	重型	超重型
落锤	锤的质量（kg）	10	63. 5	120
	落距（cm）	50	76	100
探头	直径（mm）	40	74	74
	锥角（°）	60	60	60
探杆直径（mm）		25	42	50 ~ 60
指标		贯入 30cm 的读数 N_{10}	贯入 10cm 的读数 $N_{63.5}$	贯入 10cm 的读数 N_{120}
主要适用岩土		浅部的填土、砂土、粉土、黏性土	砂土、中密以下的碎石土、极软岩	密实和很密的碎石土、软岩、极软岩

第二节　标准贯入试验

标准贯入试验是在土层钻孔中，利用重 63. 5kg 的锤击贯入器，根据每贯入 30cm 所需锤击数来判断土的性质，承载力、密度、单桩承载力、判别饱和砂土和粉土液化的一种动

力触探试验。试验对象为砂土、粉土及一般黏性土。可测定砂、粉土的密实度、地基承载力；可判定砂土液化。在岩土勘察中占有举足轻重的地位。

标准贯入试验的主要设备由标准贯入器、触探杆和穿心锤三部分组成。触探杆一般用直径为42mm的钻杆，穿心锤重63.5kg。见表2.6－2。

标准贯入试验设备组件 **表2.6－2**

落锤		锤的质量（kg）	63.5
		落距（cm）	76
贯入器	对开管	长度（mm）	>500
		外径（mm）	51
		内径（mm）	35
	管靴	长度（mm）	50～76
		刃口角度（°）	18～20
		刃口单刃厚度（mm）	2.5
钻杆		直径（mm）	42
		相对弯曲	<1/1000

第三节 静力触探试验

一、将圆锥形探头按一定速率匀速压入土中量测其贯入阻力、锥头阻力及侧壁摩阻力的过程称为静力触探试验。通过量测土的贯入阻力，可确定土的某些基本物理力学特性，如土的变形模量、土的容许承载力等。静力触探加压方式有机械式、液压式和人力式三种。

二、静力触探试验适用于软土、一般黏性土、粉土、砂土和含少量碎石的土。静力触探可根据工程需要采用单桥探头、双桥探头或带孔隙水压力量测的单、双桥探头，可测定比贯入阻力（p_s）、锥尖阻力（q_c）、侧壁摩阻力（f_s）和贯入时的孔隙水压力u。

三、静力触探试验的技术要求应符合下列规定：

（一）探头圆锥锥底截面积应采用10cm^{2}或15cm^2，单桥探头侧壁高度应相应采用57mm或70mm，双桥探头侧壁面积应采用150～300cm^2，锥尖锥角应为60°；

（二）探头应匀速垂直压入土中，贯入速率为1.2m/min；

（三）探头测力传感器应连同仪器、电缆进行定期标定，室内探头标定测力传感器的非线性误差、重复性误差、滞后误差、温度飘移、归零误差均应小于1%FS，现场试验归零误差应小于3%，绝缘电阻不小于500MΩ；

（四）深度记录的误差不应大于触探深度的±1%；

（五）当贯入深度超过30m，或穿过厚层软土后再贯入硬土层时，应采取措施防止孔斜或断杆，也可配置测斜探头，量测触探孔的偏斜角，校正土层界线的深度；

（六）孔压探头在贯入前，应在室内保证探头应变腔为已排除气泡的液体所饱和，并在现场采取措施保持探头的饱和状态，直至探头进入地下水位以下的土层为止；在孔压静探试验过程中不得上提探头；

（七）当在预定深度进行孔压消散试验时，应量测停止贯入后不同时间的孔压值，其计时间隔由密而疏合理控制；试验过程不得松动探杆。

四、静力触探试验成果分析应包括下列内容：

（一）绘制各种贯入曲线：单桥和双桥探头应绘制 p_s—z 曲线、q_c—z 曲线、f_s—z 曲线、R_f—z 曲线；孔压探头尚应绘制 u_i—z 曲线、q_t—z 曲线、f_t—z 曲线、B_q—z 曲线和孔压消散曲线：u_t—$\lg t$ 曲线。

其中：R_f——摩阻比；

u_i——孔压探头贯入土中量测的孔隙水压力（即初始孔压）；

q_t——真锥头阻力（经孔压修正）；

f_t——真侧壁摩阻力（经孔压修正）；

B_q——静探孔压系数，$B_q = \dfrac{u_i - u_0}{q_t - \sigma_{vo}}$；

u_o——试验深度处静水压力（kPa）；

σ_{vo}——试验深度处总上覆压力（kPa）；

u_t——孔压消散过程时刻 t 的孔隙水压力；

（二）根据贯入曲线的线型特征，结合相邻钻孔资料和地区经验划分土层和判定土类；计算各土层静力触探有关试验数据的平均值，或对数据进行统计分析，提供静力触探数据的空间变化规律。

五、根据静力触探资料，利用地区经验，可进行力学分层，估算土的塑性状态或密实度、强度、压缩性、地基承载力、单桩承载力、沉桩阻力，进行液化判别等。根据孔压消散曲线可估算土的固结系数和渗透系数。

第四节　载荷试验

一、载荷试验是指在地基上逐级施加外力，观测地基相应检测点随时间产生的沉降或位移，根据荷载与位移的关系（即 Q－S 曲线）判定相应的地基承载力的试验方法。它是目前检验地基（含桩基、复合地基、天然地基）承载力的各种方法中应用最广的一种，且被公认为试验结果最准确、最可靠，被列入各国岩土工程规范或规定中。该试验手段利用各种方法人工加荷，模拟地基或基础的实际工作状态，测试其加载后承载性能及变形特征。其显著的优点是受力条件比较接近实际，简单易用，试验结果直观而易于为人们理解和接受可用于测定承压板下应力主要影响范围内岩土的承载力和变形模量。浅层平板载荷试验适用于浅层地基土；深层平板载荷试验适用于深层地基土和大直径桩的桩端土；螺旋板载荷试验适用于深层地基土或地下水位以下的地基土。深层平板载荷试验的试验深度不应小于 5m。

二、载荷试验应布置在有代表性的地点，每个场地不宜少于 3 个，当场地内岩土体不均时，应适当增加。浅层平板载荷试验应布置在基础底面标高处。

三、载荷试验的技术要求应符合下列规定：

（一）浅层平板载荷试验的试坑宽度或直径不应小于承压板宽度或直径的 3 倍；深层平板载荷试验的试井直径应等于承压板直径；当试井直径大于承压板直径时，紧靠承压板周围土的高度不应小于承压板直径。

（二）试坑或试井底的岩土应避免扰动，保持其原状结构和天然湿度，并在承压板下铺设不超过 20mm 的砂垫层找平，尽快安装试验设备；螺旋板头入土时，应按每转一圈下入一个螺距进行操作，减少对土的扰动。

（三）载荷试验宜采用圆形刚性承压板，根据土的软硬或岩体裂隙密度选用合适的尺寸；土的浅层平板载荷试验承压板面积不应小于 $0.25m^2$，对软土和粒径较大的填土不应小于 $0.5m^2$；土的深层平板载荷试验承压板面积宜选用 $0.5m^2$；岩石载荷试验承压板的面积不宜小于 $0.07m^2$。

（四）载荷试验加荷方式应采用分级维持荷载沉降相对稳定法（常规慢速法）；有地区经验时，可采用分级加荷沉降非稳定法（快速法）或等沉降速率法；加荷等级宜取 10 ~12 级，并不应少于 8 级，荷载量测精度不应低于最大荷载的 ±1%。

（五）承压板的沉降可采用百分表或电测位移计量测，其精度不应低于 ±0.01mm。

（六）对慢速法，当试验对象为土体时，每级荷载施加后，间隔 5min、5min、10min、10min、15min、15min 测读一次沉降，以后间隔 30min 测读一次沉降，当连读两小时每小时沉降量小于等于 0.1mm 时，可认为沉降已达相对稳定标准，施加下一级荷载；当试验对象是岩体时，间隔 1min、2min、2min、5min 测读一次沉降，以后每隔 10min 测读一次，当连续三次读数差小于等于 0.01mm 时，可认为沉降已达相对稳定标准，施加下一级荷载。

（七）当出现下列情况之一时，可终止试验进行，卸荷回弹观测：

1. 承压板周边的土出现明显侧向挤出，周边岩土出现明显隆起或径向裂缝持续发展；
2. 本级荷载的沉降量大于前级荷载沉降量的 5 倍，荷载与沉降曲线出现明显陡降；
3. 在某级荷载下 24 小时沉降速率不能达到相对稳定标准；
4. 总沉降量与承压板直径（或宽度）之比超过 0.06。

四、根据载荷试验成果分析要求，应绘制荷载（p）与沉降（s）曲线，必要时绘制各级荷载下沉降（s）与时间（t）或时间对数（$\lg t$）曲线。

应根据 p—s 曲线拐点，必要时结合 s—$\lg t$ 曲线特征，确定比例界限压力和极限压力。当 p—s 呈缓变曲线时，可取对应于某一相对沉降值（即 s/d，d 为承压板直径）的压力评定地基土承载力。

第五节　现场直接剪切试验

一、现场直剪试验是土的抗剪强度的一种试验。可用于岩土体本身、岩土体沿软弱结构面和岩体与其他材料接触面的剪切试验，可分为岩土体试体在法向应力作用下沿剪切面剪切破坏的抗剪断试验，岩土体剪断后沿剪切面继续剪切的抗剪试验（摩擦试验），法向应力为零时岩体剪切的抗切试验。

二、现场直剪试验可在试洞、试坑、探槽或大口径钻孔内进行。当剪切面水平或近于水平时，可采用平推法或斜推法；当剪切面较陡时，可采用楔形体法。

同一组试验体的岩性应基本相同，受力状态应与岩土体在工程中的实际受力状态相近。

三、现场直剪试验每组岩体不宜少于5个。剪切面积不得小于0.25m^2。试体最小边长不宜小于50cm，高度不宜小于最小边长的0.5倍。试体之间的距离应大于最小边长的1.5倍。

每组土体试验不宜少于3个。剪切面积不宜小于0.3m^2，高度不宜小于20cm或为最大粒径的4~8倍，剪切面开缝应为最小粒径的1/3~1/4。

四、现场直剪试验的技术要求应符合下列规定：

（一）开挖试坑时应避免对试体的扰动和含水量的显著变化；在地下水位以下试验时，应避免水压力和渗流对试验的影响；

（二）施加的法向荷载、剪切荷载应位于剪切面、剪切缝的中心；或使法向荷载与剪切荷载的合力通过剪切面的中心，并保持法向荷载不变；

（三）最大法向荷载应大于设计荷载，并按等量分级；荷载精度应为试验最大荷载的±2%；

（四）每一试体的法向荷载可分4~5级施加；当法向变形达到相对稳定时，即可施加剪切荷载；

（五）每级剪切荷载按预估最大荷载的8%~10%分级等量施加，或按法向荷载的5%~10%分级等量施加；岩体按每5~10min，土体按每30s施加一级剪切荷载；

（六）当剪切变形急剧增长或剪切变形达到试体尺寸的1/10时，可终止试验；

（七）根据剪切位移大于10mm时的试验成果确定残余抗剪强度，需要时可沿剪切面继续进行摩擦试验。

五、现场直剪试验成果分析应包括下列内容：

（一）绘制剪切应力与剪切位移曲线、剪应力与垂直位移曲线，确定比例强度、屈服强度、峰值强度、剪胀点和剪胀强度；

（二）绘制法向应力与比例强度、屈服强度、峰值强度、残余强度的曲线，确定相应的强度参数。

第六节　旁压试验

一、旁压试验是将圆柱形旁压器竖直放入土中，通过旁压器在竖直的孔内加压，使旁压膜膨胀，并由旁压膜将压力传给周围的土体（岩体），使土体（岩体）产生变形直至破坏，通过量测施加的压力和土变形之间的关系，即可得到地基土在水平方向的应力应变关系。

旁压试验适用于黏性土、粉土、砂土、碎石土、残积土、极软岩和软岩等。

二、旁压试验应在有代表性的位置和深度进行，旁压器的量测腔应在同一土层内。试验点的垂直间距应根据地质条件和工程要求确定，但不宜小于1m，试验孔与已有钻孔的水平距离不宜小于1m。

三、旁压试验的技术要求应符合下列规定：

（一）预钻式旁压试验应保证成孔质量，钻孔直径与旁压器直径应良好配合，防止孔壁坍塌；自钻式旁压试验的自钻钻头、钻头转速、钻进速率、刃口距离、泥浆压力和流量等应符合有关规定；

（二）加荷等级可采用预期临塑压力的1/5~1/7，初始阶段加荷等级可取小值，必要时，可作卸荷再加荷试验，测定再加荷旁压模量；

（三）每级压力应维持1min或2min后再施加下一级压力，维持1min时，加荷后15s、30s、60s测读变形量，维持2min时，加荷后15s、30s、60s、120s测读变形量；

（四）当量测腔的扩张体积相当于量测腔的固有体积时，或压力达到仪器的容许最大压力时，应终止试验。

四、旁压试验成果分析应包括下列内容：

（一）对各级压力和相应的扩张体积（或换算为半径增量）分别进行约束力和体积的修正后，绘制压力与体积曲线，需要时可作蠕变曲线；

（二）根据压力与体积曲线，结合蠕变曲线确定初始压力、临塑压力和极限压力；

（三）根据压力与体积曲线的直线段斜率，按下式计算旁压模量：

$$E_m = 2(1+\mu)\left(V_c + \frac{V_0 + V_f}{2}\right)\frac{\Delta p}{\Delta V} \tag{2.6-1}$$

式中：E_m——旁压模量（kPa）；

μ——泊松比；

V_c——旁压器量测腔初始固有体积（cm^3）；

V_0——与初始压力P_0对应的体积（cm^3）；

V_f——与临塑压力P_f对应的体积（cm^3）；

$\Delta P/\Delta V$——旁压曲线直线段的斜率（kPa/cm^3）。

五、根据临塑压力、极限压力、初始压力和旁压模量，结合地区经验可评定地基承载力和变形参数。根据自钻式旁压试验的旁压曲线，可测求土的原位水平应力、静止侧压力系数、不排水抗剪强度等。

第七节　十字板剪切试验

一、十字板剪切试验是一种用十字板测定软黏性土抗剪强度的原位试验。将十字板头由钻孔压入孔底软土中，以均匀的速度转动，通过一定的测量系统，测得其转动时所需之力矩，直至土体破坏，从而计算出土的抗剪强度。由十字板剪力试验测得之抗剪强度代表土的天然强度。可以用来确定饱和软黏土的抗剪强度和灵敏度、测定地基加固效果和强度变化规律、测定地基或边坡滑动位置、可计算地基容许承载力。十字板剪切试验可用于测定饱和软黏性土（$\phi \approx 0$）的不排水抗剪强度和灵敏度。

二、十字板剪切试验点的布置，对均质土竖向间距可为1m，对非均质或夹薄层粉细砂的软黏性土，宜先作静力触探，结合土层变化，选择软黏土进行试验。

三、十字板剪切试验的主要技术要求应符合下列规定：

1. 十字板板头形状宜为矩形，径高比1：2，板厚宜为2~3mm；
2. 十字板头插入钻孔底的深度不应小于钻孔或套管直径的3~5倍；
3. 十字板插入至试验深度后，至少应静止2~3min，方可开始试验；
4. 扭转剪切速率宜采用（1°~2°）/10s，并应在测得峰值强度后继续测记1min；
5. 在峰值强度或稳定值测试完后，顺扭转方向连续转动6圈后，测定重塑土的不排水抗剪强度；

6. 对开口钢环十字板剪切仪，应修正轴杆与土间的摩阻力。

四、十字板剪切试验成果分析应包括下列内容：

1. 计算各试验点土的不排水抗剪峰值强度、残余强度、重塑土强度和灵敏度；

2. 绘制单孔十字板剪切试验土的不排水抗剪峰值强度、残余强度、重塑土强度和灵敏度随深度的变化曲线，需要时绘制抗剪强度与扭转角度的关系曲线；

3. 根据土层条件和地区经验，对实测的十字板不排水抗剪强度进行修正。

五、十字板剪切试验成果可按地区经验，确定地基承载力、单桩承载力，计算边坡稳定，判定软黏性土的固结历史。

第八节　扁铲侧胀试验

一、扁铲侧胀试验是利用静力或动力将一扁平铲形测头贯入土中，达到预定深度后，利用气压使扁铲测头上的钢膜片向外膨胀，分别测得膜片中心向外膨胀不同距离（分别为0.05m 和 1.10mm 这两个特定值）时的气压值，进而获得地基土参数的一种原位试验。适用于软土、一般黏性土、粉土、黄土和松散~中密的砂土。

二、扁铲侧胀试验技术要求应符合下列规定：

1. 扁铲侧胀试验探头长 230~240mm、宽 94~96mm、厚 14~16mm；探头前缘刃角 12°~16°，探头侧面钢膜片的直径 60mm；

2. 每孔试验前后均应进行探头率定，取试验前后的平均值为修正值；膜片的合格标准为：

率定时膨胀至 0.05mm 的气压实测值 $\Delta A = 5 \sim 25kPa$；

率定时膨胀至 1.10mm 的气压实测值 $\Delta B = 10 \sim 110kPa$；

3. 试验时，应以静力匀速将探头贯入土中，贯入速率宜为 2cm/s；试验点间距可取 20~50cm；

4. 探头达到预定深度后，应匀速加压和减压测定膜片膨胀至 0.05mm、1.10mm 和回到 0.05mm 的压力 A、B、C 值；

5. 扁铲侧胀消散试验，应在需测试的深度进行，测读时间间隔可取 1min、2min、4min、8min、15min、30min、90min，以后每 90min 测读一次，直至消散结束。

三、扁铲侧胀试验成果分析应包括下列内容：

1. 对试验的实测数据进行膜片刚度修正：

$$p_0 = 1.05(A - z_m + \Delta A) - 0.05(B - z_m - \Delta B) \tag{2.6-2}$$

$$p_1 = B - z_m - \Delta B \tag{2.6-3}$$

$$p_2 = C - z_m + \Delta A \tag{2.6-4}$$

式中：p_0——膜片向土中膨胀之前的接触压力（kPa）；

p_1——膜片膨胀至 1.10mm 时的压力（kPa）；

p_2——膜片回到 0.05mm 时的终止压力（kPa）；

z_m——调零前的压力表初读数（kPa）。

2. 根据 p_0、p_1 和 p_2 计算下列指标：

$$E_D = 34.7(p_1 - p_0) \tag{2.6-5}$$

$$K_D = (p_0 - u_0)/\sigma_{v0} \tag{2.6-6}$$

$$I_D = (p_1 - p_0)/(p_0 - u_0) \tag{2.6-7}$$

$$U_D = (p_2 - u_0)/(p_0 - u_0) \tag{2.6-8}$$

式中：E_D——侧胀模量（kPa）；

K_D——侧胀水平应力指数；

I_D——侧胀土性指数；

U_D——侧胀孔压指数；

u_0——试验深度处的静水压力（kPa）；

σ_{v0}——试验深度处土的有效上覆压力（kPa）。

3. 绘制 E_D、I_D、K_D、和 U_D与深度的关系曲线。

四、根据扁铲侧胀试验指标和地区经验，可判别土类，确定黏性土的状态、静止侧压力系数、水平基床系数等。

第九节　波速测试

一、波速测试是根据弹性波在岩土体内的传播速度，间接测定岩土体的物理力学性质或工程指标的现场测试方法。适用于测定各类岩土体的压缩波、剪切波或瑞利波的波速，可根据任务要求，采用单孔法、跨孔法或面波法。

二、单孔法波速测试的技术要求应符合下列规定：

1. 测试孔应垂直；

2. 将三分量检波器固定在孔内预定深度处，并紧贴孔壁；

3. 可采用地面激振或孔内激振；

4. 应结合土层布置测点，测点的垂直间距宜取 1 ~ 3m。层位变化处加密，并宜自下而上逐点测试。

三、跨孔法波速测试的技术要求应符合下列规定：

1. 振源孔和测试孔，应布置在一条直线上；

2. 测试孔的孔距在土层中宜取 2 ~ 5m，在岩层中宜取 8 ~ 15m，测点垂直间距宜取 1 ~ 2m；近地表测点宜布置在 0.4 倍孔距的深度处，震源和检波器应置于同一地层的相同标高处；

3. 当测试深度大于 15m 时，应进行激振孔和测试孔倾斜度和倾斜方位的量测，测点间距宜取 1m。

四、面波法波速测试可采用瞬态法或稳态法，宜采用低频检波器，道间距可根据场地条件通过试验确定。

五、波速测试成果分析应包括下列内容：

1. 在波形记录上识别压缩波和剪切波的初至时间；

2. 计算由振源到达测点的距离；

3. 根据波的传播时间和距离确定波速；

4. 计算岩土小应变的动弹性模量、动剪切模量和动泊松比。

第七章　不良地质作用

不良地质作用是指由地球内力或外力产生的对工程可能造成危害的地质作用。包括岩溶、滑坡、危岩和崩塌、泥石流、采空区、地面沉降、场地和地基的地震效应等。地质灾害是指由不良地质作用引发的，危及人身、财产、工程或环境安全的事件。

地质灾害与不良地质作用区别是，不良地质作用指的是作用形式，地质灾害指的是结果。

第一节　岩　溶

一、定义

岩溶又称喀斯特（Karst），指地表中可溶性岩石（主要是石灰岩）受水的溶解而发生溶蚀、沉淀、崩塌、陷落、堆积等现象形成各种特殊的地貌，如石芽、石林、溶洞等，这些现象的总称为岩溶地貌。

土洞是岩溶地区的一种特殊的不良地质现象，是覆盖型岩溶区在特定的水文地质条件作用下，基岩面以上的部分土体随水流迁移携失而形成的土洞和洞内塌落堆积物，并引起地面变形破坏的作用和现象。

二、岩溶场地可能发生的岩土工程问题

1．地基主要受压层范围内，若有溶洞、暗河等存在，在附加荷载或振动作用下，溶洞顶板坍塌引起地基突然陷落。

2．地基主要受压层范围内，下部基岩面起伏较大，上部又有软弱土体分布时，引起地基不均匀下沉。

3．覆盖型岩溶区由于地下水活动产生的土洞，逐渐发展导致地表塌陷，造成对场地和地基稳定的影响。

4．在岩溶岩体中开挖地下洞室时，突然发生大量涌水及洞穴泥石流灾害。从更广泛的意义上，还包括有其特殊性的水库诱发地震、水库渗漏、矿坑突水、工程中遇到的溶洞稳定、旱涝灾害、石漠化等一系列工程地质和环境地质问题。

岩溶、土洞地基变形破坏主要形式：地基承载力不足、地基不均匀沉降、地基滑动、地表塌陷。

第二节　滑　坡

一、定义

斜坡上的岩土体，在重力的作用下，沿着斜坡内部一定的滑动面（或滑动带）整体下滑，且水平位移大于垂直位移的坡体变形。

二、滑坡形成的条件

1. 地质条件

（1）岩性：在岩土层中，必须具有受水构造、聚水条件和软弱面（该软弱面也是有隔水作用）等，才可能形成滑坡。

（2）地质构造：岩体构造和产状对山坡的稳定，滑动面的形成、发展影响很大，一般堆积层和下伏岩层接触面越陡，则其下滑力越大，滑坡发生的可能性也愈大。

2. 地形及地貌

从局部地形可以看出，下陡中缓上陡的山坡和山坡上部成马蹄形的环状地形，且汇水面积较大时，在坡积层中或沿基岩面易发生滑动。

3. 气候、径流条件

（1）气候条件；

（2）地表水作用；

（3）地下水作用等。

4. 其他因素如地震，人为地破坏边坡坡角、破坏自然排水系统，坡顶堆载等都可能引起滑坡。

三、滑坡的危害

滑坡具有很大的破坏力，大规模的滑坡会掩埋村镇、摧毁工矿、中断交通、堵塞江河、破坏农田和森林，给国家建设和人民的生命财产造成严重的损失。

四、滑坡治理的原则

防治滑坡应当贯彻“早期发现，以防为主，防治结合”的原则；对滑坡的整治，应针对引起滑坡的主导因素进行，原则上应一次根治不留后患；对性质复杂、规模巨大，短期内不易查清或工程建设进度不允许完全查清后再整治的滑坡，应在保证建设工程安全的前提下，做出全面整治规划，采用分期治理的方法，使后期工程能获得必需的资料，又能争取到一定的建设时间，保证整个工程的安全和效益；对建设工程随时可能产生危害的滑坡，应先采用立即生效的工程措施，然后再作其他工程；一般情况下，对滑坡进行整治的时间，宜放在旱季为好。施工方法和程序应以避免造成滑坡产生新的滑动为原则。

五、防治滑坡的主要工程措施

我国防治滑坡的工程措施很多，归纳起来可分为三类：一是消除或减轻水的危害；二是改变滑坡体的外形，设置抗滑建筑物；三是改善滑动带的土石性质。

第三节　危岩和崩塌

一、定义

陡坡上被直立裂缝分割的岩体，因根部空虚，折断压碎或局部滑移，失去稳定，突然脱离母体向下倾倒、翻滚。危岩是指岩体被结构面切割，在外力作用下产生松动和塌落，崩塌是指危岩的塌落过程及其产物。

二、崩塌产生的条件

1. 地貌条件：崩塌多产生在陡峻的斜坡地段，一般坡度大于45°，高度大于30m以上，坡面多不平整，上陡下缓。

2．岩性条件：坚硬岩层多组成高陡山坡，在节理裂隙发育，岩体破碎的情况下易产生崩塌。

3．构造条件：当岩体中各种软弱结构面的组合位置处于倾向林空面时，被切割的不稳定岩块易沿结构面发生崩塌。

4．此外昼夜的温差，季节的温度变化，促使岩石风化，地表水的冲刷，溶解和软化裂隙充填物形成软弱面，或水的渗透增加静水压力，强烈地震以及人类工程活动中的爆破，边坡开挖过高过陡，破坏了山体平衡，都会促使崩塌的发生。

三、崩塌的防治

崩塌的治理应以根治为原则，对规模大，破坏后果严重，当难于治理时，不宜作为工程场地，应绕避。

对中、小型崩塌可采取下列综合措施：

1．遮挡：对小型崩塌，可修筑明洞、棚洞等遮挡建筑物使线路通过。

2．对中、小型崩塌，当线路工程或建筑物与坡脚有足够距离时，可在坡脚或半坡设置落石平台或挡石墙、拦石网。

3．支撑加固；对小型崩塌，在危岩的下部修筑支柱、支墙。亦可将易崩塌体用锚索、锚杆与斜坡稳定部分联固。

4．镶补勾缝：对小型崩塌，对岩体中的空洞、裂缝用片石填补，混凝土灌注。

5．护面：对易风化的软弱岩层，可用沥青、砂浆或浆砌片石护面。

6．排水：设排水工程以拦截疏导斜坡地表水和地下水。

7．刷坡：在危石突出的山嘴以及岩层表面风化破碎不稳定的山坡地段，可刷缓山坡。

第四节　泥石流

一、定义

泥石流是山区特有的一种自然地质现象。它是由于降水（暴雨、融雪、冰川）而形成的一种夹带大量泥砂、石块等固体物质的特殊洪流。它暴发突然，历时短暂，来势凶猛，具有强大的破坏力。

典型的泥石流流域，从上游到下游一般可分为三个区，即泥石流的形成区、流通区和堆积区。

二、泥石流的形成条件

1．地形条件

（1）山高沟深，地势陡峻，沟床纵横坡度大，流域的形状便于水流的汇集。

（2）上游形成区的地形多为三面环山、一面出口的瓢状或漏斗状，地形比较开阔，周围山高坡陡，地形便于水和碎屑物质的集中。

（3）中游流通区的地形多为狭窄陡深的峡谷，沟床纵坡坡度大，使泥石流得以迅猛直泻。

（4）下游堆积区的地形多为开阔、平坦的山前平原或河谷阶地，便于碎屑物质的堆积。

2．地质条件

（1）地质构造：地质构造类型复杂、断裂褶皱发育、新构造运动强烈、地震烈度较高的地区，一般便于泥石流的形成。这类地区往往表层岩土破碎，滑坡、崩塌、错落等不良地质作用发育，为泥石流的形成提供了丰富的固体物质来源。

（2）岩性：结构疏松软弱、易于风化、节理发育的岩层，或软硬相间成层的岩层，易遭受破坏，形成丰富的碎屑物质来源。

3．水文气象条件

（1）水能浸润、饱和山坡松散物质，使其摩阻力减小、滑动力增大；水流对松散物质的侧蚀、掏挖作用引起滑坡、崩塌等，增加了物质来源。

（2）泥石流的形成与下列短时间内突然性的大量流水密切相关：

1）强度较大的暴雨。

2）冰川、积雪的强烈消融。

3）冰川湖、高山湖、水库等的突然溃决。

4．其他条件

如滥伐山林，造成山坡水土流失；开山采矿、采石，弃渣堆石等，往往增加了大量物质来源。

上述条件概括起来为：

（1）陡峻的便于集水、集物的地形；

（2）有丰富的松散物质

（3）短时间内有大量水的来源。

此三者缺一便不能形成泥石流。

三、泥石流的防治

1．预防措施

（1）水土保持，植树造林，种植草皮，退耕还林，以稳固土壤不受冲刷，不使流失；

（2）坡面治理：包括削坡、挡土、排水等，以防止或减少坡面岩土体和水参与泥石流的形成；

（3）坡道整治：包括固床工程，如拦砂坝、护坡脚、护底铺砌等；调控工程，如改变或改善流路、引水输砂、调控洪水等，以防止或减少沟底岩土体的破坏。

2．治理措施

（1）拦截措施：在泥石流沟中修筑各种形式的拦碴坝，如拦砂坝、石笼坝、格栅坝及停淤场等，用以拦截或停积泥石流中的泥砂、石块等固体物质，减轻泥石流的动力作用；

（2）滞流措施：在泥石流沟中修筑各种位于拦碴坝下游的低矮拦挡坝（谷坊），当泥石流漫过拦碴坝顶时，拦蓄泥砂、石块等固体物质，减小泥石流的规模；固定泥石流沟床，防止沟床下切和拦碴坝体坍塌、破坏；减缓纵坡坡度，减小泥石流流速；

（3）排导措施：在下游堆积区修筑排洪道、急流槽、导流堤等设施，以固定沟槽、约束水流、改善沟床平面等。

第五节 采空区

一、定义

地下矿层被开采后形成的空间称为采空区。

采空区分为老采空区、现采空区和未来采空区。老采空区是指历史上已经开采过、现已停止开采的采空区；现采空区是指正在开采的采空区；未来采空区是指计划开采而尚未开采的采空区。

二、采空区勘察

采空区的勘察宜以搜集资料、调查访问为主，并应查明下列内容：

1. 矿层的分布、层数、厚度、深度、埋藏特征和上覆岩层的岩性、构造等；

2. 矿层开采的范围、深度、厚度、时间、方法和顶板管理，采空区的塌落、密实程度、空隙和积水等；

3. 地表变形特征和分布，包括地表陷坑、台阶、裂缝的位置、形状、大小、深度、延伸方向及其与地质构造、开采边界、工作面推进方向等的关系；

4. 地表移动盆地的特征，划分中间区、内边缘区和外边缘区，确定地表移动和变形的特征值；

5. 采空区附近的抽水和排水情况及其对采空区稳定的影响；

6. 搜集建筑物变形和防治措施的经验。

7. 采空区勘察应查明老采空区上覆岩层的稳定性，预测现采空区和未来采空区的地表移动、变形的特征和规律性；判定其作为工程场地的适宜性。

第六节 地面沉降

一、定义

地面沉降是指地层在各种因素的作用下，造成地层压密变形或下沉，从而引起区域性的地面标高下降。

二、地面沉降的危害

地面沉降是一种累进性地质灾害，会给滨海平原防洪排涝、土地利用、城市规划建设、航运交通等造成严重危害，其破坏和影响是多方面的。其中主要危害表现为：地面标高损失，继而造成雨季地表积水，防泄洪能力下降；沿海城市低地面积扩大、海堤高度下降而引起海水倒灌；海港建筑物破坏，装卸能力降低；地面运输线和地下管线扭曲断裂；城市建筑物基础下沉脱空开裂；桥梁净空减小影响通航；深井井管上升，井台破坏，城市供水及排水系统失效；农村低洼地区洪涝积水使农作物减产等。

三、地面沉降的原因

1. 自然因素：①新构造运动以及地震、火山活动引起的地面沉降；②海平面上升导致地面的相对下降（沿海）；③土层的天然固结（次固结土在自重压密下的固结作用）。

自然因素所形成的地面沉降范围大，速率小。自然因素主要是构造升降运动以及地震、火山活动等一般情况下，把自然因素引起的地而沉降归属于地壳形变或构造运动的范畴，作为一种自然动力现象加以研究。

2. 人为因素：①抽汲地下气、液体引起的地面沉降。抽取地下水而引起的地面沉降，是地面沉降现象中发育最普通、危害性最严重的一类；②大面积地面堆载引起的地面沉降；③大范围密集建筑群天然地基或桩基持力层大面积整体性沉降——工程性地面沉降。

四、地面沉降的产生条件

1. 厚层松散细粒土层的存在；

2. 厚层松散细粒土层的存在；

3. 新构造运动的影响；

4. 城市建设对地面沉降的影响。

五、地面沉降的防治

地面沉降与地下水过度开采紧密相关，只要地下水位以下存在可压缩地层就会因过量开采地下水而出现地面沉降，而地面沉降一旦出现则很难治理，因此地面沉降主要在于预防。目前，国内外预防地面沉降的主要技术措施大同小异，主要包括建立健全地面沉降监测网络，加强地下水动态和地面沉降监测工作；开辟新的替代水源、推广节水技术；调整地下水开采布局，控制地下水开采量；对地下水开采层位进行人工回灌；实行地下水开采总量控制、计划开采和目标管理。除上述措施外，还应查清地下地质构造、对高层建筑物的地基进行防沉降处理。在已发生区域性地面沉降的地区，为了减轻海水倒灌和洪涝等灾害损失，还应采取加高加固防洪堤、防潮堤以及疏导河道，兴建排涝工程等措施。基本措施是进行地下水资源管理。

第七节　场地和地基的地震效应

一、规范要求

抗震设防烈度等于或大于6度的地区，应进行场地和地基地震效应的岩土工程勘察，并应根据国家批准的地震烈度区划和有关的规范，提出勘察场地的抗震设防烈度，设计基本地震加速度和设计特征周期分区。

二、建筑地段划分

1. 有利地段：稳定基岩，坚硬土，开阔、平坦、密实、均匀的中硬土等。

2. 不利地段：软弱土，液化土，条状突出的山嘴，高耸孤立的山丘，非岩质的陡坡河岸和边坡的边缘，平面分布上成因、岩性、状态明显不均匀的土层（如古河道、疏松的断层破碎带、暗埋的塘浜沟谷和半填半挖地基）等。

3. 危险地段：地震时可能发生滑坡、崩塌、地陷、地裂、泥石流等及发震断裂带上可能发生地表位错的部位。

4. 一般地段：其他地段。

三、建筑场地类别划分

按照现行国家标准《建筑抗震设计规范》GB 50011，根据“土层等效剪切波速”和“场地覆盖层厚度”双参数进行确定（表 2.7－1）。

各类建筑场地的覆盖层厚度（m）　　表 2.7－1

岩石的剪切波速或土的剪切波速（m/s）	场地类别				
	I_0	I_1	Ⅱ	Ⅲ	Ⅳ
$v_s > 800$	0				
$800 \geq v_s > 500$		0			
$500 \geq v_s > 250$		<5	≥5		
$250 \geq v_s > 150$		<3	3～50	>50	
$v_s > 150$		<3	3～15	15～80	>80

设计特征周期是根据场地类别和设计地震分组确定的（表 2.7－2）。

特征周期（s）　　表 2.7－2

设计地震分组	场地类别				
	I_0	I_1	Ⅱ	Ⅲ	Ⅳ
第一组	0.20	0.25	0.35	0.45	0.65
第二组	0.25	0.30	0.40	0.55	0.75
第三组	0.30	0.35	0.45	0.65	0.90

四、砂土液化

地震时由于地震波的振动，会使埋深于地下水位以下的饱和砂土和粉土，土的颗粒之间有变密的趋势，孔隙水不能及时地排出，使土颗粒处于悬浮状态，呈现液体状。此时，土体内的抗剪强度暂时为零，如果建筑物的地基土没有足够的稳定持力层，会导致喷水、冒砂，使地基土产生不均匀沉陷、裂缝、错位、滑坡等现象。从而使地基土失去或降低承载能力，加剧震害程度。所以按照现行国家标准《岩土工程勘察规范》GB 50021 规定，抗震设防烈度为 6 度可以不考虑液化影响；但对沉陷敏感的乙类建筑可按 7 度进行液化判别；甲类建筑应专门进行液化勘察。

场地地震液化判别应先进行初步判别，当初步判别认为有液化可能时，应再作进一步判别。地震液化的进一步判别应在地面以下 15m 的范围内进行；对于桩基和基础埋深大于 5m 的天然地基，判别深度应加深至 20m。对判别液化而布置的勘探点不应少于 3 个，勘探孔深度应大于液化判别深度。

凡判别为可液化的土层，应按现行国家标准《建筑抗震设计规范》GB 50011 的规定确定其液化指数和液化等级。根据建筑抗震设防类别提供抗震设防措施。

第八节　活动断裂

一、活动断裂

活动断裂（也称为活断层）一般是指现今正在活动的断裂，或近期曾活动过、不久的将来可能会重新活动的断裂。

二、分类

断裂的工程分类可分为全新活动断裂和非全新活断裂两种，活动断裂主要指前者。

三、全新活动断裂

全新活动断裂为在全新地质时期（一万年）内有过地震活动或近期正在活动，在今后一百年可能继续活动的断裂；全新活动断裂中、近期（近500年来）发生过地震震级 M≥5 级的断裂，或在今后100年内，可能发生 M≥5 级的断裂，可定为发震断裂。

全新活动断裂分级　　表2.7－3

断裂分级＼指标		活动性	平均活动速率 v（mm/a）	历史地震震级 M
Ⅰ	强烈全新活动断裂	中晚更新世以来有活动，全新世活动强烈	$v>1$	$M\geq 7$
Ⅱ	中等全新活动断裂	中晚更新世以来有活动，全新世活动较强烈	$1\geq v\geq 0.1$	$7>M\geq 6$
Ⅲ	微弱全新活动断裂	全新世有微弱活动	$v<0.1$	$M<6$

四、非全新活动断裂

非全新活动断裂是指一万年以前活动过，一万年以来没有发生过活动的断裂。

活动断裂对工程建筑物安全的威胁主要来自断层错动～突发错动（产生地震的粘滑）和缓慢错动（不产生地震的蠕滑）。前者往往和地震相伴随，在我国大陆区震级为6.3～4以上的地震才能产生不同规模的地表破裂带和地表位移。而蠕滑也可以产生地表位移和地面破裂，但其形成过程是一个缓慢的应变积放过程，其位移量也是一种缓慢的积累过程。无论哪种方式的位移都会对工程建筑物造成威胁，因而对活动断裂进行工程地质研究和工程安全评价非常必要。

大型工业建设场地，在可行性研究勘察时，应建议避让全新活动断裂和发震断裂。避让距离应根据断裂的等级、规模、性质、覆盖层厚度、地震烈度等因素，按有关标准综合确定。非全新活动断裂可不采取避让措施，但当浅埋且破碎带发育时，可按不均匀地基处理。

第八章　地基基础

第一节　地　基

地基是承受建筑物荷载的地层。按地质情况分为土基和岩基。按设计施工情况分天然地基、复合地基。

一、天然地基

天然地基是处于天然状态的岩体、土体地基。即自然状态下即可满足承担基础全部荷载要求，不需要人工处理的地基。

二、复合地基

复合地基是指天然土层的土质过于软弱或不良的地质条件，需要经过人工处理或改良的地基，天然土层在地基处理过程中部分土体得到增强，或被置换，或在天然地基中设置加筋材料，加固区是由基体（天然地基土体或被改良的天然地基土体）和增强体两部分组成的人工地基。在荷载作用下，基体和增强体共同承担荷载的作用。根据复合地基荷载传递机理将复合地基分成竖向增强体复合地基和水平向增强复合地基两类，又把竖向增强体复合地基分成散体材料桩复合地基、柔性桩复合地基和刚性桩复合地基三种。

常见的复合地基类型有：换填垫层法，预压法，强夯及强夯置换法，振冲法，砂石桩法，水泥粉煤灰碎石桩（CFG 桩）法，夯实水泥土桩法，水泥土搅拌法，高压喷射注浆法，石灰桩法，灰土挤密桩法，土挤密桩法，柱锤冲扩桩法，单液硅化法和减液法等。

第二节　基　础

基础是将结构所承受的各种荷载传递到地基上的结构组成部分，是建筑地面以下的承重构件。它承受建筑物上部结构传下来的全部荷载，并把这些荷载连同本身的重量一起传到地基上。

地基是承受由基础传下的荷载的土体或岩体。地基承受建筑物荷载而产生的应力和应变随着土层深度的增加而减小，在达到一定深度后就可忽略不计。直接承受建筑荷载的土层为持力层。持力层的厚度是用附加应力与自重应力的比值确定的。持力层以下的土层为下卧层（图 2. 8 – 1）。工程性质差的下卧层称为软弱下卧层。

一、基础类型

建筑基础类型按构造形式可分为条形基础、独立基础、满堂基础和桩基础。满堂基础又分为筏形基础和箱形基础。

1．条形基础是指基础长度远远大于宽度的一种基础形式。基础的长度大于或等于 10 倍基础的宽度。按上部结构分为墙下条形基础和柱下条形基础。墙下条形基础和柱下独立

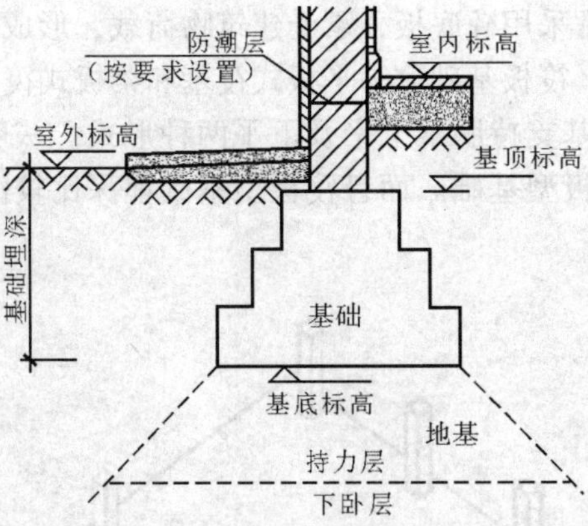

图 2.8－1　地基与基础示意图

基础（单独基础）统称为扩展基础。扩展基础的作用是把墙或柱的荷载侧向扩展到土中，使之满足地基承载力和变形的要求。扩展基础包括无筋扩展基础和钢筋混凝土扩展基础。

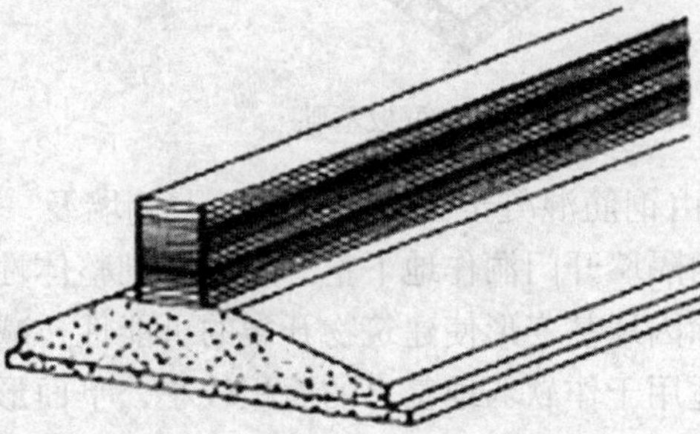

图 2.8－2　条形基础

无筋扩展基础。无筋扩展基础系指由砖、毛石、混凝土或毛石混凝土、灰土和三合土等材料组成的无需配置钢筋的墙下条形基础或柱下独立基础。

2. 独立基础：当建筑物上部结构采用框架结构或单层排架结构承重时，基础常采用方形、圆柱形和多边形等形式的独立式基础，这类基础称为独立式基础，也称单独基础，是整个或局部结构物下的无筋或配筋基础。一般是指结构柱基，高烟囱，水塔基础等的形式。

独立基础分：阶形基础、坡形基础、杯形基础 3 种。

图 2.8－3　独立基础

3. 筏板基础：筏型基础又叫筏板型基础，即满堂基础。是把柱下独立基础或者条形基础全部用联系梁联系起来，下面再整体浇注底板。由底板、梁等整体组成。建筑物荷载较大，地基承载力较弱，常采用砼底板，承受建筑物荷载，形成筏基，其整体性好，能很好地抵抗地基不均匀沉降。筏板基础分为平板式筏基和梁板式筏基，平板式筏基支持局部加厚筏板类型；梁板式筏基支持肋梁上平及下平两种形式。一般说来地基承载力不均匀或者地基软弱的时候用筏板型基础。而且筏板型基础埋深比较浅，甚至可以做不埋深式基础。

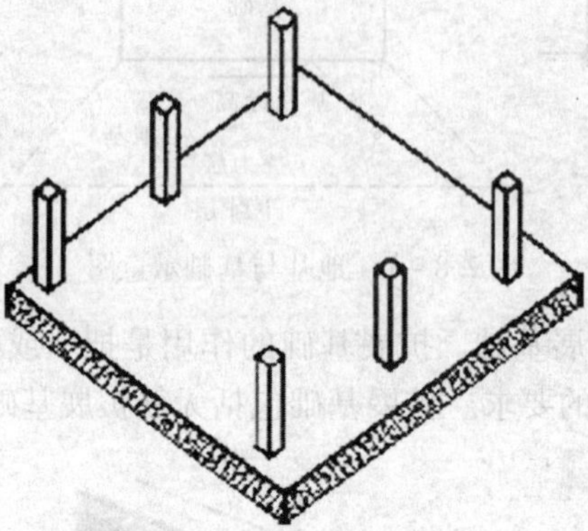

图 2.8－4　筏板基础

4. 箱型基础：箱型基础是由钢筋混凝土的底板、顶板、侧墙及一定数量的内隔墙构成封闭的箱体，基础中部可在内隔墙开门洞作地下室。这种基础整体性和刚度都好，调整不均匀沉降的能力较强，可消除因地基变形使建筑物开裂的可能性，减少基底处原有地基自重应力，降低总沉降量。它适用于作软弱地基上的面积较小，平面形状简单，荷载较大或上部结构分布不均的高层重型建筑物的基础及对沉降有严格要求的设备基础或特殊构筑物，但混凝土及钢材用量较多，造价也较高。但在一定条件下采用，如能充分利用地下部分，那么在技术上、经济效益上也是较好的。

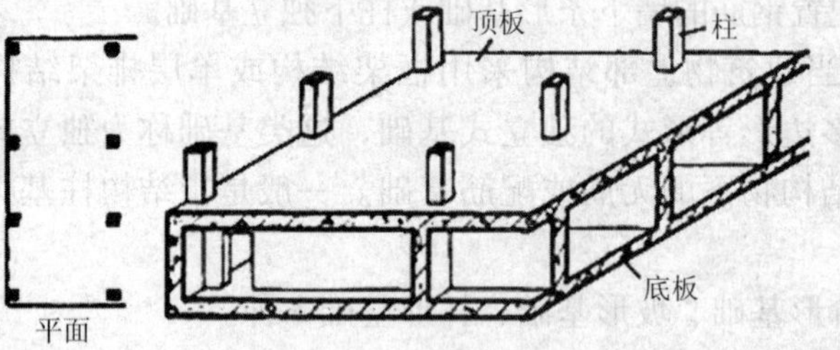

图 2.8－5　箱型基础

二、桩基础

桩基础由基桩和连接于桩顶的承台共同组成。

1. 按照基础的受力原理可分为摩擦桩和端承桩。

摩擦桩：系利用地层与基桩的摩擦力来承载构造物并可分为压力桩及拉力桩，一般用于浅层地层无好的持力层或持力层较深。

端承桩：系使基桩坐落于承载层上（岩盘上）使可以承载构造物。

2. 按照施工方式可分为预制桩和灌注桩。

预制桩：通过打桩机将预制的钢筋混凝土桩贯入地下。优点是材料省，强度高，适用于较高要求的建筑，缺点是施工难度高，受机械数量限制施工时间长。

灌注桩：首先在施工场地上钻孔，当达到所需深度后将钢筋放入浇灌混凝土。优点是施工难度低，尤其是人工挖孔桩，可以不受机械数量的限制，所有桩基同时进行施工，大大节省时间，缺点是承载力低、费材料。

第三节　地基基础事故

一、上海某小区住宅楼

1. 事故概况

（1）事故发生时间：2009 年。

（2）事故类型：坍塌事故。

2. 事故直接原因

施工方在事发楼前方开挖基坑，土方紧贴建筑物堆积在楼房北侧，在短时间内堆土过高，最高处达 10m 左右，产生了 3000t 左右的侧向力；与此同时，紧邻住宅楼南侧的地下车库基坑开挖深度 4.6m，大楼两侧的压力差使土体产生水平位移，导致楼房产生 10cm 左右的位移，过大的水平力对 PHC 桩（预应力高强混凝土桩）产生很大的偏心弯矩，最终破坏桩基，引起楼房整体倒覆（图 2.8－6）。

图 2.8－6　事故现场图

3. 事故的间接原因

主要有 6 个方面：一是土方堆放不当；二是开挖基坑违反相关规定；三是监理不到位；四是管理不到位；五是安全措施不到位；六是围护桩施工不规范。

二、意大利比萨斜塔

举世闻名的意大利比萨斜塔是建筑物倾斜的典型实例。

1. 工程事故概况

比萨市位于意大利中部，而比萨斜塔位于比萨市北部，它是比萨大教堂的一座钟塔，在大教堂东南方向相距约 25m。1370 年竣工，全塔共 8 层，高度为 55m。全塔总荷重约为 145MN，塔身传递到地基的平均压力约 500kPa。目前塔北侧沉降量约 90cm，南侧沉降量约 270cm，塔倾斜约 5.5°，十分严重。比萨斜塔向南倾斜，塔顶离开垂直线的水平距离已达5.27m，等于我国虎丘塔倾斜后塔顶离开水平距离的2.3倍。幸亏比萨斜塔的建筑材料大理石条石质量优，施工精细，尚未发现塔身有裂缝。比萨斜塔基础底面倾斜值，经计算为0.093，我国国家标准《建筑地基基础设计规范》GB 50007—2011中规定：高耸结构基础的倾斜，当建筑物高度 Hg 为：$50m < Hg \leqslant 100m$ 时，0.005，即5‰。目前比萨斜塔基础实际倾斜值已等于我国国家标准允许值的18倍。由此可见，比萨斜塔倾斜已达到极危险的状态，随时有可能倒塌。

2. 事故原因：分析关于比萨斜塔倾斜的原因，早在18世纪记载中当时就有两派不同见解：一派由历史学家兰尼里·克拉西为首，坚持比萨塔有意建成不垂直；另一派由建筑师阿莱山特罗领导，认为比萨塔的倾斜归因于它的地基不均匀沉降。

20世纪以来，一些学者提供了塔的基本资料和地基土的情况。比萨斜塔地基土由上至下，可分为8层：①表层为耕植土，厚160m；②第2层为粉砂，夹黏质粉土透镜体，厚度5.40m；③第3层为粉土，厚3.0m；④第4层为上层黏土，厚度10.5m；⑤第5层为中间黏土，厚为5.0m；⑥第6层为砂土，厚为2.0m；⑦第7层为下层黏土，厚度12.5m；⑧第8层为砂土，厚度超过20.0m。有人将上述8层土合为3大层：①~③层为砂质粉质土；④~⑦层为黏土层；⑧层为砂质土层。地下水位深1.6m，位于粉砂层。根据上述资料分析认为比萨钟塔倾斜的原因是：

（1）钟塔基础底面位于第2层粉砂中。施工不慎，南侧粉砂局部外挤，造成偏心荷载，使塔南侧附加应力大于北侧，导致塔向南倾斜。

（2）塔基底压力高达500kPa，超过持力层粉砂的承载力，地基产生塑性变形，使塔下沉。塔南侧接触压力大于北侧，南侧塑性变形必然大于北侧，使塔的倾斜加剧。

（3）钟塔地基中的黏土层厚达近30m，位于地下水位下，呈饱和状态。在长期重荷作用下，土体发生蠕变，也是钟塔继续缓慢倾斜的一个原因。

（4）在比萨平原深层抽水，使地下水位下降，相当于大面积加载，这是钟塔倾斜的重要原因。在20世纪60年代后期与70年代早期，观察地下水位下降，同时钟塔的倾斜率增加。当天然地下水恢复后，则钟塔的倾斜率也回到常值。

第九章　钻探机械设备常识

第一节　钻探机械常识

一、钻探机械组成

1. 钻探机械主要包括钻机、泥浆泵、动力机（柴油机或电动机）和钻塔等。

2. 选择钻探机械，应根据钻探目的、孔深、钻孔结构以及地形运输等条件。首先确定钻机类型，其他设备随钻机类型配备。

二、钻机的基本组成部分

1. 回转机构：回转钻具带动钻头在孔底工作；

2．给进机构：调整钻头在孔底工作所需要的钻压和控制给进速度；

3．升降机构：用以完成钻具、套管和附属工作的升降。有的钻机还利用升降机构控制给进速度和给进压力。

4．机架：根据钻机整体布局的特点，将上述各部件组装成一至两个整体，达到结构紧凑、便于安装、拆卸的要求。

三、钻机按给进机构不同分类

1．油压给进钻机

2．钢绳给进钻机

3．手把式给进钻机

4．螺旋差动给进钻机

5．全液压动力头钻机

目前钻探生产中油压给进钻机应用最为广泛，全液压动力头钻机是发展方向。

四、钻机在使用前应检查的部位

1．检查横、立轴齿轮、齿筒、卡盘、顶丝、卡瓦、滑轨、导向杆是否清洁良好；

2．检查变速箱、回转器、油路系统连接处是否漏油及油箱的油量是否合适；

3．检查制动装置、摩擦离合器、锁紧机构及分动机构是否可靠，必要时进行调整；

4．用人力转动机器，检查各机件的作用是否灵活可靠，如阻力过大或有杂音等异常现象时，必须予以消除。

五、钻机在运转中应注意事项

1．接合离合器或使工作轮转动时，必须轻、匀、平稳。

2．变换转速、接合横、立轴箱和变换各分动手柄时，必须将离合器置于分离位置或使工作轮停止转动后进行。

3．使用升降机时，禁止左、右手把同时下压。

4．齿轮油泵开动后，应注意油压表和孔底压力指示器的反应。钻进过程中，孔底需要增、减压力时，应逐步调节，不得突然增降；利用油压系统快速提动立轴（快速倒杆）时，只准在原负荷的情况下进行，以防机件损坏。

5．XY 型钻机移动前，应先松开锁紧机构，并将导轨擦净，涂上润滑油；移动后必须锁紧。

6．随时注意机器各部有无冲击声；变速箱、轴承、轴套和横、立轴齿轮箱等有无超过烫手温度（60℃），如超过应予以排除。

7．各油压操纵手柄不得同时使用；XY—4 钻机转速表不能反转，如回转器反转应将其软轴卸下，以防损坏转速表。

8．钻机维护保养应严格按要求进行，确保钻机运转正常。

六、岩石的机械性质及可钻性

1．岩石的力学性质

岩石在外力作用下所表现出来的性质，称为岩石的力学性质。与钻探有关的岩石力学性质主要有：强度、硬度、研磨性、弹性、塑性和脆性等。

岩石的强度是指岩石在各种外力作用下抵抗破坏的能力，根据外力性质的不同可分为抗压强度、抗剪强度、抗弯强度和抗拉强度等。岩石的强度是影响钻进的重要因素之一，岩石的强度越大，抵抗外力破坏的能力越强，破碎越困难，钻进效率越低。

岩石的硬度是指岩石抵抗另一物体压入的能力，反映了岩石表面抗破碎的能力。在一定程度上，硬度直接反映了岩石被破碎的难易程度。岩石硬度越大，切削具越难以切入岩石，钻进效率就越低。

岩石的研磨性是指岩石对切削具的磨损能力。一般分强研磨性、中研磨性、弱研磨性3等。岩石的研磨性强，对切削具的磨损能力强，钻头的使用寿命低，影响钻进效率。

岩石的弹性是指岩石受到外力后产生变形，外力消失后岩石仍恢复到原来形状的性质。

岩石的塑性是指岩石在外力作用下，只改变形状和大小而不破坏自身的连续性，称岩石是塑性的。

岩石的脆性是指岩石在外力作用下，无明显的形状改变时便被破坏，称岩石是脆性的。钻进弹性大的岩石，会使钻头产生跳动，给钻进带来困难。塑性大的岩石一般较软、钻进容易，但易产生缩径、糊钻等现象。脆性岩石一般具有较弱的抗强和较大的抗压能力，钻进和采心都很困难，在冲击作用下容易破碎。

2. 岩石的可钻性

岩石的可钻性是指在一定的技术条件下，反映钻进某种岩石难易程度的综合指标，可以理解为钻进过程中岩石抵抗破碎的程度。岩石的可钻性是在钻进过程中显示出来的综合指标，取决于许多因素。首先是岩石的物理力学性质，其次是碎岩的方法、工具、规程等。地质勘探钻进中，岩石可钻性分级方法很多，常见的有按机械钻速分级、硬度分级、研磨性和抗剪强度分级等，一般将岩石的可钻性分为4类12级：

软岩：相当于可钻性1~3级；

中硬岩石：相当于可钻性4~6级；

硬岩：相当于可钻性7~9级；

坚硬岩石：相当于可钻性10~12级。

第二节　常用钻机类型

一、钻机的分类

由于岩土钻掘工程的目的与施工对象各异，因而钻机种类较多。

钻机可按用途分类，如岩心钻机、石油钻机、水文地质调查与水井钻机、工程地质勘查钻机、坑道钻机及工程施工钻机等。

钻机可按钻进方法分类，通常把钻机分成四类：

1. 冲击式钻机，又分为钢丝绳冲击式、钻杆冲击式两种钻机。

2. 回转式钻机，又可分为三种：立轴式—手把给进式、螺旋差动给进式、液压给进式钻机；转盘式—钢绳加减压式、液压缸加减压式钻机；移动回转器式—全液压动力头式、机械动力头式钻机。

3. 振动钻机。

4. 复合式钻机：振动、冲击、回转、静压等功能以不同组合方式复合在一起的钻机。

二、SH30－2A 型钻机

SH30－2A 型是在 SH30 型钻机基础上进行了修改设计并试制成功的钻机，是工程地质钻探使用最广泛的钻探设备之一。该机主要用于工业建筑和民用建筑、国防以及公路、铁路、桥梁等建筑中的工程地质勘察工作，它具有冲击、回转两种钻进方式。钻机具有下列特点：重量轻，结构紧凑，解体性能好，搬运方便，部分分解重量轻，操作简便而且机械化程度高，在正常情况下只需定员 3 人，钻机的适应性较强，可运用于耕土、黏性土、砂卵石、各种杂填土等第四纪覆盖层，可在不同深度取原状土样。钻机搬运方便，在山区可拆搬，因配备有一对胶轮，故在城市和其他道路平坦地区可用汽车拖带（只作施工孔位移动用）。

技术参数：

1. 钻孔直径和钻孔深度：开孔直径 142mm，终孔直径 110mm，钻孔深度 30m
2. 钻杆直径：42mm
3. 转盘速度（正、反）：18，44，110r/min
4. 钻架形式及垂直高度：4 腿，6.5m
5. 卷扬机

（1）最大提升力（单绳低速）：15kN

（2）平均速度：0.24，0.57，1.48m/s

6. 动力

（1）柴油机：S195－R04，10.6kW，2200r/min；S1100

（2）电动机：Y132S2－2，7.5kW，3000r/min

7. 外形尺寸（长×宽×高）：2015mm×1026mm×900mm
8. 轮距：1100mm
9. 钻机重量（不包括动力机）：550kg

图 2.9－1　SH30－2A 型钻机

三、XY－X 型钻机（100m）

XY－X 型钻机是一种具有油压给进的轻便钻机。额定钻孔深度 100m，最大开孔直径允许为 130mm（也可为 500mm 以内开孔），终孔直径为 75mm，钻进深度根据地层情况而定。可根据地层的不同选用合金、钢砂及钢粒等钻头进行钻进，可钻 2～9 级的砂质黏土及基岩层等。用于普查勘探、地球物理勘探、道路及建筑勘探以及打爆破孔等钻进工程。具有油压自动给进机构、钻进效率高，采用上球卡夹持机构代替卡盘，可实行不停机倒杆，手柄集中、操作方便、安全可靠，结构紧凑，钻机、水泵及柴油机都安装在同一个底架上，占用场地面积小，重量轻、分解性强，便于搬迁，适合于平原和山区工作。钻机底座及钻塔可以选用四轮拖挂式底座及人字形钻塔、两轮底座及钻塔也可特制加工订制。

主要参数：

1．钻进深度：100 m；开孔直径：110 mm，终孔直径：75 mm；钻杆直径：42mm；钻孔倾角 ：90°～75°

2．回转器：立轴转速（三档）：142，285，570 r/min；立轴行程：450 mm；立轴最大给进压力：15 kN；立轴最大起重力：25 kN；立轴空载向上最大移动速度：3 m/min

3．卷扬机：最大起重量（一速单绳）：10kN；卷筒转速：55、110、220r/min；卷筒直径：145mm；卷筒圆周线速度：0.42m/s，0.84m/s，1.68m/s；钢丝绳直径：9.3mm；抱闸直径：230mm；闸带宽度：50mm

4．钻机外廓尺寸（长×宽×高）：1640mm×1030mm×1440 mm；钻机重量（不包括动力）：500 kg

5．水泵类型：卧式单缸双作用，最大排量（配电动机）：77 L/min，（配柴油机）：95 L/min；最大压力：1.2 MPa；工作压力：0.7 MPa；缸套直径：80mm；活塞行程：100mm

6．油泵类型：齿轮泵型号：YBC－12/80；额定压力：8MPa；排量：8m/r；额定转速：1500r/min

7．动力机

（1）柴油机：S1100A2；额定功率：10.3 kW；额定转速：2000 r/min

（2）电动机：Y132M－4；额定功率：7.5 kW；额定转速：1440 r/min

四、GXY—X 型钻机

GXY—X 型立轴式钻机适用于工程地质勘察，固体矿床的普查勘探，爆破孔及各种混凝土结构的检查孔等，根据地层的不同，可选用金刚石、硬质合金、螺旋等钻头进行钻进。开孔直径 150mm。当钻孔终孔直径为 6mm，钻孔深度可达 160m，如终孔直径为 46mm 时，钻孔的深度可达 200m。钻机输入功率大，输出扭矩大，钻进能力强，钻机输出转速范围宽，低速 61r/min，适用于工程地质勘察高速为 654r/min，既适用于工程地质勘察，又适用于金刚石岩心钻探。钻机配有开箱式回转器，大能孔振动器，处理事故能力强，具有油压给进机构，立轴上端配有球卡式夹持机构，提高钻进效率，减轻工人劳动强度，钻机配有主动钻杆，可实现不停车倒杆，效率高，安全可靠，钻机采用双片常闭摩擦式离合器，开闭灵活，操作调整方便，钻机变速箱采用汽车变速箱式结构，单手把变速，并具有互锁机构，操作方便，钻机与水泵分离，水泵，钻机单独配备动力，可以提高钻机

图 2.9-2　XY-X 型钻机

的输出扭矩，特别在进入深孔钻进时不会因动力下降，致水泵发生矛盾，避免出现孔内事故。钻机结构紧凑，体积小，重量轻，最大部件在 100kg 以内，便于解体及搬运，适用于丘陵或山区工作。

主要参数

1. 钻孔直径：150，130，110，91，76，46 mm；钻孔深度：40，60，80，120，160，200 m；钻杆直径：42 mm；钻孔倾角：36°

2. 回转器：立轴转速正转 61，163，338，654 r/min；反转 45 r/min；立轴行程：500 mm；立轴最大给进压力：18 kN；立轴最大起重力：25 kN；立轴下端离地最大距离：600mm

3. 卷扬机：最大起重能力（低速单绳）：15kN；提升速度：0.2，0.52，1.05，2.06m/s

4. 动力：

（1）柴油机型号：S1100NM

（2）冷凝式电起动

5. 钻机外廓尺寸（长 × 宽 × 高）：1450mm × 970mm × 1280 mm

6. 钻机重量：500 kg

图 2.9-3　GXY-X 型钻机

五、DPP100—X 型地质勘探汽车钻机

DPP100-X 型汽车钻机是借鉴消化北探、张探产品优势的基础上研制开发的一款新型钻机车，在以下方面进行了优化和产品升级：汽车大梁采用双层 232（6 + 5）mm 等截面大梁，尾部加两根防扭横梁，承载力大，抗拉抗扭；前后桥采用加强型 140 前后桥，路面通过性提高，可应对复杂路况；刹车系统采用断气刹车，使车停稳后丝毫不动，以增强稳定性；方向盘采用液压助力转向，操作非常轻松；轮胎标配 16 层东风风神或双喜轮胎；钻机部分的分动箱装配的是东风军用越野车一体式分动箱，扭矩大，操作转换轻松，避免两开式

分动箱螺丝易松动现象；液压支腿进行了加宽设计，以提高整个钻车的稳定性。安全保障性强，适用作业范围广。

主要技术参数

1. 最大钻深：钻孔直径 ϕ200mm 时深 70m，钻孔直径 ϕ150mm 时深 100m；钻杆直径 ϕ50mm。

2. 回转器转速：正转 57 ~ 114，169 ~ 192r/min；反转 38 r/min

3. 最大给进力/起拔力：30/50 kN；给进行程 450 mm

4. 泥浆泵最大工作压力：2 MPa；泥浆泵排水量 49，70，172，245，92，131，350，450，159，226 L/min

5. 活塞往复次数、排水量与最大工作压力之间的关系：排档（快档、慢档），活塞往复次数（170、115 次/ min），排水量 450 、350 L/min，最大工作压力 1.2、2.0 MPa

6. 主卷扬机：卷筒直径 × 长度 200mm × 160 mm；刹车法兰盘直径 370 mm；刹车带宽 90 mm；卷筒转速与卷扬机提升能力（单）：汽车变速箱排档（一档、二档、三档）；卷筒转速 28，48.8，82.3 r/min；卷扬机提升速度（单绳）0.313，0.544，0.917 m/s；卷扬机提升能力（单绳）（kN）12.5，6.7，4.01

7. 副卷扬参数如下：卷筒（直径 × 长度）140mm × 125 mm；卷筒转速与卷扬机提升能力（单绳），汽车变速箱排档（一档、二档、三档）；卷筒转速 58.3，101.2，170.8 r/min；卷扬机提升速度（单绳）0.467，0.811，1.368 m/s；卷扬机提升能力（单绳）10，5，3 kN

8. 井架总成尺寸（高 × 宽）：8800 ~ 9000mm × 1350 mm；钻机车外形尺寸（长 × 高 × 宽）：（9050 ~ 9110）mm × （2450 ~ 2462）mm × （3370 ~ 3800）mm；钻机车整备质量 8330 ~ 10650kg

图 2.9 - 4　DPP100 - X 型地质勘探汽车钻机

六、车载式静力触探设备

静力触探设备是工程地质勘察中进行原位测试的一种专用设备。主要由泵站、贯入机、下锚机及固锚机构、探头、探杆和记录仪表等组成。采用液压传动，液压元件为板式连接。具有体积小、外泄漏少、故障率低等优点。贯入机采用双油缸结构，工作强度低。并设有差动油路，空载上升及轻载起拔时采用差动油路可大大提高工作效力。卡盘为手动，采用夹紧式卡瓦，具有夹紧可靠，操作灵便之特点。动力为柴油机或电动机适用于各种场地施工。单体重量轻，搬运灵活机动，现场安装方便简捷。

常见车载式静力触探设备参数表 表 2.9－1

钻机类型及性能	自行式静力触探车	液压静力触探机
额定系统压力	200kN	150kN
贯入速度	0.8～1.2m/min	0.016～0.03m/s
起拔速度	2.5m/min	高速 0.1m/s，低速 0.023m/s
起拔力	220kN	高速 48.5kN，低速：194kN
动力	ZS1105 柴油机	电动机 Y132M－47.5kW 柴油机 S1100A212.5kW
油泵		CB－FC20－FLX 齿轮油泵
下锚机	齿条式自动下锚	1QM12－1.25（油马达）
其他	可扩展功能需增相关配件：CPTU（孔压测试），自钻式旁压（PMT）扁铲侧胀（PMT）电测十字板（VCT），压入式波速（WVT）等原位测试	
		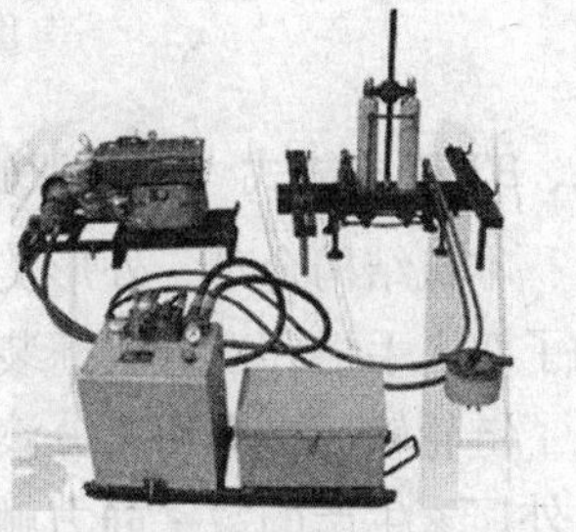

七、WSY－B 型双缸液压静力触探机

WSY－B 型双缸液压静力触探机采用液压传动技术，将测力静探探头匀速自动压入土中，通过静探微机（或自动记录仪表）测读、记录，确定土的有关力学参数。WSY－B 型双缸液压静力触探机采纳了国内外同类产品许多优点，设计新颖，轻型结构、体积小、功力大、操作方便、自动化程度高，是土的静力触探（CPT）理想设备。它配置附件，WSY－B型双缸液压静力触探机延伸可做孔压静探（CPTU）、十字板剪切（VCT）、压入式波速（WVT）及扁铲侧胀（DMT）等原位测试试验。适宜在软土、黏性土、老黏土、黄土、砂性土层工作。

主要参数

1. 结构型式：散装型式，叉形车人力拉运
2. 反力：地锚（直径 250～350mm），下锚器液压自动下锚
3. 下锚器：油马达，扭矩 2.8kN·M，转速 10～18r/min（可调）
4. 卡杆形式：插板式
5. 油缸行程：600mm

6. 工作油液：46 号液压油，冬季也可用 32 号液压油

7. 配套探头：$10cm^2$ 或 $15cm^2$ 双桥静探头，亦可用单桥或孔压 3 用探头

8. 量测仪表：静探微机（或配自动记录仪、数字测力仪等）

9. 探杆：可用 $\phi36$、$\phi40$、$\phi42$ 高强度合金无缝钢管

10. 规格类型：WSY－3B、WSY－5B、WSY－10B、WSY－15B、WSY－20B

图 2.9－5　WSY－B 型双缸液压静力触探机

八、3T 手摇链式（液压双缸）静力触探机＋十字板两用仪

本机结构合理、外形美观，使用时不受电源限制，机动灵活、性能稳定可靠。尤其增加了双人手摇和双臂快摇装置，可以随不同的贯入阻力随意调整人力。为增加贯入力在加粗了链轮轴后，采用 8 分滚珠进行传动，其极限贯入深度可达 30～35m。此机可与目前国内外厂家生产的数字静力触探仪、静探微机（自动记录仪）等配套并进行量测或记录。可进行土质地基的承载能力或抗剪强度测试，测量地基土的比贯入阻力 Ps、锥尖阻力 Qc、侧摩擦力 Fs；也可进行电测十字板剪切试验，求饱和软黏土的不排水抗剪强度 Cu，从而为地基基础的设计提供参数。

本机性能稳定，试验数据可靠，操作方便，并且一机多用，实用性强。广泛用于建筑、交通、水利、电力等部门。

主要参数

1. 传动方式：手摇链条传动

2. 额定贯入能力：3t

3. 贯入深度：30m

4. 贯入速度：0.8～1.3m/min

5. 提升速度：快速可达 4m/min 左右

6. 探杆：$\phi25\times1m$，也可选用 $\phi28$ 探杆

7. 配用探头：$10cm^2$ 单桥探头，也可选用 $10cm^2$ 双桥探头、电测十字板探头（50mm×100mm）

8. 配用电缆线：四芯屏蔽电缆线，也可选用 8 芯屏蔽电缆线

9. 主机重量：60kg

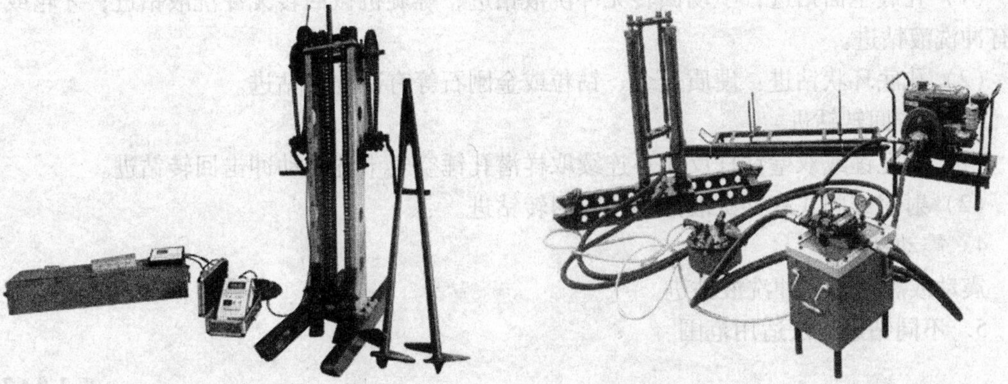

图2.9－6　3T手摇链式（液压双缸）静力触探机＋十字板两用仪

第三节　岩土常用钻进工艺

冲击钻探是将钻具提升至一定高度利用钻具重力冲击孔底以破碎岩石（土层），随着钻孔的延深可以用钢丝绳或钻杆连接钻头因此形成两种钻进工艺方法。对于硬岩层（基岩、大块碎石）一般用孔底全面不取芯钻进，对土层一般选用圆筒形钻头钻进。钻杆冲击钻进一般以小口径较多。但在岩土工程勘察中，仅用于少数地层条件。取原状试样时，由于这种方法对下面的土层有夯实加密作用，易使土样受影响而失真，故不适合于取原状样的钻井。

回转钻进是利用钻具回转，借助钻头上的切削刃或研磨材料、研磨岩石或切削土层，达到破碎岩土层的目的。回转钻进分为取芯与不取芯两种钻进方式。取芯钻进以岩石的可钻性等级不同分为硬质合金钻进（适用Ⅰ～Ⅵ级和部分Ⅶ级岩石），金刚石钻进（适用Ⅶ～Ⅻ级岩石）。这两种取心钻进在岩土工程勘察遇到岩石地层时被广泛使用。第四系地层勘察中常遇到黏性土和一部分砂、砾、卵石，其中黏性土经常使用螺旋钻或勺形钻。

冲击回转钻进是在冲击、回转综合作用下完成的，其特点是钻进效率高。冲击回转钻进方法有风动和液动两种，其中反循环连续取样冲击回转钻进（或双壁钻杆潜孔锤连续取样钻进）在岩石地层勘探中应用较多。

振动钻进、震动锤击钻进是将机械动力所产生的高频震动力通过钻杆及钻具传递到岩、土体中，或加以锤击则形成振动锤击钻进。主要用于土层及小径碎石不取原状样品或跟套管钻进。

一、钻进方法及适用范围

依据破碎岩土的方法，冲洗介质的种类及循环方式、钻探设备、机具的特点，岩土工程勘察钻进工艺方法可分为：

1．冲击钻进

（1）钢丝绳冲击：手动冲击无冲洗液钻进；机械冲击无冲洗液钻进和有冲洗液钻进。

（2）钻杆冲击

2. 回转钻进

(1) 孔底全面钻进：手动回转无冲洗液钻进；螺旋机械回转无冲洗液钻进；牙轮或刮刀有冲洗液钻进。

(2) 孔底环状钻进：硬质合金、钻粒或金刚石等有冲洗液钻进。

3. 冲击回转钻进

(1) 潜孔锤或双壁钻杆反循环连续取样潜孔锤空气干洗风动冲击回转钻进。

(2) 射流或阀式有冲洗液液动冲击回转钻进。

4. 震动钻进

震动或震动锤无冲洗液钻进。

5. 不同钻进方法适用范围

表 2.9－2

钻进方法		钻进地层					勘察要求		
		黏性土	粉土	砂土	碎石土	岩石	直观鉴别采取原状土试样	直观鉴别采取扰动样品	不要求直观鉴别不采取原状土试样
冲击	冲击钻	—	△	○	○	△	—	—	○
	锤击钻	△	△	△	△	—	△	○	○
回转	螺旋钻	○	△	△	—	—	○	○	○
	无岩芯钻	○	○	○	△	○	—	—	○
	岩芯钻	○	○	○	△	○	○	○	○
冲击回转	风动冲击回转	—	—	—	△	○	○	○	○
	液动冲击回转	—	—	—	△	○	○	○	○
振动钻		○	○	○	△	—	△	○	○
备注		○ 适合　△ 部分适合　— 不适合							

二、钻进工艺选择

岩土钻进受地层条件、钻孔深度、口径大小、地下水位及设计要求不同，所采用地钻进工艺也各异。适用各地层地钻进方法可按照以下说明选择。

1. 冲击钻进

冲击钻进有钢丝绳冲击、钻杆冲击、振动冲击、液压冲击以及锤击取样钻进等。这些方法一般应用在钻进地层、取样或下套管等方面。

对于杂填土、砂层、卵砾石层及黏土含砾石层、大块碎石、漂石等地层均适宜用冲击钻进（一般为机械动力冲击）。当孔壁不稳定时，可依据情况不同，选用清水、泥浆或套管护壁钻进。

在钻进中遇有大块碎石、卵砾石、漂石可采用一字、工字、十字形钻头加上加重钻杆或当钻具具有足够重量时，亦可用钢丝绳冲击钻进。

在杂填土、砂层、卵砾石层及以上底层夹黏性土的条件下，还可以用管钻钢丝绳冲击钻进。

在黏性土、杂填土、黏土含砾石层中取样，可采用锤击法冲击钻进。

在砂粒松散、孔隙度大、富含水的地层中钻进，会出现孔内涌砂、孔壁坍塌现象，可将调整性能好的泥浆注入孔内，使水头保持平衡，控制涌砂发生，采用管钻冲击钻进。

2. 跟套管钻进

对结构松散无黏着力的砂层可采用跟套管钻进。

利用小于套管直径一、二级的钻头在孔内钻进，钻进到一定深度将岩心管提离孔底一定高度，同时立即跟下套管，一般钻具提高不超过管底底部，防止涌砂，但水位高，涌砂严重的地层可采用超前钻进随时跟管，以达到钻孔深度，不断跟管隔砂的目的。

3. 优质泥浆护壁回转钻进

松散砂层；一般流砂虽有土质，但胶结较差，比较松散；遇水膨胀地层；湿陷性黄土层；深度较大结构密实的砂、卵砾石或松散砂卵砾石层等均可采用优质泥浆护壁回转钻进。

利用优质泥浆密度（1.1～1.3g/cm^3），黏度（25～30S），失水量（10mL）以下，使孔内泥浆柱压力通过失水渗透形成泥皮控制孔壁砂层的稳定性；钻进时压力转速等参数不高，钻具提出孔内要回灌浆液，防止柱压不足坍塌孔壁。

4. 无泵孔底反循环钻进

松软地层，黄土层黏性土层，砾石层，缺水地区可采用无泵孔底反循环钻进。

在钻进过程中，由于冲洗液的反循环避免了对样品的正面冲刷和冲洗液柱压力对样品的剂夹和磨损，从而有利有保全样品，减少流失和减轻选择性磨损。

5. 回转干法钻进

回转干钻法包括螺旋钻进、勺钻进和提土钻进。

硬、塑黏土地层和夹砾石的黏土层可采用螺旋钻进。

粉质黏土、湿砂土、软可塑及中硬可塑黏土、粉土、小砾石地层可采用勺钻进。

中硬可塑黏性土、软可塑性黏土、粉土、小碎石夹黏性土地层可采用提土钻进。

6. 水泥固结后钻进

在严重结构松散砂岩，圆砾层和卵砾石层中可采用水泥固结后钻进。

水灰比常用40%～60%，水泥浆通过钻杆增加泵压注入，固结后用合金钻头钻进。

7. 充填材料护壁钻进

薄砂层、砾石层使用泥浆钻进效果不佳或严重结构疏松的砂层、圆砾层及卵砾石层可采用充填材料护壁冲击或回转钻进。

填充材料以黏土球、混麻、棕绳及含纤维材料黏土球。在涌砂或不稳定孔段投入填充物，冲击敦实，挤向孔壁或回转挤向孔壁，一般冲击效果好。

8. 简易小口径钻进

简易小口径钻进方法包括小螺钻、勺钻、洛阳铲等钻进方法。

在无水的硬、塑黏土地层和夹砾石的黏土层、粉质黏土、湿砂土、软可塑及中硬可塑黏土、粉土、小砾石地层可采用简易小口径钻进。

9. 回转压入式取样钻进

回转压入式取样钻进主要是指采用单动、双动二重、三重岩心管取样钻具进行钻进的钻进方法。

软塑、可塑及硬塑地层可采用单动岩心管钻具钻进。

硬塑中砂、粗砂、砾石、碎石土及软岩可采用双动岩心管钻具钻进。

10. 金刚石钻进

一般在Ⅶ～Ⅻ级中硬、硬及坚硬岩石中采用金刚石钻进。可根据地层的等级不同选择不同类型的金刚石钻头。

11. 冲击回转钻进

冲击回转钻进按其使用的动力介质可以分为液体介质（清水、低固相泥浆）称为液动冲击回转钻进；空气介质称为风动或气动冲击回转钻进。

在第四系卵砾石、漂石及各种岩石地层中采用冲击回转钻进较其他方法更有优越性。风动冲击回转钻进更适用于无水或缺水地区的工程勘察中。

第三篇　基本技能篇

工程勘察的勘探方法包括钻探、井探、洞探、槽探、触探和物探等，都是获取地质资料的手段。钻探是利用钻机或专用工具，以机械或人力作动力，向地下钻孔以取得工程地质资料的勘探方法。随着钻探机械设备和钻探工具的不断更新，钻探在勘察中的作用越来越大。在工程勘察过程中，钻探是最广泛采用的一种手段。

第一章　钻探技术

第一节　工程地质勘探基本概念

工程地质勘探是为查明工程地质条件而进行的钻探、井探、槽探、洞探等工作的总称。

一、钻探

钻探的对象是岩、土。钻探过程就是在一定的技术条件下，通过钻具破碎岩、土和采取岩土样的过程。进行优质、高效、低耗和安全的钻探必须对与钻进有关的岩、土的物理力学性质有所了解，以便根据岩土的特性，确定合理的钻探方法，编制相关的钻探设计，选择合适的钻机、钻具、钻进方法及取样设备，配置相应的冲洗液。

1. 钻探是向指定地层进行的直接取得拟定深度和直径的岩芯、土样、水样、气样等实物样品，用以分析鉴定地质岩层及构造，确定土的物理、力学性质和地层形成年代，是获取真实的地质及地下水文资料的重要手段之一，是对工程地质、水文地质作出最终评价的依据。

2. 钻探工程是一门研究钻进工具、钻探设备及钻进工艺应用性技术学科。

3. 钻进是钻具钻入岩土层或其他介质形成钻孔的过程。

4. 所有钻孔按其用途可以分为3类：

（1）勘探钻孔：普查找矿及矿产勘探，在工程地质上用来研究土壤；

（2）开采钻孔：用来开采液体矿产（石油、天然气、饮用水、盐水、矿质水等）及水文地质研究；

（3）辅助钻孔：用于装置电缆，配合波速等原位测试。

5. 勘探钻孔为孔径较小而深度很大的圆筒状向地壳开凿的不同方向的坑洞。钻孔的上部称为孔口，底部称为孔底，侧部称为孔壁。由大一级孔径改为小一级孔径则称为换径。孔口与孔底之间的距离称之为孔深；垂直钻孔轴心线的长度称为孔径。

6. 钻孔的直径大小，取决于钻孔的用途和钻探地点的地质条件，进行勘探钻孔，直径一般为 52～200mm，开采用的钻孔直径为 200～350mm，探矿爆破孔直径一般为 35～45mm。

7. 钻孔的深度由数米至千余米，深度有时超过 5000m。勘察钻进深度和岩土层分层深度的量测精度为：

（1）陆域最大允许偏差为 ±0.05m，水域最大允许偏差为 ±0.2m；

（2）每钻进 25m 和终孔后，应校正孔深，并宜在变层处校核孔深；

（3）当孔深偏差超过规定时，应找出原因，并更正记录报表。

8. 钻孔结构是指由开孔至终孔孔身口径的变化。钻孔结构的选择，主要考虑地层岩性、水文地质条件、取芯要求、终孔口径、钻孔深度、钻进方法以及钻孔用途等因素。在保证钻孔质量和安全钻进的前提下，尽可能地采用泥浆护壁，力求少换径、少下或不下套管。一般来说，换径次数愈多，钻孔结构愈复杂，换径次数少，则钻孔结构简单。因此要求最大限度地简化钻孔结构，以实现钻进速度快、质量好、成本低。

9. 工程勘察在地层复杂时，通常会考虑钻孔结构的变化。

（1）钻进松散的砂砾层、流砂层、受地下水影响，用泥浆护壁无效时，下入套管换径钻进；

（2）穿过较厚的节理、裂隙发育的破碎带，坍塌、掉块严重，采用泥浆、水泥浆或其他护孔堵漏方法均无效时，下入套管换径钻进；

（3）钻孔遇到含水构造或大裂隙贯通、严重涌水，用其他方法止水无效时，可下套管止水后换径钻进。

（4）钻孔达到一定深度后，为了适应设备负荷的能力，可换径钻进。

10. 钻孔的垂直度或预计的倾斜度与倾斜方向应符合下列规定：

（1）对于垂直钻孔，每 50m 应测量一次垂直度，每 100m 的允许偏差为 ±2°；

（2）当钻孔斜度及方位偏差超过规定时，应立即采取纠斜措施；

（3）当勘探任务有要求时，应根据勘探任务要求测斜和防斜。

11. 钻探工作的基本流程

（1）准备工作：熟悉工作要求和环境，配备适用设备和工具等；

（2）设备就位与安装：运输、搭设塔架、组装钻机和附属设备；

（3）钻进及钻进的辅助工作：克取孔底岩石，保全孔壁，采取岩芯；

（4）封闭钻孔。

12. 钻探的主要设备及工具

钻探的设备有以下的几个主要部分：

（1）钻机：根据钻孔深度的要求而选用不同规格的钻机。

（2）水泵：依钻孔孔径及深度而选定。

（3）动力机：其功率根据钻机及泥浆泵所需的马力大小而选定，类型可根据地区条件选用电动机或柴油机。

（4）钻塔或钻架：由钻孔深度确定钻塔或钻架的高度。

（5）附属设备：照明设备、搅拌泥浆设备、送水车辆等。

（6）主要工具：主要有钻杆及附件，套管及附件，岩芯管，取土器，处理事故的工具。

在工程地质勘察中，钻探是最广泛采用的一种手段。随着钻探机械设备和工具的不断更新，钻探在工程地质勘察中的作用越来越大，也是我们将在本章介绍的主要内容。

二、井探

井探就是挖一个圆形或矩形的井来了解地质地层情况的方法。所挖的井称为探井，其直径和深度可根据需要设计。圆形探井的直径0.8～1.2m为宜；矩形探井截面积宜为0.8m×1.2m，其深度宜在地下水位以上，一般10m以内居多。必要时应对探井底部送风。

三、槽探

槽探就是通过在地表挖掘沟槽来了解地质条件的方法。所挖的沟槽称为探槽，一般当基岩或所需要揭露的地质现象埋藏较浅（一般覆盖层小于3m）时适用，其长度可根据所要了解的地质条件和范围而定。探槽最适用于了解浅部地质构造的产状、性质和形态；断层破碎带的宽度、填充情况；岩性的地质界线、岩脉宽度、产状及滑动面等。

探槽大多数是人工开挖，在机械设备进不去的地段，更显示出其优越性。另外从整个工程造价上看，探槽比较经济。因此在有基岩出露或埋藏较浅地区，采用探槽的方法是必要的。探槽一般采用锹、镐挖掘，当遇到大块碎石、坚硬地层或风化基岩时，亦可采用爆破。探槽的垂直开挖深度不宜大于3m。

四、洞探

洞探是指通过开挖平洞来查明深部岩层性质、构造特征的方法。平洞净高不应低于1.8m，断面宜为梯形或拱形；洞口必须进行支护。

井探和洞探能较直观地了解地层及岩性变化，又能较方便地采取原状岩、土样。因此，在地质条件比较复杂的地区，钻探方法难以准确查明地质条件时，或使用钻探方法不经济时，常常布置一些井探或洞探，以便取得第一手资料。另外在有大粒径的碎石和漂石地区，为了克服钻进中的困难，往往也挖一些探井，但从其施工上看效率低、劳动强度大，同时也不安全，因此在勘探中采用需谨慎。

当岩性较松散、井壁易坍塌时，采用槽探、井探和洞探方法时，需要采取必要的支护措施。

第二节 钻 探

钻探工作应根据勘探技术要求、地层类别、场地及环境条件，选择适当地钻进方法、钻进设备、工具及相应钻进参数、冲洗液等。

一、钻进前的准备工作

开钻前的准备工作：为保证钻探人员施工的安全性，必须在做好开孔前的地下设施（电缆、管线等）的调查工作、在有关监测人员确认无误的条件下才能开钻。如果施钻过程中发现地下有异常，必须暂时停止钻进，经调查无误的情况下，再继续钻进。也可以说，钻探前的准备工作，主要是工程地质勘探设计的依据，根据勘探的目的、地质条件、钻孔深度、钻孔直径、施工时间的长短、气候条件、交通运输、水源情况、地区地形条件等因素，由钻探人员与项目技术人员共同研究决定，使之既能满足工程勘察方面的要求，又利于钻探工作的开展。

钻进前的准备工作，包括从拟定钻孔钻进的技术条件，确定孔位和钻孔结构到准备开钻的全部内容，一般依据下列程序来完成：

1. 拟定钻孔钻进的技术措施

这项工作应依据技术人员介绍的地质情况和水文地质要求，设计钻孔结构，依据地质情况和钻孔结构确定所需机械设备和主要附属工具、场地整理和设备安装方案、各种地层的钻进技术措施、钻孔的护壁方法等，然后由机组人员分头准备。

2. 设计钻孔结构

设计钻孔结构时，首先根据技术人员提供的理想柱状图和以往钻进经验，确定各种地层地钻进方法，然后根据钻孔的用途（勘探孔、水文孔、基础孔等）和所采用地钻进方法确定钻孔直径，根据钻孔通过的地层情况确定下套管的深度等。

3. 钻探设备及工具的选择

选择设备时，应使设备能力与钻孔结构相适应，选择技术性能良好的钻探设备。

钻探工具主要指：钻杆、取样工具、各种类型的钻头及其他附属工具等，其中钻杆及套管需按钻孔深度及结构确定需要量，并应该考虑按预计深度加10% ~15%的备用量，其他如取样器、钻头可按消耗量及具体情况加以考虑决定。

4. 确定孔位及平整场地

钻孔的孔位、角度、方法和孔深应严格按工程地质要求进行，当孔位确定后，即应平整场地。

5. 进入现场及设备安装

6. 试车校正及开孔工作

设备进入现场，安装完毕后，应在空载的情况下进行试车运转，以检查机械传动和运转情况是否正常。

当检查合格后，才能进行开孔工作，开孔的方法应根据地层情况的不同采用不同的开孔钻进方法，必要时开孔一定深度后可及时下定向管，以保证正常钻进的顺利进行。

二、岩石的可钻性及其分级

岩石的可钻性表示在一定的客观条件下，钻进岩石的难易程度。岩石的可钻性不是岩石所固有的物理力学性质，而是在钻进过程中取决于许多因素而显示出来的一个综合性指标。它既与岩石本身的特性有关，也与所采用地钻进方法、技术工艺有关，一般用机械钻速或其倒数（每米钻孔的纯钻进时间）作为岩石可钻性的定量指数。这也是我们过去所说的1 ~12级岩石划分所采用的方法，见表3.1 –1所示。随着技术水平的提高，机械钻速大大提高，同时改变了各种岩石钻进速度的比值。因此，利用岩石可钻性有关的岩石物理力学性质来研究岩石的可钻性是比较合理的。

岩石可钻性分级表 　　　　**表3.1-1**

岩石级别	岩石类别	代表性岩石	可钻性（m/h）	回次进尺（m）
Ⅰ	松软疏散	次生黄土、次生红土、泥质土壤、松散的砂质土壤（不含碎石及角砾）、冲积砂土层、湿的软泥、硅藻土、泥炭质腐殖层（不含植物根）	7.50	2.80
Ⅱ	较松软疏散的	黄土层、红土层、松软的泥炭层、含10%～20%砾石（<3cm）的黏土质及砂土层、砂类黄土层、松软高岭土类（包括矿层中黏土夹层）、含植物根的泥炭及腐殖层、冰	4.00	2.40
Ⅲ	软	全部风化变质的页岩、板岩、千枚岩、片岩、轻微胶结的矿岩、含有超过20%碎石（>3cm）的砂质土壤及超过20%的砂姜黄土层、泥灰岩、石膏质土层、滑石片岩、软白垩、贝壳石灰岩，褐煤、烟煤，松软的锰矿	2.45	2.00
Ⅳ	稍软	矿质页岩、油页岩、炭质页岩、含锰页岩、钙质页岩及砂质页岩互层，较致密的泥灰岩、泥质砂岩、块状石灰岩、白云岩、风化剧烈的橄榄岩、蛇纹岩、铝矾土、菱镁矿，滑石化蛇纹岩、磷灰岩、中等硬度的煤、岩盐、钾盐、结晶石膏、无水石膏、高岭土层，褐铁矿、冻结的含冰砂层，火山凝灰岩	1.60	1.70
Ⅴ	稍硬	卵石、碎石及砾石层，崩积层、泥质板岩、绢云母绿泥石板岩、千枚岩、片岩，细粒结晶的石灰岩、大理岩，较松软的砂岩、蛇纹岩、纯橄榄岩，风化的角闪石斑岩、粗石岩、硬烟煤、无烟煤，松散砂质的磷灰岩，冻结的粗粒砂层、砾层、泥层、砂土层	1.15	1.50
Ⅵ	中等硬度	绿泥石、云母、绢云母板岩、千枚岩、片岩，轻微风化石灰岩、方解石矽卡岩，板岩、片岩、铁帽、钙质胶结的砾石、长石砂岩、石英砂岩，石英粗面岩、角闪石斑岩、透辉石岩、辉长岩、阳起石、辉石岩	0.82	1.30
Ⅶ	中等硬度	角闪石、云母、石英、磁铁矿、赤铁矿化板岩、千枚岩、片岩、微硅化的板岩、片岩、含石英粒的石灰岩，含长石石英砂岩、石英二长岩、微风化钠长石斑岩、粗面岩、角闪石斑岩、玢岩、辉绿凝灰岩、方解石化的辉石、石榴子石矽卡岩、硅质叶蜡石（寿山石），多孔石英、硅质的海绵状铁帽铬铁矿，硫化矿物、砾石（50%的砾石，原沉积岩为钙质或硅质胶结的）、砾石岩、碎石层，微风化的粗粒花岗岩、正长岩、闪长岩、斑岩、玢岩、硅质石灰岩，燧石石灰岩，极松散的磷灰石矿	0.57	1.10
Ⅷ	较硬	硅化绢云母板岩、千枚岩、片岩、片麻岩、绿帘石岩、明矾岩、含石英的碳酸盐、含石英重晶岩石、钙质胶结的砾岩、轻微风化的花岗岩、闪长岩、辉长岩、玄武岩、辉绿岩、安山岩、辉石岩、角闪石斑岩、细粒硅质胶结的石英砂岩、长石砂岩、含大块燧石石灰岩、中粒结晶的钠长斑岩	0.38	0.85
Ⅸ	硬	高硅化的板岩、千枚岩、石灰岩及砂岩等，粗粒花岗石、花岗闪长岩、花岗片麻岩、正长岩、辉长岩、粗面岩等、伟晶岩、硅化凝灰岩、角页岩化凝灰岩、绢云母化角页岩、微晶花岗岩、细晶质灰岩、石榴子石矽卡岩、钙硅硼石、石榴子石、微晶矽卡岩：含石英的黄铁矿、含相当多黄铁矿的石英，含石英质的磷灰岩层等	0.25	0.65
Ⅹ	坚硬	细粒花岗岩、花岗闪长岩、花岗片麻岩、流纹岩、微晶花岗岩，石英钠长石斑岩、石英粗面岩、坚硬的石英伟晶岩、细纹结晶层状矽卡岩、角页岩、有微晶硫化矿物的角页岩、层状磷铁矿夹有角页岩薄层、致密的石英铁帽、玉髓层	0.15	0.50

续表

岩石级别	岩石类别	代表性岩石	可钻性（m/h）	回次进尺（m）
Ⅺ	坚硬	刚玉岩、石英岩、碧玉岩、块状石英、最硬的铁质角页岩、含磁铁矿、赤铁矿的碧玉岩、碧玉质硅化板岩、燧石岩	0.09	0.32
Ⅻ	最坚硬	完全未风化的极致密的石英岩、碧玉岩、角闪岩、纯钠辉石刚玉岩、石英、燧石、碧玉	0.045	0.16

注：表 3.1－1 的岩石可钻性分级是以使用 XB—300 型和 XB—500 型钻机在表 3.1－2 规定的技术条件下钻进时测定的，对 XU300—2A 型钻机钻进也适用。

使用岩石可钻性的钻机技术条件 **表 3.1－2**

技术条件	Ⅰ～Ⅶ级岩石用硬质合金钻进	Ⅶ～Ⅻ级岩石用钢砂钻进
钻探直径（mm）	91	91
立轴转数（r/min）	160	160
轴心压力（kN）	7	—
钻探底部单位面积压力（MPa）	—	2.5
冲洗液量（L/s）	1～2.5	0.17～0.42
投砂法		一次投砂法或连续投砂法

三、钻进方法适用地层条件

根据施加外力的性质和钻头在孔底破碎岩石的方式不同钻进方法可分为：冲击钻进、回转钻进、螺旋钻进、锤击钻进、触探钻进、手动钻进及联（复）合钻进等。

钻进方法和钻进工艺应根据岩土类别、可钻性和钻探要求确定。

钻探方法适用范围 **表 3.1－3**

钻探方法		钻进地层					勘察要求		
		黏性土	粉土	砂土	碎石土	岩石	直观鉴别采取原状土试样	直观鉴别采取扰动样品	不要求直观鉴别不采取原状土试样
回转	螺旋钻	○	△	△	—	—	○	○	○
	无岩芯钻	○	○	○	△	○	—	—	○
	岩芯钻	○	○	○	△	○	○	○	○
冲击	冲击钻	—	△	○	○	△	—	—	○
	锤击钻	△	△	△	△	—	△	○	○
冲击回转	风动冲击回转	—	—	—	△	○	○	○	○
	液动冲击回转	—	—	—	△	○	○	○	○
振动钻		○	○	○	△	—	△	○	○

注：○适合　　△部分适合　　—不适合

钻探工艺选择表 **表 3.1－4**

<table>
<tr><th colspan="2">钻进方法名称</th><th>适用地层及条件</th><th>钻进工艺方法的工作要点</th><th>容易出现问题提示</th><th>钻具结构</th></tr>
<tr><td colspan="2">跟套管钻进</td><td>结构松散无黏着力的砂层</td><td>利用小于套管直径一、二级的钻头在孔内钻进，钻进到一定深度将岩芯管提离孔底一定高度，同时立即跟下套管。一般钻具提高不超过套管底部，防止涌砂，但水位高，涌砂严重的地层可采用超前钻进随时跟管，以达到钻孔深度，不断跟管隔砂</td><td>易产生孔壁坍塌，涌砂，造成钻具夹钻埋钻事故</td><td>1. 合金钻头岩芯管、钻杆或勺钻钻杆跟套管；
2. 管钻（有阀式）掏砂、跟套管</td></tr>
<tr><td colspan="2">优质泥浆护壁回转钻进</td><td>松散砂层：
一般流砂层虽有土质，但胶结较差。
比较松散；
遇水膨胀地层；湿陷性黄土层；深度较大结构密实的砂、卵砾石层，或松散砂卵砾石层</td><td>利用优质泥浆（密度 1.1～1.3g/cm^3，黏度 25～30S，失水量 10mL 以下），使孔内泥浆柱压力通过失水渗透形成泥皮控制孔壁砂层的稳定性；钻进时压力转速等参数不高，钻具提出孔内要回灌浆液，防止柱压不足坍塌孔壁，要保证泥浆的净化，随地层条件变化调整适宜的泥浆性能。在遇水膨胀或湿陷性黄土层，泥浆保证优质条件，突出降低失水量，以防失水造成孔径缩小和湿陷后坍塌。渗漏地层，可在泥浆中加入惰性材料如锯末、蛭石、棉籽壳等，严重渗漏可用801堵漏剂处理</td><td>孔壁坍塌、淤砂夹钻具夹钻、提下钻具遇阻，失水量大后孔壁坍塌或冲洗液漏失</td><td>1. 合金钻头、岩芯管、钻杆钻头（有栏档设施）；
2. 遇水膨胀地层，肋骨钻头、岩芯管、钻杆；
3. 黄土不取样段可用翼片钻头；
4. 砂卵砾石层可用密集式大八角合金钻头（有栏档设施）</td></tr>
<tr><td colspan="2">无泵反循环钻进</td><td>松软土层、黄土层黏性土层、砾石层、缺水地区。</td><td></td><td>易产生岩芯堵塞（注意控制回次进尺和干钻长度）</td><td>1. 开口式无泵反循环钻具；
2. 封闭式无泵反循环钻具</td></tr>
<tr><td rowspan="4">回转干钻法</td><td>勺钻</td><td>粉质黏土、粉土、黏砂土、软可塑及中硬可塑黏土</td><td rowspan="4"></td><td rowspan="4">回次进尺深度不宜过长、易烧钻、提升钻具阻力大</td><td rowspan="4">勺钻、螺旋钻头、钻杆；
提土钻钻头螺旋钻杆；
合金钻头、普通钻杆</td></tr>
<tr><td>螺旋钻</td><td>硬可塑黏土层、夹砾石黏土</td></tr>
<tr><td>提土钻</td><td>黏性土层</td></tr>
<tr><td>合金钻头回转钻</td><td>黏性土层</td></tr>
<tr><td colspan="2">水泥固结后钻进</td><td>严重结构松散砂岩、圆砾层、卵砾石层</td><td>水灰比 $w/c = 40\% \sim 60\%$。水泥浆通过钻杆增加泵压注入，固结后用合金钻头钻进</td><td>地层渗漏、坍塌、夹钻事故</td><td>普通钻头、钻杆</td></tr>
</table>

续表

钻进方法名称	适用地层及条件	钻进工艺方法的工作要点	容易出现问题提示	钻具结构
填充材料护壁钻进	冲击、回转钻进均可采用；亦可用于薄层砂、砾石层使用泥浆钻进效果不佳时；严重结构疏松的砂层、圆砾层、卵砾石层	填充材料以黏土球、混麻、棕绳、黏土球及含纤维材料黏土球；在涌砂或不稳定孔段投入填充物，冲击敦实，挤向孔壁或回转挤向孔壁，一般冲击效果好。每钻0.5~1.0m提一次钻具	地层渗漏、坍塌、夹钻埋钻事故	锥形钻头、钻杆
简易小口径钻进（小螺钻、勺钻、洛阳铲）	小螺钻、勺钻、洛阳铲适用条件相同于螺旋钻、勺钻、并适于地下水位以上干孔。还经常在基坑开挖后验槽使用。			小螺钻、钻杆 勺钻、钻杆 洛阳铲、木杆，绳索
回转压入式取样钻进	1. 单动、双动； 2. 三管取样； 3. 单动适用软塑、可塑、硬塑地层； 4. 双动适用硬塑、中砂、粗砂、砾石、碎石土、软岩			单动、双动二、三重岩芯管取样钻具
中心通孔螺旋钻绳索取芯钻进	土层： 土层取原状土样			中心通孔螺旋钻具、绳索取芯器
冲击钻进	漂石 孤石 卵砾石 基岩Ⅶ~Ⅺ级		涌砂、坍塌孔、造成埋夹钻事故	管钻（抽筒钻） “一、工、十”字钻头加重钻杆

四、冲击钻进

机械冲击钻进的基本原理，是利用机械动力，使钻头在一定高度内周期地冲击孔底，使岩石或土破碎而获得进尺，冲击钻进有钢丝绳冲击、钻杆冲击、振动冲击、液压冲击以及锤击取样钻进等。北京常用钢丝绳冲击，在每次冲击之后，钻头在钢丝绳的带动下回转一定角度，从而使钻孔得到规则的断面。

冲击钻进方法，能够适应在某些复杂的地层中钻进，从而提高钻进工程的效率，比如说在北京地区常遇到卵石、圆砾较多的第四纪地层，在一般情况下，用冲击钻进比起一般的回转钻进方法更好些。实验证明岩石在静压作用下所表现出的硬度比动载作用下所表现出的硬度大8~9倍，因而对硬岩石或坚硬的土来说，冲击钻进比回转钻进效率要高得多。这也是SH-30-2型复合式钻机中的冲击结构能在北京地区得到广泛应用的主要原因。

冲击钻进的方法在钻孔比较深时，由于机械冲击钻进时，传递冲击功的设备和工具受到外界条件限制，从而使钻进效率降低，钻孔越深则降低地越明显。其次，机械冲击钻进是一种全面碎石或碎土地钻进方法，一般只能打直孔。如遇到卵石、砾、砂层，用其他钻进方法有困难或者钻进效率很低时可采用此种冲击钻进的方法。

五、回转钻进

回转钻进是通过一定压力作用的钻头的旋转，破碎岩石或土地钻进方法。工程地质钻探中，回转钻进用钻头，一般是硬质合金钻头，主要用在软及中硬以下的岩层地钻进工作。

1. 回转钻进有许多特点：

（1）由于切削具固定在钻头体上，它可以任意倾斜钻孔，不受孔向、孔径、孔深的限制。

（2）可以根据不同的岩性和要求，合理地设计和选择钻头的结构，以便在不同的岩层中都可获取较优效果和满足工程要求。

（3）钻孔质量比较容易保证，岩芯采取率较高，孔斜较小，并且材料消耗低，因而成本较低。

回转钻进特别适合较软地层的钻探，如在一些沿海地区，由于多为松软的冲击层，或海相沉积地层，回转钻进的效率就比较高，由于回转较平稳，能够取得原状土样。

2. 回转钻进按切削具的不同而分为3类：

（1）金刚石钻进：金刚石钻头是在筒状钻头上镶以一定数量的金刚石；

（2）硬质合金钻进：合金钻头是在筒状钻头上镶以一定数量的硬质合金；

（3）钻粒钻进：钻粒钻头则是在钻头上有一特殊的弧形切口，上面不镶任何切削具，而是将一定数量的钻粒投入孔底作为研磨材料。

硬质合金钻进工艺在岩土工程勘察中具有较广泛的应用。其钻进孔径的标准系列为75mm、91mm、110mm、130mm和150mm。适用的地层条件一般是可钻性Ⅰ~Ⅶ级和部分Ⅷ级岩石。钻探深度主要取决于工程勘察的目的要求。

3. 钻头种类和选择

硬质合金钻头在工程地质勘查中应用广泛，种类较多，我国已基本形成统一系列类型，现将适于岩土工程勘察使用的钻头类型归纳见表3.1－5中，供参考。使用何种钻头，要取决于地质条件和岩石的特性。

硬质合金钻头选择 **表3.1－5**

类别		钻头名称、型式	岩石可钻性等级								适用岩石
			Ⅰ	Ⅱ	Ⅲ	Ⅳ	Ⅴ	Ⅵ	Ⅶ	Ⅷ	
单管取芯钻头	适于松软及较软地层	内外肋骨钻头	√	√	√	√					严重缩径地层，如黏土层、风化页岩等
		螺旋肋骨钻头		√	√	√					黏土层、风化砂岩及铝土页岩等
		锥形肋骨钻头（一）			√	√	√				泥质砂岩等
		锥形肋骨钻头（二）			√	√	√				软—稍硬的、软硬互层的岩层
		薄片肋骨钻头			√	√	√				风化变质页岩，泥岩、泥质板岩
		阶梯式肋骨钻头			√	√	√				页岩、砂页岩、胶结性差的砂岩
		螺旋阶梯肋骨钻头			√	√	√				泥质岩、泥质板岩等
		直角薄片硬质合金钻头			√	√					均质页岩、砂质页岩等
		单双粒方柱硬质合金钻头			√	√	√				较完整的风化变质页岩、板岩等
		三双粒钻头			√	√					砂岩、砾岩等

类别		钻头名称、型式	岩石可钻性等级								适用岩石
			Ⅰ	Ⅱ	Ⅲ	Ⅳ	Ⅴ	Ⅵ	Ⅶ	Ⅷ	
单管取芯钻头	适于稍硬至硬岩	飞机式肋骨钻头				√	√	√			砂岩、粗砂岩、细砂岩、砂页岩等不均质岩层
		双排硬质合金				√	√	√			白云岩、片岩等完整岩层
		负前角三外刃阶梯钻头					√	√			强研磨性岩层如砂砾岩
		外刃补强钻头					√	√			强研磨性岩层如砂砾岩
		45°负斜镶钻头						√	√		较破碎的砂岩、砂砾岩、砾岩、长石石英砂岩等
		中八角负斜镶钻头					√	√	√		较硬互层岩层、砂岩、长石石英岩、灰岩
		厚壁双刃中八角钻头					√	√	√		千枚岩、石英云母片岩、砂质石灰岩
		密集式钻头				√	√	√	√	√	弱研磨性的火山凝灰岩
		团结式（掏槽）钻头					√	√	√		破碎强研磨性的细粒石灰岩、含长石石英砂岩
		双飞机式（掏槽）钻头						√	√		钙质胶结石英砂岩、砾岩
		密集式中八角（掏槽）钻头						√	√		千板岩、斑岩、矽卡岩
		负斜镶中八角钻头							√	√	中砂岩、含砾砂岩等中研磨性岩石
		六组三排针状合金钻头							√	√	矽化灰岩、石灰岩
		钢柱式针状合金钻头							√	√	强研磨性细砂岩、石英砂岩
		密集式针状合金钻头				√	√	√	√	√	强研磨性石英砂岩、砾岩、粉砂岩
双管取芯钻头	适用特殊取样	双动双管肋骨钻头		√	√	√					遇水易缩径地层如黏土岩、卵砾石层
		隔水单动双管钻头				√	√	√			怕冲刷的地层取样
		喷反单动双管钻头				√	√	√	√		硬、脆、碎地层取样
不取芯钻头	适用不取芯松软及稍硬岩石	自磨式三翼刮刀钻头			√	√	√				严重缩径地层，如黏土层、风化页岩等
		可卸式三翼钻头		√	√	√	√				黏土层、风化砂岩及铝土页岩等
		锥形三翼钻头			√	√					泥质砂岩等
		内外阶梯肋骨钻头	√	√	√						软—稍硬的、软硬互层的岩层
		仿矛式钻头		√	√	√					风化变质页岩，泥岩、泥质板岩
		环状三翼钻头				√	√	√			页岩、砂页岩、胶结性差的砂岩

注：此表根据《机械钻探硬质合金钻头图谱》（王云成主编，地质出版社出版，1990）中部分适于工程勘察钻探硬质合金钻头选择编制。

硬质合金钻头的技术要求主要有以下5个方面。

（1）硬质合金钻头上合金的镶焊数量取决于钻头直径的选择和岩石研磨性，合金的数量可参考表3.1－6。

（2）硬质合金钻头上切削具出刃的大小主要依据可钻性等级、研磨性和岩石的特性确定，但有些岩石具有特殊性质和为了提高钻进效率，钻头上硬质合金的出刃有特殊要求。

例如遇水膨胀岩石，可加大外出刃。甚至采用肋骨条上镶焊合金。又比如为提高效率，可使钻头上切削刃的底刃不在一个平面上，即阶梯式底出刃，这有利形成掏槽增加切削自由面（表3.1-7）。

普通硬质合金钻头切削具数量表　　表3.1-6

岩石性质	钻头直径（mm）					
	58.5	75	91	110	130	150
	合金数量（粒）					
研磨性岩石	4	6~8	8~10	10~12	12~14	12~14
弱研磨性岩石	4	4~6	6~8	8~10	10	10~12

普通硬质合金钻头切削具出刃表　　表3.1-7

岩石性质	内出刃（mm）	外出刃（mm）	底出刃（mm）
松软、塑性、韧性弱研磨性	2~2.5	2.5~3	3~5
中硬、研磨性强	1~1.5	1.5~2	2~3

（3）硬质合金在钻头上的镶焊形式及角度。镶焊形式有直镶、正前角斜镶、负前角斜镶3种。其适于地层条件可参考表3.1-8。其中切削刃镶焊角等于90°称为直镶，小于90°称为正前角斜镶，大于90°称为负前角斜镶。

不同岩石硬质合金镶焊角及刃尖角　　表3.1-8

岩石性质	镶焊角 α	刃尖角 β
Ⅰ~Ⅲ级均质软岩	70°~75°	45°~50°
Ⅳ~Ⅵ级均质中硬岩	75°~80°	50°~60°
Ⅶ级均质岩石	80°~85°	60°~70°
Ⅶ级非均质裂隙岩石	90°~-15°	80°~90°

（4）硬质合金在钻头唇面上的排列形式可按单圈、多圈和密集式排列。密集型有利切削刃的相互支撑补强。

（5）水口、水槽的形式，应既有利于排粉又不能影响岩芯采取率。

4. 硬质合金钻进参数选择

（1）转速选择

硬质合金钻进转速参数（r/min）　　表3.1-9

岩石性质 \ 钻头直径（mm）	150	130	110	91	线速度（m/s）
均质的、研磨性弱	150	175	200	250	1.13
中等研磨性	100	120	140	170	0.80
研磨性强、裂缝多	65	75	90	100	0.50

（2）冲洗液量选择

硬质合金钻进冲洗液量参数（L/min）　　表 3.1－10

岩石性质＼钻头直径（mm）	91	110	130～150
研磨性弱的地层	60～65	85～100	100～125
中等研磨性地层	75～85	100～135	130～150
研磨性强地层	85～100	100～150	150～180
裂隙地层	60～65	80～125	100～150

六、振动钻进

振动钻进就是用振动器带动钻杆、钻头振动，使周围岩层或土层也产生振动。在钻具和振动器自重以及振动力的作用下，使岩层或土层的强度降低，钻头钻进岩土层，从而实现钻进。振动钻进有以下特点：

1．目前，国内外绝大多数振动钻进所用的振动器都位于钻孔以上的地表，一般孔深在 30m 以内；

2．振动钻进适用于砂、砂质粉土、粉质黏土、黏土等地层，在松软地层中钻进具有很高的效率；

3．采用振动钻进，土样的结构和构造有一定的破坏，湿度也稍有变化，但仍符合工程勘察的要求。但不能取原状土样，一些对地质资料要求精确的工程不宜采用此方法；

4．这种钻进非常适合钻探基础处理孔，因为这种孔一般用来加固地基等，不需取样。

七、螺旋钻进

螺旋钻进是一种干式回转钻进方法，它的特点是螺旋钻杆不断地将岩粉输送至地面，在回转的同时，螺旋钻杆柱还不断向下移动，实现钻进。

螺旋钻进有以下优点：

1．在无圆砾（或角砾）及硬夹层的软岩中钻进，效率很高，每小时可达数十米；

2．螺旋钻杆回转的同时，向孔壁挤压岩粉，可在孔壁形成一层较致密的泥皮，岩粉中的圆砾可楔入孔壁，有加固孔壁的作用，虽然不用冲洗液，孔壁仍较稳定；

3．定时取样，基本上能满足地质要求，但不能取原状土样。

螺旋钻进所需功率大，孔深也受到限制，在粘结性的黏土层中钻进有困难。

目前螺旋钻进已广泛应用于Ⅰ～Ⅳ级软岩中。由于复合钻进方法的发展，螺旋钻进作为复合钻进的组成部分，已广泛用于水文、工程地质勘查和构造普查等方面。

螺旋钻进孔深一般为 25～50m，最深不超过 100m，孔径一般为 120～200mm。

八、潜孔锤钻进

潜孔锤钻进方法，就是在传统回转钻进时，用连接在钻头或岩芯管上的潜孔锤（有液动和气动两大类）对钻具（碎岩工具）施加冲击荷载同时慢速回转钻具，进行孔底冲击回转钻进。在冲击载荷下，岩石发生体积破碎。风动潜孔锤具有空气钻进的全部优点。

1．潜孔锤钻进的优点

（1）孔底清洗条件好，单次冲击能量较大，钻杆和钻具直径配合比例适当，故有较高钻进效率。

（2）钻具转速较低，对孔壁的碰击机会较少，以高频对孔底冲击，减少了对破碎或倾斜地层的影响，不易形成较大孔斜，减少了钻孔弯曲度。

（3）噪声以每增加 1m 减少 6dB 的比例下降，使得噪声符合工业和国家标准。

（4）气动潜孔锤钻进过程中所产生的粉尘，可以用向压缩空气中加少量水的办法或其他方法予以清除；液动潜孔锤则无粉尘问题。

（5）与回转钻进相比，潜孔锤钻进所需的扭矩小得多，其回转速度也比回转钻进低，一般在 10 ~60r/min 范围内。

（6）回次进尺长，可以用更长的单杆钻杆，减少提下钻具的辅助时间。

（7）小直径的风动潜孔锤钻具可钻任何方向的斜孔，尤其适合于矿山开采。

（8）采用潜孔锤钻进时，所需钻压小。直径 150mm 的潜孔锤，其钻压只需 14.7kN 左右。这样可以用较小的钻机凿较深的钻孔。

（9）在坚硬致密“打滑”岩层中可成倍地提高钻进效率，又成为克服“打滑”地层的重要方法之一。

（10）风动潜孔锤更适合于干旱、半干旱地区和多年冻土地区的钻探。

（11）金刚石液动潜孔锤钻探，被公认为是提高坚硬（可钻性Ⅳ ~ Ⅶ级）岩层钻探，克服一些复杂岩层岩芯易堵塞以及减轻钻孔易斜程度的有效技术方法之一。

2. 潜孔锤钻进注意事项

（1）管路系统及各部连接必须牢固、严密、无泄漏。

（2）下钻前应检查冲击器、压力表是否灵活，各部分的密封、间隙、润滑是否良好，对新的冲击器，应在孔口进行冲击试验。

（3）下钻距孔底 0.50m 时，应送水或送风，轻压慢转扫孔到底，然后缓慢调整泵量和泵压或风量和风压，进入正常钻进。

（4）钻进时应随时注意压力（泵压或风压）的变化，发现压力突然升高或降低，进尺突然变慢或不进尺时，应及时提钻检查。

（5）必须保持孔底清洁，及时冲洗孔底岩粉，脱落到孔底的合金应及时捞尽。

（6）必须保持泥浆泵或空气压缩机运转工况良好，发现泵量、风量和压力不足时，应及时进行处理。

（7）冲击器在使用过程中，应按说明书要求进行检查和维护。

（8）液动冲击回转钻进必须强化冲洗液的净化措施，其含砂量不宜超过 2%。

（9）液动冲击回转钻进在破碎岩层中钻进时，应在冲击器与岩芯管之间安装反循环接头，进行孔底局部反循环。

（10）每钻进一根钻杆或一回次终了，应进行吹孔 1 ~2min，待钻头提离孔底后，方可停风。

九、触探钻进

触探也是工程地质钻探的重要手段之一，包括静力触探和动力触探两种，我们常用的标准贯入试验也是触探的一种，仅仅是其下端为一分离式圆筒形的贯入器，这样既可通过锤击数确定部分土的物理力学指标，又能取出样品。

这几种钻进方法，在实际中应根据地层、工程地质要求合理选择，以达到既满足工程要求的准确性，又有比较高的钻探效率。

十、钻进方法适用性说明

1. 对于要求采取岩芯的钻孔，应采用回转钻进；对于黏性土，可根据地区经验采用螺旋钻进或锤击钻进方法；对于碎石土，可采用植物胶浆液护壁金刚石单动双管钻具钻进。

2. 对于需要鉴别土层天然湿度和划分地层的钻孔，当处于地下水位以上时，应采用干钻；当需要加水或使用循环液时，可采用内管超前的双层岩芯管钻进或三重管取土器钻进；当处于地下水位以下，且采用单层岩芯管钻进时，可采用无泵反循环钻进。

3. 地下水位以下饱和粉土、砂土，宜采用回转钻进方法；粉、细砂层可采用活套闭水接头单管钻进；中、粗、砾砂层可采用无泵反循环单层岩芯管回转钻进并连续取芯，取芯困难时，可用对分式取样器或标准贯入器间断取样。

4. 岩石宜采用金刚石钻头或硬质合金钻头回转钻进。软质岩石及风化破碎岩石宜采用双层岩芯管钻头钻进或绳索取芯钻进；易冲刷和松软的岩石可采用双管钻具或无泵反循环钻进；硬、脆、碎岩石宜采用双管钻具、喷射式孔底反循环钻进或冲击回转钻进。

5. 当需要测定岩石质量指标（RQD）时，应采用外径 75mm（N 形）的双层岩芯管和金刚石钻头。

6. 勘探浅部土层时，可采用下列钻进方法：

（1）小口径螺旋麻花钻（或提土钻）钻进；

（2）小口径勺形钻钻进；

（3）洛阳铲钻进。

十一、钻进冲洗液及护壁堵漏

1. 护壁、堵漏方法的选择

钻孔护壁、堵漏的方法根据护壁、堵漏材料与适用的地层条件参考表 3.1－11 选择。

护孔、堵漏方法选择表　　　　表 3.1－11

护壁材料	材料性能及要求	适用地层	护孔方法提要
泥浆	根据地层实际情况，选择不同性能的泥浆。按不同性能要求，适当加入处理剂或惰性堵漏材料以提高泥浆质量达到护壁堵漏的作用	松散破碎引起掉块、坍塌地层；水敏性地层；一般或严重程度较大的渗漏地层	加强泥浆使用管理；保持泥浆质量；合理选择惰性材料堵漏
黏土	选用黏性大的黏土；黏土中加些纤维物制成和孔径相适应的黏土球	钻孔浅部覆盖层；局部孔段坍塌漏失	用黏土加纤维物混合配制，拌匀；投入到预定位置，用钻具挤压，填充裂隙
水泥	C40 以上；在水泥中加锯末等，加入速凝剂	破碎带较厚；坍塌较严重；特殊泥浆处理无效，渗漏严重的裂隙地层	浅部采用直接注入法，深部采用送入法，采用泵入法，水灰比要达到可泵入条件
化学浆液	有一定的抗压、抗冲击强度，能有效地固结岩石；可控制凝结时间	多用于裂隙地层严重漏失、时间短，效果佳	采用注入器送入孔内，在一定泵压下在孔内混合。注入方式力求简单
套管	与钻孔同径的套管	浅部覆盖层；严重坍塌漏失地层；较大溶洞	准确校正孔深，下到完整的坚硬岩，孔口间隙堵严

2. 堵漏应符合的规定

（1）根据孔壁稳定程度和钻进方法，可选用清水、泥浆、套管等护壁措施，当孔壁坍塌严重时，可采用水泥浆灌注护壁堵漏。

（2）在地下水位以上松散填土及其他易坍塌的岩土层钻进时，可采用套管护壁。

（3）在地下水位以下的饱和软黏性土层、粉土层、砂土层钻进时，宜采用泥浆护壁；在碎石土钻进取芯困难时，可采取植物胶浆液护壁钻进。

（4）在破碎岩层中可根据需要采用优质泥浆、水泥浆或化学浆液护壁；冲洗液漏失严重时，应采取充填、封闭等堵漏措施。

（5）采用冲击钻进时，宜采用套管护壁。

3. 钻孔冲洗液

钻孔冲洗是钻探过程中的重要环节。钻进过程中，钻头不断地破碎孔底岩石，产生大量岩粉堆积于孔底；同时，钻头与岩石摩擦，积蓄很大的热量，如不及时清除孔底岩粉和冷却钻头，将严重影响钻头继续有效地破碎孔底岩石，降低钻进速度，甚至导致孔内事故，因此，钻进过程钻孔冲洗是十分必要的。冲洗钻孔的目的有：滑除孔底岩粉和携带岩粉、冷却钻头、润滑钻具、保护孔壁。

冲洗方式一般有正循环、反循环、孔底反循环等冲洗方式。

（1）冲洗液的种类

1）清水——用于钻进稳定地层，较经济又方便。

2）泥浆——泥浆由黏土、水和化学处理剂组成。钻进不稳定岩层时，不论是水敏性地层还是松散破碎地层，使用泥浆冲洗钻孔，均可获得良好的护壁效果。回转钻进复杂地层时也多采用泥浆冲孔。正常钻进时，如果黏度过高，会导致泵压过高，净化岩粉困难，泥包钻头，钻速降低，起下钻具易造成抽吸作用和具有较大的激动压力。而在漏失层和破碎层中钻进，泥浆黏度要高。

3）乳化液

乳化液：是两种不相溶的液体加入乳化剂后经强力搅拌而制成的一种冲洗液，具有良好的冷却和润滑性能。

4）其他冲洗液

如钻进盐层可采用饱和盐水溶液，钻进漏失地层可采用泡沫泥浆等。

5）空气

利用高压空气或高压天然气冲洗钻孔，空气冲洗多用于缺水地区及严重漏水地层。

6）冲洗液的选择应符合的规定

①钻进致密、稳定地层时，宜选用清水作冲洗液；

②用作水文地质试验的孔段，宜选用清水或易于洗孔的泥浆作冲洗液；

③钻进松散、掉块、裂隙地层或胶结较差的地层时，宜选用植物胶泥浆、聚丙烯酰胺泥浆等作冲洗液；

④钻进片岩、千枚岩、页岩、黏土岩等遇水膨胀地层时，宜采用钙处理泥浆或不分散低固相泥浆作冲洗液；

⑤钻进可溶性盐类地层时，应采用与该地层可溶性盐类相应的饱和盐水泥浆作冲洗液；

⑥钻进高压含水层或易坍塌的岩层时，应采用密度大、失水量少的泥浆作冲洗液；

⑦金刚石钻进宜选用清水、低固相或无固相泥浆、乳化泥浆等作冲洗液。

（2）常用冲洗液和护壁堵漏材料

1）选择原则：根据地层岩性、钻进方法、设备条件、环境保护要求、任务要求等。

常用冲洗液和护壁堵漏材料适用范围　　表 3.1－12

护壁材料	材料性能及要求	适用地层	护孔方法提要
泥浆	根据地层实际情况，选择不同性能的泥浆。按不同性能要求，适当加入处理剂或惰性堵漏材料以提高泥浆质量达到护壁堵漏的作用	松散破碎引起掉块、坍塌地层：水敏性地层；一般或严重程度较大的渗漏地层	加强泥浆使用管理：保持泥浆质量：合理选择惰性材料堵漏
黏土	选用黏性大的黏土：黏土中加些纤维物制成和孔径相适应的黏土球	钻孔浅部覆盖层：局部孔段坍塌漏失	用黏土加纤维物混合配制，拌匀：投入到预定位置，用钻具挤压，填充裂隙
水泥	C40 以上：在水泥中加锯末等，加入速凝剂	破碎带较厚：坍塌较严重：特殊泥浆处理无效，渗漏严重的裂隙地层	浅部采用直接注入法，深部采用送入法，采用泵入法，水灰比要达到可泵入条件
化学浆液	有一定的抗压、抗冲击强度，能有效的固结岩石，可控制凝结时间	多用于裂隙地层严重漏失、时间短，效果佳	采用注入器送入孔内，在一定泵压下在孔内混合注入方式力求简单
套管	与钻孔同径的套管	浅部覆盖层：严重坍塌漏失地层：较大溶洞	准确校正孔深，下到完整的坚硬岩，孔口间隙堵严

2）造浆黏土原料的选择

造浆黏土是由含水铝硅酸盐矿物组成的，但它的成分复杂。黏土中除黏土矿物外还有石英、长石、云母等一些非黏土矿物以及钙、镁、钠、钾的碳酸盐等可溶盐。造浆黏土矿物，一般有 3 类，见表 3.1－13。

造黏浆土矿物分类　　表 3.1－13

黏土矿物分类	主 要 成 分
高岭石类	以高岭石及含高蛉石矿物为主的高岭土
蒙脱石类	主要有蒙脱石及含蒙脱石为主的膨润土
伊利石类	主要由伊利石所组成的黏土叫伊利黏土或水云母黏土

其中高岭石为主和伊利石黏土最常见。

选择泥浆原料一般常以肉眼鉴别，具备以下基本特征的黏土可以制造泥浆：有较强的抗剪性，破碎时易成坚固的尖锐边棱角，即使是小块也不易用手捏开；用小刀切开时，其面光亮，颜色较破碎面深，有油脂光泽，用水拌合可搓成细长泥条而不断，用手指捏搓时有黏性或滑腻感；干燥时易破裂、在水中易膨胀体积倍数大。

此外，造浆率是每 1000kg 含水量 10% 以内的黏土粉制成表观黏度为 0.015Pa·s 的泥浆的立方米数。造浆率愈高黏土性能愈好。

3）泥浆性能指标

根据《建筑工程地质勘探与取样技术规程》JGJ/T87－2012规定及岩土工程勘察钻探的特点和地层的不同条件，首先考虑在土层中钻探要求取不扰动土样的工作，因此所选用的泥浆要不污染土样、不向土样中渗入杂质为标准，性能指标参数见表3.1－14。

常用泥浆性能指标 **表3.1－14**

地层条件 / 性能指标 / 性能类别	地层性质				
	一般地层	遇水胀性地层	坍塌掉块地层	渗漏地层	卵石层
黏度（s）	18～20	18～20	23～25	25～30	22～25
相对密度（比重）	1.1～1.15	1.10～1.15	1.3	1.1以下	1.15～1.2
失水量（mL/min）	23	8	<15	<15	<15
含砂量（%）	<4				
胶体率（%）	>97				
稳定性（%）	<0.04				
pH值	8～12				

根据有关单位研究试验结果证明，低固相聚丙烯酰胺泥浆对土层污染或渗入杂质的性能极微，细分散普通泥浆和粗分散泥浆次之。其次是考虑在砂、砾、卵石地层及风化基岩、完整但有裂隙或破碎基岩，要采用泥浆护壁的性能指标应保证达到顺利钻进。

4）泥浆性能的调节

为适应钻进过程中各种条件的需要，必须对泥浆进行化学处理，以达到调节性能。此外，在选择造浆黏土的质量上若没有较好的膨润土也可以用较差的黏土造浆，经过处理使之达到适应钻进地层条件的目的亦可（处理剂见表3.1－15、3.1－16）。

常用泥浆无机处理剂 **表3.1－15**

类别	名　称	分子式	20℃时溶解度g/100g水	主要性能	主要用途
碱类	氢氧化钠（烧碱、火碱、苛性钠）	NaOH	109.1	强碱，有强腐蚀性，易溶于水，易吸潮，吸收空气中CO_2后变成Na_2CO_3，固体烧碱相对密度（比重）2～2.2	调节泥浆pH值，溶解有机处理剂，使黏土分散性好，泥浆增黏（适量时）
	氢氧化钙（熟石灰、消石灰）	$Ca(OH)_2$	0.165	白色粉末，吸潮性强，碱性强有腐蚀性，可由生石灰CaO加水得到	提供钙离子。配制钙处理泥浆（粗分散泥浆），对页岩有抑制作用
氯化物	氯化钠（食盐）	NaCl	36	白色结晶细粒，易溶于水	用于配制盐水泥浆
	氯化钙	$CaCl_2\cdot 6H_2O$	74.5	无水氯化钙是白色结晶，有强吸潮性，易溶于水	配制高钙泥浆
碳酸盐	碳酸钠（纯碱）	Na_2CO_3	17.7	工业碱，呈白色粉状结晶。其水溶液呈强碱性，吸潮后易结块	提供钠离子。去钙软化水质，使黏土分散性好，增加泥浆黏度起分散剂作用

常用泥浆有机处理剂 **表 3.1－16**

作用	类别	名称	主要用途
稀释剂（分散剂）	1. 丹宁类 2. 木质素磺酸盐类 3. 褐煤腐植酸类	丹宁、栲胶类、丹宁碱液（NaT）、栲胶碱液； 铁铬盐（FelS）； 腐植酸钠（NaHm）、腐植酸钾（KHm）、磺化褐煤	减黏、降失水； 抗高温、盐浸（海上钻探泥浆）； 增黏、降失水，增切力
增粘剂（增稠剂）	1. 纤维素类 2. 聚糖类	羧基甲基纤维素（Na—CMC） 含植物胶类；雷公蒿粉、香叶粉，钻井粉、榆树皮粉、杨树皮粉等	增粘、降失水
降失水剂	1. 纤维素类 2. 聚糖类 3. 腐植酸类 4. 丙烯酸微生物类	羧基甲基纤维素（Na—CMC） 野生植物胶类：同上 煤碱液（腐植酸钠） 水解聚丙烯腈（HPAN）	降低失水量
絮凝剂	丙烯酸衍生物类	聚丙烯酰胺（PAM） 部分水解聚丙烯酰胺（PHP）	絮凝和部分絮凝可制低固相泥浆

5）常用加重、堵漏处理剂

常用加重、堵漏处理剂 **表 3.1－17**

类别	作用	名称
加重剂	加重	重晶石粉，$BaSO_4$，相对密度 4.5
惰性材料堵漏剂	架桥堵漏材料，堵漏	云母屑、核桃壳、硅石粉、棉籽壳、碎纸屑、锯末等 801 堵漏剂：刨花楠木粉 30%～80%，腐植酸钾 10%～50%，CMC 1%～6%。PHP 1%～6% 海带粉

6）制定泥浆总消耗量应考虑的因素：包括钻孔内泥浆量，循环系统泥浆量，泥浆损失量（地面损失量，不包括钻孔漏失量），泥浆更换次数及储备等。

7）泥浆总消耗量：包括钻孔内泥浆量，循环系统泥浆量，泥浆损失量（地面损失量，不包括钻孔漏失量），泥浆更换次数或不加量及储备等。

4. 套管护壁规定

采用套管护壁时，应先钻进后跟进套管，不得向未钻过的土层中强行击入套管。钻进过程中应保持孔内水头压力大于或等于孔周地下水压，提钻时应能通过钻具向孔底通气通水。

5. 鉴别土样和岩芯采取率（表 3.1－18）

岩芯采取率 **表 3.1－18**

岩土层		岩芯采取率（%）
黏土层		≥90
粉土、砂土层	地下水位以上	≥80
	地下水位以下	≥70
碎石土层		≥50
完整岩层		≥80
破碎岩层		≥65

第三节　取　样

一、土样的质量分级

在工程地质钻探中，通过所采取的岩土样来确定岩土的物理力学性质。

土样的质量等级划分及用途可按表 3.1－19 确定。

土样的质量等级划分　　　　**表 3.1－19**

等　级	扰 动 程 度	试 验 项 目
Ⅰ	不扰动（大块土）	土类定名、含水量、密度、强度、固结试验
Ⅱ	轻微扰动	土类定名、含水量、密度
Ⅲ	显著扰动	土类定名、含水量
Ⅳ	完全扰动	土类定名

岩芯采样质量等级划分：岩石采样分为不扰动（原状）、轻微扰动、显著扰动和完全扰动 4 个等级，不同的试验目的要求不同的质量等级，进而对采样与采样方法提出了不同要求。

二、取土器及使用条件

取土器的种类和结构（表 3.1－20）

贯入式取土器技术指标　　　　**表 3.1－20**

取土器		取样管外径（mm）	刃口角度（°）	面积比（%）	内间隙比（%）	外间隙比（%）	薄壁管总长（mm）	衬管长度（mm）	衬管材料	说明
薄壁取土器	敞口	50、75、100	5～10	＜10	0	0	500、700、1000	—	—	—
	自由活塞	75、100								
	水压固定活塞			10～13	0.5～1.0					
	固定活塞									
束节式取土器		50、75、100	管靴薄壁段同薄壁取土器，长度不小于内径的 3 倍					200、300	塑料、酚醛层压纸或用环刀	—
黄土取土器		127	10	15	1.5	1.0		150	塑料、酚醛层压纸	废土段长度 200mm
厚壁取土器		75～89、108	＜10 双刃角	13～20	0.5～1.5	0～2.0		150、200、300	塑料、酚醛层压纸或镀锌薄钢板	废土段长度 200mm

注：1. 如果使用镀锌薄钢板衬管，应保证形状圆整，满足面积比要求，重复使用前应注意清理和整形。

2. 厚壁取土器亦可不用衬管，另备盛样管。

1. 薄壁取土器

（1）敞口式薄壁取土器

壁厚1.25～2.00mm的薄壁筒用螺钉直接固定在上接头上，上接头有球阀排水，取样时直接压入即可，因为没有活塞，软土极容易脱落。所取原状土样不扰动或轻微扰动。

（2）固定活塞式薄壁取土器

薄壁筒与敞口式相同，但筒内装有活塞，通过活塞杆一直连到地面，在取土器的上接头内有一锥形卡，使活塞杆运动只能向上不能向下，取样时先把活塞杆固定在地面，然后对钻杆施压，将薄壁筒压入土内，由于活塞杆固定了，活塞在筒内相对上升，筒内成为密闭状，真空的作用使取土器在起拔时保证土样不脱落，此种取土器装卸非常麻烦，辅助工时长，因此未能很好推广，所取原状土样不扰动。

（3）水压式活塞薄壁取土器

水压式活塞薄壁取土器有上下两个活塞，上活塞与薄壁筒相连，在薄壁筒外有一个套筒是上活塞的缸套，当水由钻杆通至上活塞顶部时将其压下，并带动薄壁筒以下活塞为导向压入土中，筒中空气由下活塞杆的孔排出，当上活塞行至其顶面露出下活塞杆的孔时，水由此孔排出，取土结束。由于水压稳定，下压力均匀，取土质量极好，采取率也高，但其结构复杂、质量大、拆装辅助工时长。所取原状土样不扰动或轻微扰动。

（4）自由活塞式薄壁取土器

与固定活塞取土器结构基本相同，但活塞杆不通至地面，仅靠一个弹簧锥卡使活塞杆只能向上不能向下，取土压入时靠土将活塞顶起，因此土样端部受压。所取原状土样不扰动或轻微扰动。

2. 厚壁取土器

取土器的内间距比、外间距比、面积比等基本技术参数决定了所取土试样的质量，这3个参数数值愈小的取土器所取试样的质量愈高。厚壁取土器的基本技术参数都大大地超过了薄壁取土器的基本技术参数，所取的原状土样质量较低。原状土样只能达到轻微扰动级。

（1）限制球阀式取土器

（2）上提活阀式取土器，包括：①上提橡皮活阀式取土器；②双锥面活阀取土器。

3. 三重管取土器

（1）丹尼森取土器

丹尼森取土器有外管、内管、衬管（薄壁筒）。取样时外管回转，内管由于有轴承相连，只往下压而不回转，冲洗液在外管与内管之间通过，此种取土器是国际公认的取土器，使用广泛。所取原状土样不扰动或轻微扰动。

（2）T65取土器

T65取土器只有外管及容纳试样的分裂式内管，工作原理与丹尼森取土器相同，它可以作为一种岩心钻具，边钻进边取土。所取原状土样不扰动或轻微扰动。

4. 取样工具的适宜性（表3.1-21）

钻孔取土器的分类与应用　　表 3.1-21

<table>
<tr><th>取土器分类</th><th colspan="2">取土器名称</th><th>采取土试样等级</th><th>适用土类</th></tr>
<tr><td rowspan="7">贯入型取土器</td><td rowspan="4">薄壁取土器</td><td>敞口</td><td>Ⅰ~Ⅱ</td><td>可塑至软塑黏性土、粉土、粉砂</td></tr>
<tr><td>固定活塞</td><td>Ⅰ</td><td rowspan="2">可塑至流塑黏性土、粉砂、粉土</td></tr>
<tr><td>水压固定</td><td>Ⅰ</td></tr>
<tr><td>自由活塞</td><td>Ⅰ~Ⅱ</td><td>可塑至软塑黏性土、粉土、粉砂</td></tr>
<tr><td colspan="2">束节式取土器</td><td>Ⅰ~Ⅱ</td><td>可塑至软塑黏性土、粉土、粉砂</td></tr>
<tr><td colspan="2">黄土取土器</td><td></td><td></td></tr>
<tr><td colspan="2">厚壁取土器</td><td>Ⅱ</td><td>各种黏性土、粉土</td></tr>
<tr><td rowspan="2">回转型取土器</td><td colspan="2">二（三）重管回转取土器（单动）</td><td>Ⅰ</td><td>可塑至坚硬的黏性土、粉土、粉砂、细砂</td></tr>
<tr><td colspan="2">二（三）重管回转取土器（双动）</td><td>Ⅰ</td><td>硬塑至坚硬的黏性土、中砂、粗砂、砾砂、碎石土、软岩</td></tr>
</table>

三、原状土样的采取方法

1. 连续压入法

此法又称组合滑轮压入法，即用组合滑轮装置将取土器一次快速压入土中，一般用在浅层软土中取样。由于取土器快速均匀地压入土层，土样来不及产生压缩或膨胀变形就顺利地进入取土管。因而能很好地保持其天然结构状态，土样的边缘扰动程度也小。

2. 冲击压入法

通过重锤下击，冲击力通过钻杆传至取土器，将土压入，由于钻杆本身也是一个弹性体，当重锤下击时极易产生回弹震动，因而容易造成土样扰动，因此上击法只用于浅层硬土中。

3. 回转压入法

机械回转钻进时，可用回转压入式取土器，采取深层坚硬土样和砂样。取土时，外管回转克服土层的土屑，内管承受轴心压力而压入取土。由于内管与外管为滚动接触，因此内管只承受压力而不回转。外管克服的土屑由冲洗液循环而携出孔外。

采用回转压入取土过程中，应尽量不提动钻具，以免提动内管而拔断土样，即便在不进尺的情况下需要提动钻具时也应控制提动距离，使之不超过内管与外管的滑动范围。

四、采取原状土样的综合程序要点

1. 取样前检查。要求取土器圆直、刃口整齐，排浆孔通畅，阀封闭严密，运动灵活，活塞及活塞杆要加油润滑，保持灵活可靠。

2. 衬管安放平稳，内壁涂润滑脂以提高易入性，减少对土样的扰动。

3. 取样以快速均匀压入和重锤一次或少次击入为佳。

4. 每次只能取一个试样，长度 150~200mm。取出的试样如扰动长度超过 1/2，原则上应重新采取。

5. 专门工具退样，及时装入取样筒（铅皮），封蜡以保持天然湿度，然后贴好标签，标明上下方向。

6. 取土器用后要及时清洗擦净，涂抹润滑油并妥善放置，以备下次再用。

五、影响采取原状土样质量的因素

影响土样质量的因素是多方面的，除取土器结构和取土方法等因素外，还应考虑下述因素对采取原状土样质量的影响。

1. 钻孔的垂直度

如钻孔倾斜，在下放取土器时，取土器会刮削孔壁而使余土过多，因而使土样受挤压扰动。另外由倾斜孔取出的土样也是倾斜的，所测试的指标用于计算会产生误差。

2. 取土时孔底的清洁程度

只有彻底地清除孔底残存的废土碎屑，才能避免因余土过多而造成的土样受挤压而产生扰动现象。

3. 取土器切入土层的速度

如切入土层的速度较慢，土样的侧向膨胀会使土样与取土器内壁摩擦而产生扰动。反之，如取土器切入土层速度快，不待土样膨胀，土样已顺利进入取土器中，因此扰动程度就小。由此可见，提高取土器进入土层的速度是获得良好土样、保证采取原状土样质量的关键。

六、土样的保管与运输

土样自取土器取出后，应立即用盖将衬管两端盖严，衬管内未取满土样时，可补填至满，以免土样在衬管内滑动，在衬管上注明土样的上下端，贴上标签。

土样用蜡封好后，应放置在特别的土箱内，并在周围放置稻草、废纱头等缓震物，以防震动而使土样扰动，保存处的温度与湿度要适当，一般以5～20℃为宜，冬天应保持温度在5℃以上，以防止土样结冰而破坏其原状结构。夏天应避免高温，最好在土样箱周围盖以草垫等物隔热，并洒水湿润，使之有一定湿度。

土样运输时，应轻、稳和放置牢靠，防止在运输过程中土样箱摆动或滑落。

第四节　地下水位测量及水样的采取

为评价地下水对混凝土、金属材料的腐蚀性及其他性质，需要在建设场地及其附近采取地下水样进行水质分析。

一、地下水位的量测

1. 遇地下水时应量测水位；

2. 稳定水位应在初见水位后经一定的稳定时间后量测；

3. 对多层含水层的水位量测，应采取止水措施，将被测含水层与其他含水层隔开；

4. 初见水位和稳定水位可在钻孔、探井或测压管内直接量测，稳定水位的间隔时间按地层的渗透性确定，对砂土和碎石土不得少于0.5h，对粉土和黏性土不得少于8h，并宜在勘察结束后统一量测稳定水位。量测读数至厘米，精度不得低于±2cm。

5. 测定地下水流向可用几何法，量测点不应少于呈三角形分布的3个测孔（井）。测点间距按岩土的渗透性、水力梯度和地形坡度确定，宜为50～100m。应同时量测各孔

(井) 内水位，确定地下水的流向。

6. 地下水流速的测定可采用指示剂法或充电法。

二、水样采取

1. 取水试样应符合下列规定：

(1) 采取的水试样应代表天然条件下的水质情况。

(2) 当有多层含水层时，应做好分层隔水措施，并应分层采取水样。

(3) 取水试样前，应洗净盛水容器，不得有残留杂质。

(4) 取水试样过程中，应尽量减少水试样的暴露时间，及时封口；对需测定不稳定成分的水样时，应及时加入稳定剂。

(5) 采取水试样后，应做好取样记录，记录内容应包括取样时间、孔号、取样深度、取样人、是否加入稳定剂等。

2. 特殊要求

采取地下水样的要求

(1) 进行化学分析采取地下水样的要求

1) 进行简单分析时，需采取水样 500mL；进行全分析时，需采取水样 2000 ~ 3000mL。

2) 采取水样前应将水样瓶用肥皂水和清水洗净。采取水样时，还需用取样之水将瓶冲洗 3 ~ 4 次。水样不应装得过满，要留有 3 ~ 5mL 的空隙，装瓶后立即封闭。应使用玻璃或橡皮瓶塞，禁止使用其他代用瓶塞。

3) 切忌暴雨后采取地下水样。

4) 采取测量硫化氢 (H_2S) 的水样时，应先加入 3 ~ 5g 醋酸溶液后再密封。

5) 采取含酚地下水样时，应加入硫酸铜稳定剂。

(2) 进行细菌分析采取地下水样的要求

1) 应向卫生部门索取无菌瓶采取水样。

2) 采取水样时，应先将瓶子放入水中再打开瓶盖，装满水盖好瓶盖后再提出水面。

3) 采取完水样后，应尽快送到化验单位，在放置和运送过程中应避免强烈震动和日晒。

(3) 进行气体分析采取地下水样的要求

1) 避免水样与空气接触。

2) 气体分析最好在现场进行，否则应尽快送至化验单位。

三、取水器

1. 虹吸取水器

为一铜制小筒，下端呈锥形有小孔，上端接一长胶管，用绳下入井内。采取水样时，先将胶管上端折曲，使管内空气排出，然后将取水器沿入水下，松开胶管，使水流入筒中，待水注满后再曲折胶管，即可提取所采取地下水样，虹吸取水器适于在浅水位中采取地下水样。

2. 定深取水器

先用钢绳将下锤放入取水深度，而后沿钢绳下放圆筒。下锤为上小、下大的微锥体，圆筒上下都有密封垫，圆筒到达下锤后即严密地套在下锤上，再沿钢绳将上塞下入，上塞到达圆筒上端后即将圆筒上口封闭。提出取水器即可取出预定深度的地下水样。

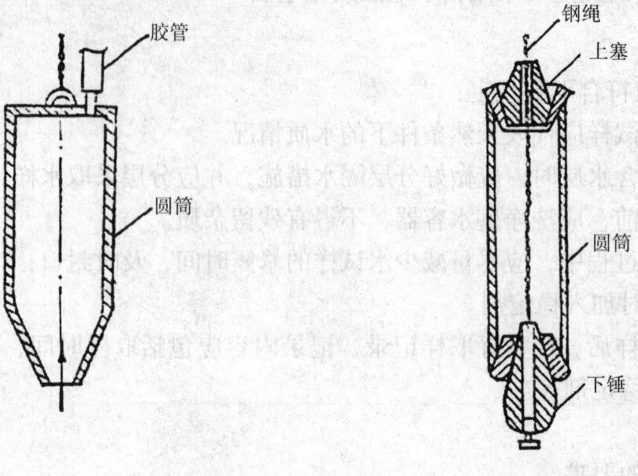

图 3.1－1　取水器类型

(a) 虹吸取水器；(b) 定深取水器

第五节　钻探质量的保证

一、钻探质量的保证

1. 钻探深度质量

为获得准确、完整的原始资料，在钻探工作中要从以下几个方面把好质量关。

(1) 钻探进尺要量测准确

量尺要有专人负责，应记清每根钻杆和钻具的长度，坚持上下钻具要量尺，其测量误差不超过 1.0cm。

(2) 确定每回次的钻进深度

每回次的钻进深度是根据地层情况及勘探目的决定的。一般每钻不超过 0.5m，在钻进过程中，如发现地层有变化时应随时提钻，取样前一定将孔内残土清除干净。

(3) 对深孔（孔深大于 40m）孔深校正的方法：要精确量测钻具总长度（最好用钢卷尺或皮尺），这是第一步。然后在量测实际孔深时，钻具除了精确一根一根量测外，其连接的丝扣要上紧到位，防止人为误差的进一步产生。当钻具总长度与钻孔内量测深度不一致时，误差大于 1‰时，必须用平差法予以校正（此点为对高级工的要求）。

(4) 不同地层应采用不同的钻探方法，淤泥及软黏土应加大钻孔口径，砂层中取样要采用取砂器，砂样取出后要及时处理并妥善保管。

(5) 钻孔移位

钻孔出现事故，并且事故处理比重新钻孔更为复杂，遇到大的块石或其他特殊情况给实施钻探带来较大困难时，将钻机移到新的开孔地点开钻新孔是合理的，但应向项目技术人员反映，经同意并做比较详细的记录之后方可移动孔位。一般来说，勘探点孔位移动范围应在 30cm 以内，并精确记录移孔的距离、方位和高差。

（6）波速孔钻探应注意的事项

利用SH－30型钻机进行波速孔钻探时，为了确保波速孔的成孔质量应注意以下事项：

在钻探过程中，如发现孔中有地下管线或地下设施时，应及时通知现场技术负责人，除确定是否调换钻孔位置外，还应注意以下4点：

1）初下套管深度不大于3.0m；

2）保持泥浆的均匀稠度，并及时补充泥浆；

3）及时跟进套管；

4）保持孔内清洁。

2. 准确测量地下水位

量测地下水位的简易工具常用的有两种，即测钟和电测水位计。

测钟：当地下水位埋深在20m之内，常用测钟量测水位。测钟用直径12～15mm、长50～100mm的钢管制成，上端封闭并系以测绳，当测钟底端与水面接触时，即发出声音，以此深度作为地下水位的埋藏深度。

电测水位计：由电极（测棒）、接地电极、电线、电流表（毫安表）或灯泡、干电池等组成。当测棒接触水面时，因水的导电而使电路闭合，电流表的指针振动（或灯泡发亮），量测孔中电线和电极长度，即为量测的地下水位埋藏深度。

在勘探过程中地下水位分初见水位和稳定水位。初见水位一般认为土层变湿后发现浮水时，即可认为是初见水位。稳定水位一般认为砂层钻后0.5h即可测量，黏性土一般钻后不少于8h后方可测量，对于砂层每隔5～10min可测量水位1次，连续两次测量结果水位深度相差不大于2cm时即可作为稳定水位。

二、检验、封存与验收

1. 钻孔取土器提出地面之后，应小心地将土试样连同容器（衬管）卸下，并应符合下列规定：

（1）对于以螺钉连接的薄壁管，卸下螺钉后可立即取下取样管；

（2）对丝扣连接的取样管、回转型取土器，应采用链钳、自由钳或专用扳手卸开，不得使用管钳等易于使土样受挤压或使取样管受损的工具；

（3）采用外管非半合管的带衬管取土器时，应将衬管与土样从外管推出，并应事先将土样削至略低于衬管边缘，推土时，土试样不得受压；

（4）对各种活塞取土器，卸下取样管之前应打开活塞气孔，消除真空。

2. 对钻孔中采取的Ⅰ级原状土试样，应在现场测定取样回收率。使用活塞取土器取样回收率大于1.00或小于0.95时，应检查尺寸量测是否有误，土试样是否受压，并应根据实际情况决定是否废弃土试样或降低级别使用。

3. 采取的土试样密封，密封可选用下列方法：

（1）方法一：在钻孔取土器中取出土样时，先将上下两端各去掉约20mm，再加上一块与土样截面面积相当的不透水圆片，然后浇灌蜡液，至与容器端齐平，待蜡液凝固后扣上胶皮或塑料保护帽；

（2）方法二：取出土样用配合适当的盒盖将两端盖严后，将所有接缝采用纱布条蜡封封口；

（3）方法三：采用方法一密封后，再用方法二密封。

4. 对软质岩石试样，应采用纱布条蜡封或黏胶带立即密封。

5. 每个岩土试样密封后均应填贴标签，标签上下应与土试样上下一致，并应牢固地粘帖在容器外壁上。土试样标签应记载下列内容：

（1）工程名称或编号；

（2）孔（井、槽、洞）号、岩土样编号、取样深度、岩土试样名称、颜色和状态；

（3）取样日期；

（4）取样人姓名；

（5）取土器型号、取样方法，回收率等。

6. 试样标签记载应与现场钻探记录相符。取样的取土器型号、取样方法，回收率等应在现场记录中详细记载。

7. 采取的岩土试样密封后应置于温度及湿度不变的环境中，不得暴晒或受冻。土试样应直立放置，严禁倒放或平放。

8. 运输岩土试样时，应采用专用土样箱包装，试样之间应用柔软缓冲材料填实。

9. 对易于振动液化、水分离析的砂土试样，宜在现场或就近进行试验，并可采用冰冻法保存和运输。

10. 岩土试样采取之后至开土试验之间的贮存时间，不宜超过两周。

第六节　原位测试

一、标准贯入试验要点及操作步骤

1. 先用钻具钻至试验土层标高以上约 15cm 处，以避免下层土受到扰动。

2. 贯入前，应检查触探杆的接头，不得松脱。当遇涌砂时，按工程勘察钻探技术安全操作规程进行试验操作。

3. 贯入时，穿心锤落距为 76cm，使其自由落下，将贯入器垂直贯入土层中 15cm。以后每贯入土层 30cm 的锤击数，即为标准贯入试验实测锤击数。有时根据地层及工程的需要记录每 10cm 的锤击数，取 3 次锤击数之和为标准贯入试验的锤击数。

4. 拔出贯入器，取出贯入器中的土样进行鉴别描述。必要时可留出扰动土样进行室内试验。

5. 若需进行下一深度的贯入试验时，即重复上述操作步骤进行试验。对于控制性勘探孔一般可每隔 1.0m 进行 1 次标准贯入试验。

6. 对于密实土层，当贯入击数达 50 锤而贯入深度达不到 30cm 时试验可终止，这时需按下式换算成贯入 30cm 时标准贯入试验的锤击数，可按下式计算：

$$N_{63.5}=\frac{30\times n}{\Delta S} \tag{3.1-1}$$

式中　ΔS——对应锤击数 n 击的贯入量（cm）；

n——所选取的任意贯入量（小于 30cm）的锤击数（$n=50$ 击）。

二、钻孔涌砂时标准贯入试验的操作方法

在饱和砂土和粉土中进行钻进过程，经常会出现涌砂问题。这是因为砂土和粉土的特

点是土颗粒无黏性或是低黏性，结构呈松散状态。当土处于饱和状态时，在重复提钻和下钻钻进过程中，钻头上下反复冲击和对孔壁反复摩擦，土层中孔隙水压力骤然上升，致使土颗粒之间有效应力大大降低，在排水条件不畅的情况下，导致砂土和粉土处于悬浮状态，因此在提钻后，产生涌砂现象。在饱和松散的砂土或粉土中钻进，很容易产生涌砂，即便在饱和的密实的砂土或粉土中钻进，如不采取措施，也会使原来密实的土层受到扰动、松弛，甚至产生涌砂。也就是说，在钻进过程中，地下水向钻孔中渗透，由渗流的动水力冲带砂颗粒形成涌砂。或者说，钻探时，提钻速度过快，钻孔底形成负压，受抽吸作用的影响，将饱和砂粒吸出，从而形成涌砂。

对于产生涌砂的砂土或粉土，一般不能做标准贯入试验，这是因为产生涌砂后的砂土或粉土天然结构遭受破坏，原先松散砂层变得更松散，原来密实的砂层结构变松散，即便做了标准贯入试验，标准贯入试验锤击数也会大大降低，数据不准，不能客观反映砂土和粉土的密实程度，不能作为评价砂土和粉土密实程度的依据。众所周知，标准贯入试验是在现场钻进过程中最常用的原位测试方法。根据标准贯入试验锤击数可以确定砂土和粉土的密实程度，判定砂土液化的可能性，也可以根据标准贯入试验锤击数估算和确定地基承载力。

如在涌砂的钻孔中做标准贯入试验，就不能取得准确的现场第一性原位测试数据。由于记录不到准确的标准贯入试验锤击数，就不能正确客观地反映砂土和粉土的密实指标；不能准确地确定地基承载力；不能正确地判定是否是可液化地基；不能判定可液化地基的液化深度、液化土层厚度、液化土层分布范围及液化等级和不能准确提出抗液化地基处理措施等，危害是显而易见的。因此在进行标准贯入试验时，一定要采取措施，避免在钻孔中出现涌砂现象，采取措施主要有：

1. 对于在地下水位以下的砂土和粉土中钻进时应采用泥浆护壁（或将红黏土填入钻孔中）。如使用套管护壁，应始终保持孔内水位等于或高于地下水位。进行标准贯入试验深度一定要低于套管底部一定距离。

2. 进行标准贯入试验前，最好使用取砂器钻进，绝不能使用管钻淘砂钻进。提钻要轻，避免搅动孔壁。进行标准贯入试验前一定不要紧跟套管。

3. 当采用套管护壁时，要下黏土粉，并使黏土粉浆液保持足够的稠度，使泥浆液能够封住套管以下的孔壁和压住孔底，防止涌砂。

4. 钻探时提钻速度要慢，防止对孔底饱和砂粒过大的抽吸作用。

5. 进行标准贯入试验前，钻孔深度和触探杆的尺寸量测要精确。

6. 除以上几点注意事项之外，在地下水位以下进行标准贯入试验时，一定要预打15cm，这一点最重要。

当前在做标准贯入试验中，如何防止涌砂存在两个主要问题。一方面，在钻进过程中观察不准地下水位，往往在地下水位附近，做标准贯入试验时漏预打，致使标准贯入试验锤击值偏低；另一方面，做标准贯入试验时，黏土粉投入量太少，黏土粉液太稀，稠度不够，起不到将孔壁和孔底砂土孔隙堵塞的作用而产生涌砂，影响到标准贯入试验锤击数据的准确。

为了解决上述存在的问题，保障标准贯入试验的工作质量，必须强调，在饱和砂土和粉土中进行钻进和进行标准贯入试验时，一是必须在钻孔中投入足够数量的黏土粉，防止涌砂；二是必须进行预打。凡是地下水位较浅，地下水位附近和地下水位不明地段（地区），对是否饱和没有把握进行正确判断地下水位时，在进行标准贯入试验时，按规范要求进行预打。

三、圆锥动力触探试验要点及操作步骤

1．轻型动力触探试验

（1）先用轻便钻具——北京铲，钻至试验土层标高以上0.3m处，然后对所需试验土层连续进行触探试验。

（2）试验时穿心锤落距为0.50m，使其自由下落。记录每贯入土层中0.30m时的轻型动力触探试验锤击数。

（3）若需描述土层时，可将触探杆拔出，换钻头再钻进取样描述。

（4）如遇密实坚硬土层，当贯入0.30m所记录的锤击数超过90击或贯入0.15m超过45击时，即可停止试验。如需对下卧土层进行试验时，可用钻具穿透坚实土层后再进行贯入试验。

（5）本试验一般用于贯入深度4.00m以内的土层。需要加深时也可在贯入4.00m后，用钻具将钻孔掏清至4.00m，只能再继续贯入2.00m。

2．重型及超重型动力触探试验

（1）贯入前触探架应安装平稳，保持触探孔垂直。触探杆偏斜度小于2%。

（2）贯入时应采用自动落锤装置，穿心锤自由落下，锤击贯入应连续进行，防止锤击偏心，触探杆倾斜及侧向晃动，锤击速率每分钟宜为15～30击，计算每贯入10cm的实测锤击数。

四、静力触探试验要点及操作步骤

1．安装贯入设备时，应将支架调至水平，保持触探杆垂直贯入。

2．贯入前，将仪器预调平衡，达到检流计指针恒指零点为准。检查电源、电压是否符合要求，使用自动记录仪时，应正确选择工作电压。

3．先将探头压入地表下0.5m左右，然后提升5cm，使探头在非受压状态的温度与地温平衡，以后每次接杆压入土中后均应提升5cm，使探头温度与地温重新平衡。

4．测试时，应控制匀速连续贯入，速率宜采用（1.2±0.3）m/min。

5．量测读数，一般要求每10cm读一次，亦可根据具体情况予以增减（自动记录除外）。

6．工作现场应尽量避开高压输电线路、大功率电动机及变压器等，以防止强磁场对仪器的影响。如必须在上述场地或雨天工作时，宜将仪器外壳接地，以保持正常工作。

7．触探头必须事先率定，符合下列标准才可使用：

（1）应力与应变呈直线关系，并通过坐标原点［或归零误差不应超过±（0.5%～1.0%），现场不超过3.0%］；

（2）分级加荷、卸荷，应反复进行3次以上，且加荷应接近空心柱设计的最大荷载；

（3）每次率定时，要注意转换顶柱方位。

8．探头必须密封，严防进水受潮。

9．防止探头在阳光下暴晒，保持探头内部的顶柱能自由活动，并安装正确。

10. 在高温和严寒季节，应加强对仪器的防护。

11. 深度记录误差不应超过±1.0%。

12. 当贯入深度超过50m，触深孔有明显偏斜时，应量测触探孔偏斜度，校正土层的分界线。

五、平板载荷试验

平板载荷试验（PLT）是一种模拟实体基础受荷的原位测试，用以测定地基土变形模量（静刚度）、地基承载力、估算建筑物沉降等。在工程实践中，人们常认为这种方法是较为可靠的方法，据以验证其他有争议的结果。

1. 设备规格和适用范围

（1）承压板：承压板是直接压在要求试验的土层之上，承受外加荷载的试压板块。

一般采用圆形板或方形板，如铁质承压板，压板面积为2500～5000cm²。对均质密实的土（如老黏性土、砂土），可采用1000cm²；对软土、新近沉积黏性土和人工填土，或为测定黄土的湿陷起始压力时，则不应小于5000cm²。

国外对承压板最小宽度的限制，有的规定不小于50cm（如德国）；有的规定不小于70.7cm（如波兰）；有的规定不小于30cm（如日本）。压板无论宽窄，但在土层中载荷试验压板都必须是刚性的。

当工程需要时，也可采用现浇或预制钢筋混凝土压板。北京地区曾做过若干不同面积的承压板载荷试验，承压板面积曾达10000～40000cm²，取得不同地基土层和与实体基础相近的试验资料，为地基土的工程评价取得宝贵的依据。

（2）加荷设备

一种是用铁质或木质制成的载荷台，并有相应的支架，在载荷台上加重物（铁块），分级加荷。另一种采用千斤顶加荷，但反力有两种方式：一般用铁块和钢梁支架作反力，也有用土锚（或锚桩）和桁架作反力装置。

当基坑侧壁土层较好或密实时，也有采用斜撑坑壁作支力的载荷装置，但当地表土质为人工填土或新近沉积土层时，不宜采用。

（3）观测设备

加荷观测设备可用压力环或测力柱，也可在千斤顶上安装压力表来测读每级加荷读数。

观测压板下沉的多用百分表，当需要时也可用水平观测仪观测每组荷载下压板下沉量。通过加荷与观测可以得到各级荷载下压板沉降量，绘制出p—s曲线。

（4）设备应用范围

上述载荷试验设备一般用于试坑深度不大于4m。当试坑试压土层面在地下水位以下时要采取降水措施（用明沟集水井排水或井点排水），将地下水位降至承压面以下，承压面上铺5cm厚中粗砂垫层，放置压板及试验装置，等地下水位恢复后再做试验。

若采用千斤顶加压或在混凝土块上直接加荷时，试坑承压面要在地下水位以上，因为在水位下无法操作试验。

2. 设备安置和要求

（1）试坑的大小与承压板的尺寸有关，当承压板为2500cm²，试坑面积为200cm×250cm；当承压板面积为5000cm²，试坑面积为200cm×310cm为宜。试坑的深度与试压土层的深度有关，挖试坑时先挖至受压土层面上 30cm 处，在坑底中心处再挖超荷重坑，超荷重坑其平面尺寸略大于承压板宽度 2～3cm，超荷重坑深度为 30cm。

（2）试坑开挖后要检验超荷重坑底土质与要求试验土质是否相符。并可在试坑角取原状土 20cm×20cm×20cm 做室内试验，了解试压土层的物理力学指标。试坑挖好后随即进行坑壁支护，支护木板厚度要大于 5cm，支撑用 10cm×10cm 方木为宜或用钢模支护，以防坑壁被堆载压坍。

（3）承压板的安置，当超荷重坑挖好，坑底土质与要求试验土质相符，随即平正承压面将扰动土清除，用刮刀轻轻将承压面刮平，使承压面原状土层不受扰动。用水平尺找平，为使承压面与承压板密合，可在未扰动整平后的承压面上铺 1～2cm 的薄层细砂（以免水分蒸发）。完成上述工作后随即将承压板安置放好。

（4）安置千斤顶、钢梁和铁块，安置千斤顶时要对准承压板中心，轻轻放下，不准冲击承压土面。在千斤顶中心上放置压力环或传感器，放置前要检查传感器是否完好灵敏。吊装钢梁中轴线对准千斤顶中轴线，使钢梁重心与千斤顶中心吻合。钢梁下要铺垫木板，放置平稳，并使钢梁下皮与传感器之间留有合适的空间以利于试验加荷。铁块码在钢梁上要稳定可靠，布载均匀，加铁质量要大于准备试压最大荷载 10%～15%。

（5）百分表（或电测位移计）安装在标桩的拉杆之上，标桩要安置在不承受荷载的坑壁下，以免重物作用使土层下沉而影响标桩。标桩距承压板的最小距离是：当承压板为 $2500cm^2$ 时，距离为 1.0m，当承压板为 $5000cm^2$ 时，距离为 1.2m，以免加荷时承压板影响标桩。

标桩、拉杆及百分表架一律要安装牢固以免松动。百分表安置时要保持前、后、左、右 4 个方向垂直，试验前将表针调指到 0 处。百分表一般用两块，承压板对边两侧一边一块，当承压板为 $10000cm^2$（方形）时，可一角装置一块百分表。

（6）安装好各种设备后，要解决防雨淋、防日晒、防冷冻等问题，以免影响试验结果或导致试验失败。

3. 试验观测和记录

（1）加荷后依次间隔时间 5min、10min、15min、30min、60min，各读数记录 1 次，以后每隔 1 小时读数记录 1 次。当间隔时间内沉降量大于 1mm 时，应缩短读数间隔时间，直到满足假定稳定条件，方可加下一级荷载。这样依次分级加荷，直至受压土质破坏为止。

（2）载荷试验的假定稳定条件

用百分表观测时，2h 不大于 0.1mm，每级荷载持续时间不少于 4h，并不得少于前一级加荷的观测时间。

用水平仪观测时，对低压缩性土为 12h 下沉不大于 0.5mm，对于高压缩性土为 24h 下沉不大于 1mm。

（3）试验过程中出现下列现象之一时，即认为受压土层已达到极限荷载，即可终止试验。

1）承压板下的土有明显侧向挤出或其周围的土发生显著的裂纹；

2）荷载未增加或增加很小，但沉降量却急剧增加；

3）在 24h 内，沉降量近于等量增加，并达不到稳定标准。

（4）浸水试验；如要求在某级荷载的下沉稳定后做浸水试验，往坑内灌水时应注意不得直接冲刷受压土面，并使试坑内的水面保持高出超荷重坑 2～3cm，浸水阶段观测时间不应小于 8h。

（5）卸荷回弹；当加荷终止后，卸荷应分级进行，一般不少于 4 级，回弹稳定条件一般为 1h 不大于 0.1mm。每级观测时间不小于 1h。

六、单桩竖向静载荷试验

单桩竖向静载荷试验目的是：确定或检验单桩下沉量及单桩承载力；当施工中出现反常现象需要用载荷试验进一步验证桩的承载力；为了研究工作或提高单桩承载力设计值。

试桩近旁应有完整的地层资料和测试数据，并应有详细的试桩施工记录和说明，以满足试桩分析的需要。

1. 试验设备和安装

（1）单桩静载荷试验设备

加荷设备：目前常用的是钢梁、千斤顶和压铁；另一种是钢梁或钢桁架、千斤顶及锚桩。

测力设备：压力表、压力环或压力柱、传感器。

观测设备：标桩、表架、百分表（量程 1～3cm）。当不用百分表时也可用精密水平仪。

其他设备：试坑支撑防护器材、照明及冬季取暖等设备。

（2）试验设备的安装

以钢梁、千斤顶和压铁等设备为例：

1）挖试坑及支撑：坑大小为 180cm×220cm，坑深在桩顶下 60cm 为宜。支撑要牢固，以防坍坑。在桩顶至钢梁下皮之间预留高度要适宜。

2）桩顶处理：因打桩或灌注桩桩顶不平时要用高强度等级水泥砂浆找平。当桩顶强度不够时要增加钢筋网或钢箍予以加强。

3）安放千斤顶及钢梁铁块：千斤顶中心要与桩顶中心对准，钢梁重心要与千斤顶中心重合。压铁质量要比预压载荷多 10%～15%。千斤顶和钢梁下皮之间的高度要能放下压力环等测力设备，并要使千斤顶能正常加载。

4）安装压力环和百分表：压力环中心要与千斤顶吻合，压力环与钢梁下皮间要有承压钢垫板使其密切接触，不能偏斜，以防试验中滑出伤人，保证试验正常进行。安设百分表的标桩距试桩要有 80cm 以上的距离，标桩牢固的安置在无压铁的坑壁一侧，表架不得晃动，百分表要垂直。试验前压力环要标定。

5）预制桩在沉桩后到载荷试验的间隙时间不应少于 7d，在砂土中不应少于 4d。对灌注桩应满足桩身混凝土养护所需的时间。

2. 试验方法

（1）试桩加载卸载按下列要求进行：

加载分级：宜按试桩预计最大试验载荷的 1/8～1/12 为加载级差，逐级加载。

卸载分级：一般取卸载量为加载量的 2 倍进行逐级等量卸载。

需要时，试桩的加载、卸载亦可采取多循环方式。

（2）稳定标准：在每一级载荷作用下，桩的沉降量在每小时内不大于 0.1mm。

（3）测读桩沉降量的间隔时间：每级加载后第 1h 内按 5min、10min、15min、30min、60min 测读试桩沉降量，以后每隔 60min 测读 1 次。当连续 2 次达到稳定标准及每级载荷时间不少于3h，且下一级荷载持续时间应不少于上一级载荷持续时间，方可加下一级载荷。卸荷时按15min、30min、60min 测读3次。卸载至零时，应测读稳定的残余沉降量，一般为2h左右。

（4）终止加载条件：当出现下列情况之一时，即可终止加载。

当载荷沉降曲线上有可判定极限承载力的陡降段，且桩顶总沉降量超过40mm。24h达不到上述稳定标准即可终止试验。

第七节　特殊场地勘探

一、特殊场地

1. 水域钻探

（1）水域钻探开工前，应收集相关水域的水文、气象、航运等资料，并应做好钻探计划和安全措施。

（2）水域钻探应在水上固定式钻探平台或钻探船、筏等浮式平台上进行。钻探平台类型应根据钻探水域的水文、气象、地质条件和勘探技术要求等确定。

（3）钻探点定位测量的仪器与方法，可根据场地离岸的距离进行选择。钻探点应按设计点位施放，开孔后应实测点位坐标和高程，并应与最新测绘的水域地形图及水文、潮汐等资料进行核对。

（4）钻探点的点位高程应由多次同步测量的水深与水位确定，并可用处于稳定状态套管的长度作校核。在水深流急区域，不宜使用水砣绳测水深法确定点位标高。

（5）水深测量应在孔位附近进行，水深测量和水位观测应用时进行。在潮汐影响水域采用勘探船、筏等浮式平台作业时，应按勘探任务书要求定时进行水位观测，并应校正水面标高。在地层变层时，应及时记录同步测量的水尺读数和水深水位观测数据，并应准确计算变层和钻探深度。

（6）对于水域钻孔的护孔套管，除应满足陆域钻进行的要求外，插入土层的套管长度应进入密实地层，并应保持稳定，确保冲洗液不跑漏。

（7）在涨落潮水域采用浮动平台钻探时，可安装与浮动平台连接的导向管，并应配备0.3~1.0m短套管。

2. 冰上钻探

（1）冰上钻探前，应收集该区域的结冰期、冰层厚度及气象变化规律等资料。钻探施工过程中，应设专人定时对气象和冰层厚度变化进行观测。

（2）冰上钻探宜在封冰期进行，且冰层厚度不得小于0.4m。春融期间，冰层实际厚度应大于0.6m，且冰水之间不应有空隙；冰层厚度应满足钻探设备及人员的自重要求。

（3）冰上钻探前，应规划、设定冰上人员行走和机具设备、材料搬运路线，并应避开冰眼和薄弱冰带。

（4）钻场20m范围内，不得随意开凿冰洞。抽水、回水冰洞应在钻场20m以外。

（5）冲洗液中应加入适量的防冻液。冲洗液池与基台间的距离宜大于3.0m。

（6）冰上钻探时，应做好人员及土样防冻工作，钻场内炉具底部及附近应铺垫砂土等隔热层。

（7）在受海潮影响的河流、湖泊进行冰上钻探时，基台应高于冰面0.3m以上，并应根据冰面变化随时进行调整。

二、复杂地层与不良地质条件下地钻进

1．砂层钻进

（1）砂层的特点是结构较松散，钻孔孔壁不稳定，经常发生坍涌等现象。

（2）砂层钻进应注意事项：

1）配备双套或多套钻具，钻进中快速通过，尽量减少各道环节停待时间。

2）使用泥浆护壁时，应根据砂层的透水性、流动性、颗粒大小、厚度及埋深等情况，选用不同性能的优质泥浆，一般泥浆黏度控制在22～28s，失水量10～15mL/30min以下，相对密度1.15～1.2，提钻时应随时向孔内回灌泥浆。

3）采用跟套管钻进时，套管直径应比粗径钻具直径大1～2级；钻具下至孔底后，应采用边回转、边送水、边提动钻具、边跟套管的操作方法，套管外环间隙，必须进行封堵，以防砂子堵塞套管。

4）采用冲击法跟套管钻进时，钻具长度一般为2.5～3.5m，冲程为0.2～0.4m，回次进尺一般为0.5m为宜；粗径钻具钻进深度不宜超过套管靴以下0.5m。

5）砂层取芯钻进时，一般应采用双层岩芯管外肋骨钻头钻进，双层岩芯管内外管径应相差1～2级，双层岩芯管长度为2～3m，内管比外管长出40～60mm为宜。

6）砂层钻进技术参数要掌握适宜，一般应采用“快钻、勤提”，泥浆或投黏土球护孔等技术措施；要适当控制回次进尺速度和钻具提升速度。

2．砂卵石、漂石地层钻进注意事项：

（1）一般采用钢粒钻进或钢粒与硬质合金混合钻进方法；粒径较大时，根据实际条件，可采用冲击、爆破、反循环、潜孔锤等钻进方法。

（2）为保证取芯要求，宜采用钢丝绳钻头、冲抓钻头、双管、孔底喷反钻具等方法取芯。

（3）钻进参数一般采用中压力、低转速、中泵量、投砂量适当增多以及少提动钻具的操作方法。

（4）为保证安全钻进，应采用优质泥浆护壁，一般泥浆黏度22～30s，失水量10～15mL/30min以下。

3．破碎带地层钻进

（1）在松软、脆碎、胶结性差、怕冲刷、易溶蚀岩层钻进注意事项：

1）应采用双层岩芯管钻进，钻头出刃要大一些，一般为1.5～2.0mm，钻压、转速、冲洗液量要适当减少，回次进尺以0.5m为宜；钻进时不得上下提动钻具。

2）采用无泵钻进，孔底要保持清洁，操作时要经常提动钻具，软地层提动高度为80～100mm；硬地层提动高度为50～80mm；钻压不宜过大，软地层为1.5～2kN，硬地层为2～4kN；转速一般为100～150r/min。

3）使用泥浆黏度不宜过高，控制在18～20s，失水量控制在10～15mL/30min以下。

（2）硬、脆、碎岩层钻进注意事项：

1）应采用双层岩芯管或喷射式孔底反循环钻具钻进。

2）采用双层岩芯管钻进，岩芯管长约2m，钻头水口要小，钻压一般为6～8kN，转速为140～180r/min，冲洗液量适宜，不宜提动钻具，回次进尺以0.5～1.0m为宜。

3）采用喷射式孔底反循环钻进时，回次终了应停钻冲孔，孔底清洁后停泵，等待3～5min 岩屑自行沉淀卡取岩芯，孔底沉淀粉不得超过 0.3m，回次进尺一般为 0.5～0.8m，提升钻具时应小心轻放。

采用喷射式孔底反循环钻具钢粒钻进时，钻压为 3～3.5MPa，转速为 120～180r/min，泵量为 40～80L/min，一次投砂量为 0.5～2kg。

采用喷射式孔底反循环钻具硬质合金钻进时，钻压为 700～800N/粒，转速为 100～150r/min，泵量为 60～100L/min。

4）采用喷射式孔底反循环钻具钻进时，水泵运转必须保持良好，中途不得停泵，否则易造成岩粉沉淀自卡岩芯或堵塞循环通路。

5）使用泥浆钻进时，泥浆黏度不宜过高，一般应控制在 10～20s 为宜；失水量控制在 10～15mL/30min 以下。

4．膨胀性地层钻进注意事项：

（1）膨胀性地层，应采取失水量小、造壁性能好的优质泥浆钻进。

（2）为减轻钻进阻力，应采用肋骨硬质合金钻头钻进，并注意回次扫孔。

（3）为保证取芯质量，应选用单动双层岩芯管钻进。

5．岩溶地层钻进注意事项：

（1）在岩溶较为发育地区钻探时，应根据钻孔施工设计书（勘察纲要）提供的资料，钻进过程应用升降机的提引器吊住机上钻杆随钻随下，低转速钻进，操作人员不要擅离操作岗位，随时注意岩溶地层的预兆（如钻具放空）。钻具应带取粉管，取粉管上部应割成马蹄形状。

（2）当钻穿溶洞顶板时，应立即停钻，用钻具试探溶洞底板深度，粗径钻具长度不够时应加长岩芯管试探，取粉管不宜进入溶洞里面，试探中应详细记录溶洞顶底板深度，有无充填物及其他性质物质。

（3）溶洞如有充填物，应采用双层岩芯管或无泵钻进捞取充填物。

（4）为防止钻孔偏斜或其他事故，当钻穿溶洞后，应根据溶洞深度情况，采用下入适当直径的导向管或用加长的粗径钻具钻进，轻压慢转至溶洞底板以下 2～3m，取出完整岩芯后，下入套管隔离溶洞。导向管或加长岩芯管的长度应比溶洞的高度大 2～3 倍。如再次遇有溶洞，可采用起管扩孔再下套管的办法，不宜轻易采用换小一级的套管做法。当溶洞深度小于 3m 时可加长粗径钻具。

（5）为防止钻穿溶洞顶板时岩芯脱落，应采用卡簧或抓簧取芯钻具卡取岩芯。

（6）为防止事故，倒杆时应用升降机的提引器吊住钻具，减慢提下钻速度，并注意钻具遇阻情况。

（7）岩溶地层宜采用液压钻机钻进，钻进参数要适宜，宜轻压慢转的参数钻进。

6．滑坡地段钻探

（1）滑坡地段钻探技术要求

1）钻探应采用干钻、无泵反循环或单动双管方法进行。

2）当钻至接近预计滑动面（带）以上 5m 或滑动面（带）迹象（软弱面、地下水）时，必须采用干钻或空气钻进；并宜增大钻压、降低转速，提高岩芯采取率；回次进尺不得大于 0.5m，并及时检查岩芯，确定滑面位置。

3）钻探发现地下水时应分层止水并测定初见水位、稳定水位、含水层厚度。进行地下水流速、流向、流量测试和渗透试验等。

（2）滑坡地段钻探注意事项：

1）滑坡地段钻进，应采用干钻、单动双层岩芯管或无泵钻进。回次进尺不得超过0.5m，钻压要小，转速要低。

2）为查明滑动面进行钻探，遇有严重漏水时，宜选用空气钻进法。

3）钻进中应随时检查钻孔是否有偏斜、错开、钻具偏磨、提下钻遇阻等现象，若发现有异常现象，应立即提钻检查。

4）钻进中应及时取样鉴定，并做好水文地质观测和记录。

5）在滑坡体上进行钻探施工，应先从坡顶布孔打钻，要设专人负责监视滑动位移情况，雨季更要注意观察，发现异常应及时采取安全措施，以确保人身和设备安全。

6）根据地层情况、滑动体稳定程度、滑动面位置及坡底岩性等情况，确定下套管方法及深度。

第八节　水文地质钻探及抽水试验

在（供水）水文地质勘察中，为取得所需的水文地质资料，必须在完成成井工艺后，按照现行国家标准《供水水文地质勘察规范》GB 50027 的有关规定进行抽水试验工作。在工程实际中经常采用探采结合的方式施工供水井，以节省费用。

一、成井工艺

成井工艺的质量影响水文地质参数的准确性，对（供水）水文地质勘察至关重要。

成井工艺是指在（供水）水文地质钻孔裸眼钻成后换稀泥浆、下管、填砾、封闭、洗井等一系列工序。这些工序是互相衔接的过程，每一道工序，都直接影响水文地质资料的准确性和可靠性。因此要严格按照有关规定完成成井工艺过程。

1. 清壁、换浆、试孔

为了方便洗井并把井管及砾石顺利地下入到预定深度，在下管和填砾前应做好清洗孔壁、换稀泥浆、探测孔径与孔深等项工作。

（1）清除孔壁泥浆

采用泥浆护壁钻进时，特别是钻进破碎易塌地层或处理孔内事故，常在孔壁形成较厚的泥皮，因此须将其清除。当用回转钻机钻进时，如是松散层（除高压自流水层外），可用比原钻头大 10～20mm 的疏孔钻头扫孔。如是坚硬地层，可用特制钢丝刷刷井壁。当用冲击钻机钻进时，如泥皮太厚，可加大钻头直径进行扩孔。

（2）换稀泥浆

在清壁后，除高压易塌含水层外，应及时向孔内送入稀泥浆，以替换稠泥浆。冲击钻机可用抽筒将稠泥浆掏出，注入清水。回转钻机，应向孔内送入黏度低、含砂量少、胶体率高的优质泥浆，替换孔内稠泥浆。换浆过程中，应使泥浆逐渐变稀，以防止泥浆性能突变，导致粗颗粒沉淀或孔壁坍塌。同时，应经常活动钻具，以防止泥浆在孔内上返时，产生“串流”现象，影响换浆效果。当泥浆黏度 16～18s，相对密度 1.05～1.1g/cm^3，出孔泥浆与入孔泥浆性能接近一致，孔口捞取泥浆样达到无粉砂沉淀时，换稀泥浆工序即达到要求。

（3）试孔

下管前必须用探孔器（疏孔器）检查钻孔深度、直径和孔壁是否平滑，以保证下管工作的顺利进行。回转钻机探孔器是由钻杆和导正器组成，即在钻杆上焊几个导正器，其直径应比钻孔直径小20～30mm，两个导正器之间的距离为2m，全部长度不小于8m（探孔器有效部分长度也可取井孔直径的20～30倍）。冲击钻机可用抽筒或掏泥筒加焊导正器即可。当发现孔底沉淀过多，要用掏泥筒掏净或泥浆泵排除，以保证井管下到预定深度。

下井管前应校正孔径、孔深和测斜。井孔直径不小于设计孔径20mm，孔斜不超过设计要求，孔深偏差不得超过设计孔深的±2‰。

2. 井壁管及过滤器

井管根据其作用的不同，分为井壁管、过滤器和沉淀管。井壁管用于井口及非含水层部位；过滤器（滤水管、花管）由装在管井中对应的含水层部位，带有滤水孔起滤水挡砂作用的管子；沉淀管用于过滤器底部（一般长度2～10m）。

管井的管材，根据水的用途、地下水水质、井深、管材强度、无污染和经济合理等因素综合确定。水文地质抽水试验钻孔的管材一般用钢管。

（1）井壁管和沉淀管

1）井壁管的种类、特点与适用范围，详见表3.1－22。

常用井壁管的种类、特点与适用范围　　表3.1－22

种类	特点	适用范围	连接方式
钢管	抗拉、抗压、抗侧压强度高，下管工艺简单，发生孔内井管事故易处理，但成本高，防腐蚀性能差	用于深孔。 地下水中含有氯离子1000mg/L、硫化氢、碳酸盐类物质时不宜使用钢管。 在硬度小的软水和含有二氧化碳的水中对管材有一定腐蚀性	丝扣连接；公母扣；接箍；焊接
铸铁管	抗压、抗侧压强度高，成本比钢管低，防腐蚀性能比钢管好。抗拉强度较小，重量大，加工困难，下管不方便，管壁欠光滑	多用于中浅钻孔，小于250m。 在含有氯离子和碳酸盐类的地下水中抗腐蚀性能比钢管好	承插连接；焊接
水泥管	原材料充足，就地取材，成本低，制造简便。但制造质量不稳定，性脆、怕冲击，重量大，不好连接，下管工艺复杂，接头处密封性能差，不易止水，孔隙率小	只用于浅孔，水泥管小于100m，钢筋混凝土管150～200m。 含有一定量的二氧化碳的地下水中，或超过250～400mg/L的硫酸根以及硬度大的水中不宜使用	对口连接；承插连接；焊接
石棉管	介于水泥管与塑料管之间；孔隙率较小	适用含有硫化氢的浅孔，小于100m	钢箍连接
塑料管	重量轻、运输方便、耐腐蚀，下管工艺简单，可减轻劳动强度，成本低。耐光老化性能差，热安定性差，80℃开始软化	用于中浅孔，小于200m。适用于各种水质	粘接；扣合连接；焊接；承插连接；卡箍
玻璃钢井管	具备塑料管各种优点，其强度高于塑料管，但成本较高	用于中深孔或深孔。适用于各种水质	粘接；抱瓦

井壁管口径要求。安泵段井管内径，应根据设计出水量及测量动水位仪器的需要确定，并宜比选用的抽水设备标定的最小井管内径大50mm。

2）沉淀管

沉淀管（孔）长度，根据井深和含水层岩性确定。松散地层中的管井，浅井为2～4m，深井为4～8m。降水管井不宜小于3m。基岩中的管井，一般为2～4m。

（2）过滤器

1）过滤器的作用和要求

过滤器既起透水作用，又能防止井壁坍塌。阻挡含水层颗粒或滤料进入管内的作用，为此，对过滤器有下列要求：

① 具有较大的孔隙率，以获得最大出水量。

② 具有足够的机械强度，以便能承受管柱的重量压力、地层和滤料的侧向挤压力。

③ 具有较高的抗腐蚀能力，以延长使用年限。

④ 加工方便，易于安装，成本低。

2）过滤器的类型

过滤器的类型很多，按过滤器孔隙形式不同，可分为圆孔过滤器，缝隙过滤器，桥式过滤器和非填砾过滤器；按过滤器的结构形式不同，可分为钢筋骨架过滤器，填砾过滤器，缠丝过滤器，包网过滤器（只适用于水文地质抽水试验孔和降水管井），笼状过滤器、贴砾过滤器；按过滤器的材料不同，可分为钢、铝合金、水泥砾石或矿渣混凝土过滤器、塑料过滤器。桥式过滤器其滤水管由钢板冲压焊接而成。壁外呈桥状，立缝为进水孔，一般不包滤网；立缝宽度略等于或小于滤料粒径的下限。桥式过滤器一般多用于工业和生活供水、粗颗粒含水层的管井。其特点有：有较大的径向抗压强度；不包滤网、不缠丝，直接填砾，施工方便；减少电化学腐蚀，增长寿命；成本较其他金属井管低。过滤器制作材料，应根据水质、受力条件和经济合理等因素确定。

3）管井过滤器的选用

过滤器的类型和含水层特性有关，不同含水层所选用过滤器，可根据表3.1－23选用。表中填砾过滤器的骨架，可采用穿孔管、穿孔缠丝管或钢筋骨架缠丝管。

过滤器的类型及其选用 **表3.1－23**

<table>
<tr><th colspan="2">含水层特质</th><th>过滤器类型</th><th>适用管材</th></tr>
<tr><td rowspan="4">基岩</td><td>岩层稳定</td><td>（不安装过滤器）</td><td rowspan="4">钢管、铸铁管、钢筋混凝土管、塑料管、混凝土管、无砂混凝土管</td></tr>
<tr><td>岩层不稳定</td><td>骨架（或缠丝）过滤器、桥式过滤器</td></tr>
<tr><td>裂隙、溶洞有充填</td><td>缠丝过滤器、填砾过滤器、桥式过滤器</td></tr>
<tr><td>裂隙、溶洞无充填</td><td>骨架（或缠丝）过滤器、（不安装过滤器）</td></tr>
<tr><td rowspan="2">碎石土类</td><td>$d_{20}<2$mm</td><td>填砾过滤器、缠丝过滤器、桥式过滤器</td><td rowspan="4">钢管、铸铁管、钢筋混凝土管、塑料管</td></tr>
<tr><td>$d_{20}\geqslant 2$mm</td><td>骨架（或缠丝）过滤器、桥式过滤器</td></tr>
<tr><td rowspan="2">砂土类</td><td>粗砂、中砂</td><td>填砾过滤器，缠丝过滤器，桥式过滤器</td></tr>
<tr><td>细砂、粉砂</td><td>双层填砾过滤器、填砾过滤器</td></tr>
</table>

当地下水具有腐蚀性或容易结垢时，过滤器（管）的设计，应符合下列要求：

① 应采用耐腐蚀材料制作，当采用抗腐蚀性差的材料时，应作防腐蚀处理；

② 不宜采用桥式过滤器；含水层颗粒组成较粗时，宜采用骨架过滤器；

③ 缠丝过滤器的缠丝材料，宜采用不锈钢丝、铜丝或增强型聚乙烯滤水丝等。

4）管井过滤器口径的确定

过滤器直径应根据设计出水量、过滤管长度、过滤管面层孔隙率和允许过滤管进水流速确定。根据水文地质单孔出水量需要和钻探施工可能，在松散层中，过滤器内径应大于200mm；在基岩中，过滤器内径应大于150mm。安装水泵段井管内径应比抽水设备铭牌标定的井管内径大50mm；过滤器的口径还可以根据允许过滤管进水流速进行复核。其公式如下：

$$D_g \geqslant Q/\pi L n v_g \tag{3.1-2}$$

式中 D_g——过滤器外径（m），缠丝过滤器算至缠丝外表面；

Q——钻孔设计的出水量（m^3/s）；

L——过滤器工作部分的长度（m）；

n——过滤器工作部分有效孔隙率（一般按过滤器表层进水面孔隙的50%考虑）；

v_g——允许过滤管进水流速（按表3.1－24确定）。

松散层地区非填砾过滤器管井的开采段井径，应比设计过滤器外径大50mm。在基岩地区，兼有护壁及止水作用的过滤器，其口径除满足上述要求外，尚应考虑成井工艺的要求。基岩地区不下过滤器管井的开采段井径，应根据含水层的富水性和设计水量确定，并不得小于130mm。

允许过滤管进水流速 **表3.1－24**

含水层渗透系数 k（m/d）	允许过滤管进水流速 v_g（m/s）
>120	0.030
81～120	0.025
41～80	0.020
20～41	0.015
<20	0.010

注：1. 填砾与非填砾过滤器，均按上表数值确定。

2. 地下水对过滤管有结垢和腐蚀可能时，允许过滤管进水流速，应减少1/2～1/3。

5）管井过滤器工作部分的长度和位置

过滤器工作部分的长度和位置，应根据含水层岩性、出水量和经济技术因素确定，如若勘探钻孔，含水层厚度不超过10m时，过滤器工作部分的长度应与其一致。如供水管井，含水层厚度小于30m时，可在动水位以下的含水层部分，全部设过滤器。

6）过滤器的孔隙率

非填砾（骨架）过滤器的孔眼尺寸，一般根据孔的形状及含水层颗粒组成，按下列确定：圆孔直径≤（3～4）d_{20}；条孔宽度＝（1.5～2）d_{20}，长度1＝（8～10）条孔宽度。

依据上式计算值较大时，可适当减少，一般圆孔直径不大于20mm，多呈梅花形排列；条孔宽度不大于10mm，呈带状或交错带状排列，条孔形状为外窄内宽。

填砾过滤器不同管材孔隙率，详见表3.1－25。

不同管材的孔隙率表 **表 3.1-25**

管材	钢材	铸铁管	钢筋混凝土管	塑料管	混凝土管	无砂混凝土管
开孔率（%）	25~30	20~25	≥15	≥12	≥12	渗透系数≥400m/d，孔隙率≥15%

注：1. 孔隙率为井管开孔面积与相应的井管表面积的比值；
2. 无砂混凝土管为体积孔隙率，即孔隙面积与相应的井管体积的比值。

管井过滤器的详细设计，详见《机井技术规范》SL 256—2000 或《供水管井技术规范》GB 50296—99。

7）水文地质抽水试验孔过滤器

① 抽水孔过滤器的类型，根据不同含水层的性质，可按表3.1-26采用。抽水试验的观测孔宜采用包网过滤器。

抽水孔过滤器的类型选择 **表 3.1-26**

含水层	抽水孔过滤器类型
具有裂隙、溶洞（其中有大量充填物）的基岩	骨架过滤器、缠丝过滤器或填砾过滤器
卵（碎）石、圆（角）砾	缠丝过滤器或填砾过滤器
粗砂、中砂	缠丝过滤器或填砾过滤器
细砂、粉砂	填砾过滤器或包网过滤器
注：基岩含水层，当裂隙、溶洞（其中很少充填物）稳定时，可不设置过滤器	

② 抽水孔过滤器骨架管的内径，在松散层中，宜大于200mm，在基岩中，宜大于100mm。抽水试验观测孔过滤器骨架管的外径，不宜小于75mm。

③ 抽水孔过滤器的长度：含水层厚度小于30m时，可与含水层厚度一致；含水层厚度大于30m时，可采用20~30m；当含水层的渗透性差时，其长度可适当增加。

④ 抽水试验观测孔过滤器的长度可采用2~3m。

⑤ 抽水孔过滤器骨架管孔隙率，不宜小于15%。

⑥ 非填砾过滤器的包网网眼、缠丝缝隙尺寸，宜按表3.1-27确定。

非填砾过滤器进水缝隙尺寸 **表 3.1-27**

过滤器类型	网眼、缝隙尺寸（mm）	
	含水层不均匀系数 $\eta_1 \leq 2$	含水层不均匀系数 $\eta_1 > 2$
缠丝过滤器	（1.25~1.5）d_{50}	（1.5~2.0）d_{50}
包网过滤器	（1.5~2.0）d_{50}	（2.0~2.5）d_{50}

注：1. 细砂取较小值，粗砂取较大值；
2. d_{50}为含水层筛分颗粒组成中，过筛质量累计为50%时的最大颗粒直径

二、井管安装（下管）

1. 下管前的检查工作

（1）常用井管外观质量的检查：

1）井管应无残缺、断裂和弯曲等缺陷。金属井管管端和管箍的螺纹必须完整、吻合。

2）井管每米弯曲度不得超过：钢管1mm；铸铁管2mm；钢筋混凝土管和混凝土管3mm。

3）井管的上下口平面应垂直于井管轴线，无砂混凝土井管与混凝土井管管口平面倾斜度偏差不得超过井管外径的1.5%。

4）井管直径偏差不得超过：无缝钢管外径±1%～1.5%；有缝钢管外径±2%，铸铁井管内径±3mm；钢筋混凝土井管内径±（6～9）mm；混凝土井管内径±（5～6）mm。

5）井管内径厚度偏差不得超过：钢管和铸铁井管±1mm，钢筋混凝土井管±2mm；无砂混凝土井管±（4～6）mm；混凝土井管±（3～4）mm。不得超过设计开孔率的±10%。

6）过滤器开孔率偏差不得超过设计开孔率的±10%。缠丝间距偏差不得超过设计丝距的±20%，缠丝至穿孔管壁的最小距离必须大于3mm。

7）含水层厚度不超过30m时，滤水管可比含水层厚度稍长一些。

8）饮用水供水管井及其有关材料应有出厂合格证，应采用无污染和无毒性材料。

（2）下管前的准备工作

根据井管的总重量和所能承受的拉力或压力，决定采用下管的方法。下管前应对井管、钻机提升设备及其附属器材进行全面检查，确认没有问题后，按照地层柱状图及井滤管下入位置，按设计要求位置安装扶正器，顺次排列井管，并丈量每根管子的长度，然后依次下管。

2. 下管的有关计算

（1）管柱下入孔内的总重量可按下式计算

$$W = Ql\ (1-\gamma_1/\gamma) \tag{3.1-3}$$

式中 W——管柱总质量（kg）；

Q——井管每米质量（kg）；

l——井管总长（m）；

γ_1——冲洗夜比重（泥浆一般为1.1～1.15）；

γ——井管材料比重（钢为7.8，铁铸为6.6～7.5）。

（2）井管承受拉力负荷可按下式计算

$$F = F_m \cdot \delta \tag{3.1-4}$$

式中 F——井管承受拉力负荷（kg）；

F_m——井管危险断面的面积（cm^2）；

δ——材料的抗拉应力（kg/cm^2），钢管为3200（kg/cm^2），铁铸管为1500（k/cm^2）。

3. 下管方法

下管的方法应根据成井深度、井管材质的强度、起重设备的能力等确定。

（1）钻机卷扬机提吊下管法

对采用接箍丝扣连接、焊接的井管（钢管、铸铁管、钢板卷管、塑料管）可用钻机卷扬机提吊下管法。下管时，先用铁夹板将井管夹住，固定在孔口方木上，当第二根井管与之对接后，即可起吊入孔内。照上述方法依次下入全部井管。

井管连接是确保下管安全的重要一环，除丝扣连接外，现场焊接，管口必须平整，要采取四面点焊方法，避免因集中烧焊一面而导致井管歪斜。焊接后，应待其自然冷却后再下入孔内，以防烧焊处骤然遇冷发生断裂，降低抗拉强度。

使用塑料井管时，下管前应认真检查每根管的质量。下管所用夹板应用木质的，如使用铁夹板，必须嵌以衬套，夹板不宜夹得过紧。采用丝扣连接井管，上扣时要扶正井管，可用麻绳或三角皮带拧管，下管时应慢速起吊，轻提慢放，避免冲击。

（2）下管方法及特点详见表3.1－28。

下管方法及其特点 **表3.1－28**

下管方法	下管深度（m）	适用的管材	优缺点
钻机卷扬机提吊下管法	200	连接可靠的钢管、铸铁管、塑料管	安全可靠，下管深度受钻塔负荷、井管的抗拉强度以及钢丝绳抗拉强度、卷扬机提升能力的影响
钻杆托盘下管法	200以内	各种管材	安全可靠，下管深度受钻塔负荷、钻杆抗拉强度、井管抗压强度以及钢丝绳抗拉强度、卷扬机提升能力的影响
二次下管法	300	各种管材	可用钻杆托盘法二次（甚至多次）下管，免除受钻塔负荷、钻杆抗拉强度的影响，但易出现二次下管时对口错动事故
钢丝绳托盘下管法	300以内	各种管材	此法为目前广泛使用，特别是钻探设备简陋时，优点尤为突出，但井深时钢丝绳抽拔困难，应特别注意人身安全
综合下管法	300以外	金属管材	用浮力减少管壁的拉应力，减轻钻塔及下管设备所受负荷。当前述各法单独使用有困难时，可采用综合下管法，一般用于300～600m，如遇超深井时还可采用钻扦托盘、提吊浮板二次（或多次）下管法

下管方法注意事项，详见《供水水文地质钻探与管井施工操作规程》CJJ/T 13—2013第7章有关内容。

（3）井管安装注意事项

1）井管安装前必须按照钻孔的实际地层资料校正井管设计，然后进行井管组合、排列、测量长度，并按井管排列编号。

2）下管方法应符合下列要求：

① 提吊下管法，用于井管自重（或浮重）小于井管允许抗拉力和起重的安全负荷。

② 托盘（或浮板）下管法，宜用于井管自重超过井管允许抗拉力和起重的安全负荷。

③ 综合下管法，宜用于结构复杂和下置深度过大的井管。

各类井壁管及过滤器允许一次安装长度可按表3.1－29选用。

3）井管的连接必须做到对正接直、封闭严密，接头处的强度应满足下管安全和成井质量的要求。

各类井壁管及过滤器允许一次安装长度表 **表3.1－29**

井壁管和过滤器种类	钢制井壁管及过滤器	铸铁井壁管及过滤器	钢筋混凝土井壁管及过滤器	塑料井壁管及过滤器	混凝土井壁管及过滤器	无砂混凝土井管
允许一次吊装长度（m）	250～500	200～250	150～200	≤150		
托盘下管允许一次安装长度（m）			200～250		≤100	50～100

4）过滤器安装位置的上下偏差不得超过300mm。

5）采用填砾过滤器的管井，井管应位于井孔中心。下井管时要安装井管扶正器，其外径比井径小30~50mm。根据井深和井管类型确定扶正器的数量，一般间隔3~20m安装一组，每井至少安装2组。无砂混凝土管井与混凝土管井，扶正器的数量应适当增加。

6）井管底部应坐落在坚实的基础上，若下部孔段废弃不用时，必须用卵石或碎石填实。

三、填砾

合理的填砾不仅能增大管井出水量，而且能降低井的来砂量，延长井的使用寿命。

1. 砾石（填料）规格。

（1）单层填砾过滤器的砾石规格：

1）$\eta<10$ 时的砂土类含水层（η 为含水层的不均匀系数）。

$$D_{50}=(6\sim8)\ d_{50}$$

注：当砂土类含水层的 $\eta<10$ 时，应除去筛分样中的部分粗颗粒后，重新筛分，直至 $\eta<10$ 为止，然后根据这时颗粒分布累积曲线确定 d_{50}，并按上述公式确定填砾规格。

2）$d_{20}<2$mm 的碎石土类含水层：

$$D_{50}=(6\sim8)\ d_{20}$$

3）$d_{20}\geqslant2$mm 的碎石土类含水层，管井可填入10~20mm的充填砾石或不填砾。

式中，D_{50}、d_{50}、d_{20} 分别为填砾和含水层颗粒分布累积曲线上，过筛重量累计百分比为50%及20%时的颗粒粒径。

4）填砾应尽量用均匀砾石（砾石的不均匀系数小于2）。

（2）双层填砾过滤器的外层填砾规格，按单层填砾过滤器的砾石规格确定；内层填砾的粒径，一般为外层填砾粒径的4~6倍。

2. 填砾的厚度和高度

（1）填砾厚度

1）单层填砾过滤器的填砾厚度：粗砂以上地层为75mm；中、细、粉砂地层为100mm。

2）双层填砾过滤器的填砾厚度：内层为30~50mm，外层为100mm。

3）供水管井（机井）对砂层填砾厚度要求：（摘自《机井技术规范》SL 256—2000）

① 中、粗砂含水层，填砾厚度大于100mm，粉、细砂含水层，填砾厚度大于150mm。

② 粉、细砂含水层颗粒均匀系数 $\eta>3$，填砾厚度达200~250mm时，倍比系数可加大为10~20。

（2）填砾高度

填砾过滤器的填砾高度，一般按下列要求确定：

1）填砾高度应根据过滤管的位置确定，底部宜低于过滤管下端2m以上，上部宜高出过滤管上端8m以上。但生活饮用水的管井，第一含水层距地表过近时，不受此限。

2）非均质含水层或多层含水层中两层相近，且颗粒组成有差异，无法满足上述1）的规定时，可根据具体情况，按下列规定处理：

① 含水层颗粒组成差异不大时，则可按上述1）的要求，全部填入根据细颗粒含水层确定的砾石。

② 含水层颗粒组成差异较大，需要分层填砾时，不论细颗粒含水层在上还是在下，

均应尽量使细颗粒含水层的砾石位置，下部低于细颗粒含水层2m以上，上部高出细颗粒含水层8m以上。

3. 砾石（填料）的质量要求

填料的质地要坚硬，应用颗粒磨圆度好的硅质砂、砾石（不得用碎石代替），而且在水中不易发生化学变化。砾石粒径应符合设计要求，必须经过严格筛分，其合格率必须大于85%，并且不得含有泥土及其他杂物。

4. 填砾方法

（1）砾石需用量计算

填砾前，应根据钻孔深度、孔径、管径和含水层厚度计算砾石数量。但在钻进过程中。往往由于井壁坍塌或钻具摆动而使井径扩大，因此需要考虑超径系数。砾石需用量可用下式估算。

$$V=0.785\ (D_2-d_2)\ l\cdot K \tag{3.1-5}$$

式中 V——砾石需用量（m^3）；

D——井径（m）；

d——井管外径（m）；

l——填砾段的长度（m）；

K——超径系数，一般取1.2~1.5。

（2）填砾方法

填砾方法应根据下入的井管、滤水管的类型、下管方法来确定，如表3.1-30所列。

填砾方法选择表 **表3.1-30**

方法	操作程序	特点	适用范围
静水填砾	填砾前彻底换浆，停泵填砾。先冲后填，孔口填入砾料	方法简单，通过井口返水情况判断填砾质量	井壁完整、地层稳定
动水填砾	边冲边填，用钻杆从井管内部送水，井口密封，使清水从管外上返，井口人工填入砾料	砾料清洁，不易堵塞，密实度较好，井口必须严格密封	井壁不稳定的岩层和砾料不易达到的深部含水层
边抽边填	用空气压缩机或潜水泵从井管内抽水，从井管外部人工填入砾料	增大出水量，扩大了填砾厚度，操作复杂，井壁易坍塌	适用于较完整的含水层之中
整体下入	把砾料与滤水管安装在一起下入井内	重量大，操作复杂，要求提升设备能力较大	采有筐状、笼状滤水管时使用

5. 管外封闭

在水文地质钻孔或供水管井钻孔中进行管外封闭的目的，一是把上下含水层或开采含水层与不良含水层隔离开，以免互相串通，影响所取得资料的准确性和防止水质恶化；二是避免地表水沿井口或杂填土层渗入井内，使井水受到污染。

（1）封闭材料

水文地质钻孔和供水井钻孔的封闭，一般均采用套管隔离，在止水位置用封闭材料封闭套管与孔壁之间的间隙。封闭材料的选择，既要经济、耐久，又要性能可靠。故应根据管外封闭的目的，采用不同的封闭材料，如表3.1-31所列。

封闭材料选择表 **表 3.1-31**

封闭材料		要求	适用条件
临时封闭	海带	肉厚叶宽、体长、编辫用	松散地层及完整基岩井
	桐油石灰	油灰比 1:3~1:5，加麻刀等	无水孔段及被淡、咸水淹没
	橡胶	橡胶弹力强、加压易膨胀	基岩，或管内分层封闭止水
永久封闭材料	黏土	含砂不得超过5%，搓成球用	地下水承压不大、流量不多地层
	水泥砂浆	凝结硬化快、强度高	破碎地层及高压含水层

黏土具有一定的粘结力和抗剪强度，压实后不易透水。因此，当水头不高，流量不太大时，选用优质黏土，用水浸泡后，搓成直径 20~30mm 的土球，阴干后使用，可起到封闭作用。

水泥浆能在水中固结，有良好的隔水性能。常用的有：普通硅酸盐水泥、抗硫酸盐水泥和油井水泥。用于配制水泥浆的水要求不具侵蚀性。水泥浆有以下几种：

1）净浆：水灰比约为46%~60%，用人工或机械搅拌；用泥浆泵注入。

2）砂浆：在水泥浆内加入细砂作为骨料；用特制灌注器送到封闭位置。

3）胶质水泥浆：在水泥浆中加入一定数量的膨润土，有较好的悬浮性和稳定性。

4）速凝水泥浆：在水泥浆中加入一定量的速凝剂，如水玻璃、氯化钙、食盐和纯碱等，能促使水泥浆速凝，并提高其早期强度；用泥浆泵注入。

（2）管外封闭的一般方法

黏土球围填止水进行管外封闭之前，应按照钻孔柱状图，计算所需的数量，但实用的数量常比计算数量大，因此黏土球要多备25%~30%，黏土要多备10%~15%。为了避免填入黏土球错位，一般应比设计深度多填25%左右。

（3）高压含水层的管外封闭（井口段应作严密封闭）

当钻孔直径较小，含水层颗粒较粗并位于底部时，可在沉淀管底部，安装扶正器一个，在取水层上部不透水层处焊圆环状托盘，并绑棕头3道，然后用水泥砂浆或黏土球进行封闭。

当钻孔直径较大，含水层颗粒较细时，可进行填料封闭。一般封闭高度，黏土球为20~30m，水泥砂浆为15m以上。如水头很高，也可以采用多层水泥砂浆和黏土间隔封闭。

（4）井管外部封闭质量要求

1）滤料顶部至井口段，采用黏土球或黏土块封闭3~5m，剩余部分可用黏土填实。

2）井口周围，浅井可用一般黏土夯实，厚度不小于200mm；中、深井可用粘土球或水泥浆封闭，厚度一般不小于300mm。

3）对不良含水层或非计划开采段。一般采用黏土球封闭。如水压较大或要求较高时，可用水泥浆或水泥砂浆封闭。选用的隔水层单层厚度应不小于5m。封闭位置应超过拟封闭含水层上、下各不少于5mm。封闭用的水泥浆一般用泥浆泵注入，水灰比0.5~0.55。

4）自流井应根据水头大小确定封闭深度，并应增设闸阀控制水流，同时在井口周围浇筑一层厚度不小于250mm、直径不小于1000mm的混凝土。

5）基岩管井上部的安泵段，除完整和稳定的基岩可保留裸眼外，均应安装井管。下部井段可根据岩石稳定情况，确定是否安装井管。

6）管外封闭位置，上下偏差不得超过300mm。

7）基岩管井上部安装井管时，井管下端应嵌入完整基岩内1～2m，并用封闭材料在管外封闭2.0～2.5m。当上、下段均需安装井管时，在其变径处，应重合2～3m，并在重合部位进行止水封闭。

6．洗井

使用泥浆护壁钻进，常常使含水层透水性受到一定影响。因此必须通过洗井破坏井孔泥浆壁，清除孔内及含水层中的泥皮，并将过滤器周围含水层中的细颗粒抽出，清除影响水井出水量的人为因素，以形成由粗到细的反滤层，借以增大渗透性能，达到应有的出水量和管井使用寿命。此外，管井在使用过程中，由于腐蚀、结垢和堵塞，使管井出水量逐渐减少，甚至废弃。要使这种“病井”复活，也必须通过洗井来解决，尤其是液态二氧化碳洗井、酸化洗井是最理想的办法。大量资料说明，这些洗井方法对旧井复活都有良好的效果。

（1）洗井方法

洗井方法应根据含水层特性，管井结构和钻探工艺等因素确定。洗井方法有多种，常见洗井方法见表3.1－32。

常见洗井方法 **表3.1－32**

洗井方法	适用条件	特点
活塞洗井	适用于井管强度高的金属井管及中砂以上的粗颗粒地层	1．与其他方法联合使用效果显著 2．迅速有效而简便 3．成本低
空压机洗井	适宜于各种深度、不同出水量的管井，井管弯曲时也可应用，但钻孔中要有一定的含水层厚度	1．洗井能力强 2．能清除孔底沉淀物 3．安装方便 4．效率较低
液态二氧化碳洗井	适宜于井壁稳定的各种类型井（基岩井、松散层的井），不同深度（浅井、深井）的井、新井、旧井以及废井修复等	1．产生直接水击，洗井效能高 2．节省时间，节省能源 3．设备简单，投资少
酸化洗井	适宜于碳酸盐类地层的裸眼基岩孔；部分砂岩、砂质、黏土质的岩层，少数下了金属管的水井	1．适应性强 2．节省能源 3．设备简单投资少
多磷酸盐洗井	适宜于泥浆钻进基岩，第四纪含水层井壁不稳定的水井，滤水管具有砾料结构的水井	1．对泥浆具有分散作用 2．井壁泥皮溶蚀、剥离能力强 3．含水层疏导能力差
封闭反压洗井法	适宜于泥浆钻进的基岩第四纪孔，井壁管坚固可进行分段止水的水井	1．洗井时间短、效果好 2．设备简单操作方便 3．成本低廉
活塞泥浆泵洗井	适宜新的浅井，对维护旧井也能发挥作用	1．省掉了空压机洗井的工序 2．成本低廉
盐酸二氧化碳联合洗井法	适应于含水层岩石成分为 $CaCO_2$ $MgCO_3$ 灰岩、白云岩地层，深、浅井皆可，旧井堵塞也适用	具有二氧化碳及酸化洗井的特点，扬长避短
掏筒洗井	适宜于提取大口井中泥浆和淤砂，不适宜井壁泥皮的清除	1．简单易行，操作容易 2．时间长，不易到底

1）活塞洗井

活塞洗井是一种成本低、效率高的洗井方法，已被广泛应用。

活塞洗井，主要是利用活塞在管内抽动，使进水流速增加使泥浆壁受到猛烈冲刷而破坏，并携带出含水层中泥砂和渗入的泥浆，并从而达到较好的洗井效果。

活塞按其结构形式，有木制活塞和铁制活塞两种。

木制活塞一般用松木或榆木制成空心圆柱体，分为两个半或几半捆绑在钻杆或抽筒上，外面钉胶皮圈，其外缘与井壁的间隙一般为 10mm 左右。木制活塞有活门式木活塞、掏泥桶式木活塞和层叠式木活塞。

铁制活塞是将一个或数个胶圈装在钻杆上组成。常见的有不带活门的铁制活塞和带活门的铁制活塞。

2）活塞洗井时的注意事项：

① 活塞洗井时，要引起管外填料下沉，因此应随时补充，避免露出滤水管而造成涌砂事故。

② 木制活塞使用前，应在水中浸泡 24h，以免因木塞膨胀而卡在管内。

③ 活塞洗井应自上而下进行，但在井内停留时间不能过长，以避免活塞被流入井内的泥砂埋住。

④ 活塞的提升速度：在钢管或铸铁管中为 0.6 ~ 1.2m/s；在木管、塑料管、混凝土管、砾石水泥管中为 0.3 ~ 0.5m/s。

⑤ 活塞洗井延续时间，参考表 3.1 – 33 确定。

活塞洗井延续时间经验数据 **表 3.1 – 33**

含水层岩性	管井种类	活塞洗井时间（台班）	备注
中砂、细砂、粉砂	浅井	3 ~ 4	1. 井深在 50m 以内为浅井，在 50m 以上为深井； 2. 洗井时间包括掏砂
	深井	4 ~ 5	
粗砂、砾石	浅井	4 ~ 5	
	深井	5 ~ 6	

3）联合洗井

一般在活塞洗井后，再用泵抽水，采取时开时停的方法，借助水位的降、升，清除井壁泥皮；排出井内泥砂，至水清砂净为止。

4）液态二氧化碳洗井

这种洗井方法就是把高压状态下（一般 65 个大气压以上）的液态二氧化碳注入井内，由于它遇水后发生汽化，体积急剧膨胀，冲击井壁和含水层，并形成井喷，使孔内水位下降，形成瞬间负压，大量细颗粒和裂隙充填物及泥浆涌入孔内，随井喷或下次井喷排出井外。在石灰岩地区，可先注入盐酸与二氧化碳相结合，既起到溶解岩石、扩大裂隙的作用，又起到搅拌溶液加速盐酸与岩石的化学反应，其效果更佳。对于旧井、废井的复活也是很有效的。

用二氧化碳洗井时，管路要严格密封。洗井设备和操作人员应在井口 20 ~ 30m 以外。液态二氧化碳一般应送至含水层的中部。一次可同时开启二氧化碳气瓶 2 ~ 5 瓶，使用时应使瓶身倾斜20~30°，开关要向下。

液态二氧化碳洗井设备和安全要求详见《供水水文地质钻探与管井施工操作规程》(CJJ/T 13—2013)

5）焦磷酸钠洗井

在泥浆钻孔中，加入焦磷酸钠（$Na_4P_2O_7 \cdot H_2O$）（碱性）与高岭石、蒙脱石（酸性）发生化学作用，产生硅酸钠和铝酸钠，溶入水后，可起分散泥浆的作用。固体焦磷酸钠可用热水溶解。焦磷酸钠洗井作业要点：

① 焦磷酸钠洗井液的配制浓度，一般为0.6%~1.0%。钻进周期长、泥浆密度大、固相含量高时，应选用较高浓度；反之则选用较小浓度。

② 井孔内泥浆的pH值要保持在6~7。

③ 用输送管或泥浆泵将洗井液送入井内。灌注数量，根据具体情况，可按以下经验方法计算。

利用全部含水层时，先计算出静止水位以下井孔容积，再根据钻进情况，考虑超径因素，增加10%~40%，以其总容积作为洗井液数量。

利用部分含水层时，则以所利用含水层的总厚度为高度，计算井孔容积，超径因素的考虑同上。

④ 将配好的药液用泥浆泵经钻杆注入滤水管附近。钻杆下端最好带胶皮活塞，借助钻杆的上下活动冲力将药液压入管外。静置浸泡4~8h后，再用其他方法洗井。这种洗井方法，能缩短洗井时间。

（2）洗井的质量要求

1）洗井工作的步骤：第一步是了解含水层的特征、管井结构和钻探工艺，在此基础上选择洗井方法；第二步是确定洗井时间及抽水强度；第三步检查洗井质量。

2）对洗井工作的具体要求是：

① 洗井工作必须在封闭止水后立即进行，以防井壁泥皮硬化，造成洗井困难，影响水量。

② 洗井时要经常观察井口返水的水质变化，如水中虽有些浑浊，但不是泥浆、岩屑和细小砂粒等，而是含水层中固有的成分，则可认为洗井已达到要求；发现砾石深陷应及时补充。

③ 用化学、物理的方法洗废井和旧井时，要因地制宜。

3）洗井效果检查：洗井要求达到设计抽降时，出水量应接近设计要求或连续2~3次洗井试抽水的单位出水量之差小于10%；水文地质勘探孔在洗孔结束前的出水含砂量不大于1/20000（体积比）；供水管井在洗井结束前，管井出水的含砂量应小于二十万分之一（体积比）；洗井结束，应捞取井内沉淀物，供水管井井内沉淀物的高度，不得大于井深的5‰。

7. 井管起拔

当抽水试验结束后，对不能作为供水井或长期观测孔的钻孔，或者成井使用后，水量减少、水质变坏、无使用价值的管井，常常需要起拔井管。井管起拔的难易程度、起拔方法与地层阻力、孔深、填砾、止水方法、井管直径、连接方式、管材质量和井管在孔内时间长短等因素有关。

（1）直接起拔法

1）千斤顶起拔法：一般用规格为50～100t的油压千斤顶起拔。起拔时，千斤顶的基础必须牢固，负荷轻时可在方木上垫铁板，负荷重的应用钢轨作基垫。如果井管外露太短，可接短管，在管箍下安装铁夹板。千斤顶油缸起落要一致、升降要均匀，并尽可能地转动管子。随着负荷加大，要注意夹板和井管是否断裂。如果千斤顶比井管上升的高度大，说明管子发生弹性变形，或者千斤顶基础下沉，可采取顶顶、停停的方法。待井管顶活后再起拔。

2）双重起拔法：当井管的阻力很大时，可采用双重起拔法。此方法是将捞管器送入井管的底部，利用捞管器卡瓦的向外扩张把井管卡住，在用卷扬机提升捞管器同时用油压千斤顶直接顶拔，常用的捞管器有滑动卡瓦捞管器和水压捞管器。

3）卷扬机提吊法：用钻机升降机直接提吊起拔。

（2）套钻拔管法

当不能直接起拔井管时，可用套钻法进行起拔。把带有圆齿形钻头的钢管套于井管外，然后向下钻进。如能顺利钻到井底，井管就可以全部拔出来。根据常用钢管的强度，套钻深度最大能达150m左右。如套钻不能顺利钻到底，可采取分段钻进分段拔管方法。这种方法要下入反丝扣钻杆和丝锥。

（3）分段切割拔管法

当上述方法不行时，可用割管器把井管分段切断。割管器有水压割管器和离心割管器两种。使用时应将离心割管器连接于钻杆上，拧紧后，下到需要切割的部位，然后用慢速进行切割，当回转几分钟后，可根据孔内切割情况，改用中速切割。常规口径井管2h左右即可割断。连接离心割管器的短钻杆，其长度2.5～3.0m为宜。一个离心割管器，一般可以使用2～3次。若硬质合金片损坏，可镶焊后再用。

（4）拔管中安全注意事项

1）千斤顶放置地点应夯实、平整，并垫方木。

2）拔管时千斤顶与铁夹板之间的垫木墩过高时，应用绳子或铁丝捆牢。不得用金属物件做垫物。

3）拔管时，链式起重机、绞车与油压千斤顶宜配合使用，但严禁同时工作。

4）拔管负荷很大时，铁夹板螺丝部分，必须用麻布包好。

5）使用绞车拔管时，钻塔、三角架及滑车不得超负荷，并应由专人负责操作。

6）油压千斤顶配套手把上不得再加套把。

7）操作千斤顶工作人员站立位置应适当。不得用手扶管子和千斤顶。非工作人员不准在5m以内站立。

四、抽水试验

1. 抽水试验的目的与任务

抽水试验是（供水）水文地质勘察求算含水层的水文地质参数最有效的方法。通过现场抽水试验可获得有关含水层的真实、准确的水文地质参数，作为评价地下水对工程基础的作用和影响，作为水资源评价的依据。为达到上述目的，要求抽水试验完成下列任务：

（1）确定钻孔出水量，计算钻孔最大出水量及单位出水量。

（2）确定含水层的水文地质参数，如渗透系数、干扰系数、给水度、释水系数、影响半径等，并确定降落漏斗的形状及其扩展情况。

（3）了解地下水与地表水以及不同含水层之间的水力联系。

（4）采取水样，进行水质分析。

2. 抽水试验方法

根据抽水试验目的和要求不同，水文地质常用抽水试验方法和应用范围见表3.1－34确定。

抽水试验及参数确定按现行国家标准《供水水文地质勘察规范》GB 50027的有关规定执行。

常用抽水试验方法和应用范围 表3.1－34

试验方法	应用范围
钻孔或探井简易抽水	粗略估算弱透水层的渗透性参数
不带观测孔抽水	初步测定含水层的渗透性参数
带观测孔抽水	较准确测定含水层的各种参数，主要用于降水设计

一般工程（不影响施工、环境、安全为前提）、弱透水层分布的场地和供水管井，可在钻孔中进行简易抽水或不带观测孔抽水试验确定水文地质参数；重要工程和有强透水层分布的场地，应采用带观测孔的抽水试验确定含水层的水文地质参数。

（1）单孔抽水试验（不带观测孔抽水）

这种试验在一个孔内进行，方法简单、成本低。通过试验可以确定含水层富水性、渗透性及钻孔出水量与水位下降的关系等。所获得的水文地质参数精确度较低。

（2）带观测孔抽水试验

试验设一个主孔及数个观测孔，在主孔进行抽水同时观测周围观测孔的水位下降值。这种试验所获得的抽水资料精确度较高，但由于需要打观测孔，费用较大。多孔抽水试验，除测定各含水层之间水力联系外，还可以测定地下水与地表水的水力联系，测定地下水的实际流速和给水度。观测孔的布置应符合现行国家标准《供水水文地质勘察》GB 50027第6.1.4条要求。

（3）分层抽水试验

当勘察区具有两个或两个以上含水层时，如水质差异较大或不同性质含水层，为了确定各层的水文地质参数、水化学特征以及各含水层之间的水力联系。需要进行分层抽水试验。

分层抽水试验要做好管外封闭工作，以准确测定各层的水位。抽水时，先进行单孔抽水试验，同时观测各孔的水位值，然后进行2个或2个以上钻孔抽水试验。

3. 常用抽水设备

（1）抽水设备适用范围，详见表3.1－35。

抽水设备适用范围 表3.1－35

设备名称	适用范围	备注
提桶	水位较高，水量不大，抽水要求不高	结构简单，可自制
拉杆式水泵	水位在50～300m左右，出水量较小	结构简单，可自制

续表

设备名称	适用范围	备注
往复式水泵	水位在 7 ~ 8m 以内，涌水量中等的	不需另加设备，用钻机配的 BW 型
离心式水泵	水位在 6 ~ 7m 以内，涌水量大的	比往复式水泵轻便，常用 BA、B_6A 型
深井泵	水位一般 70 ~ 80m，最大者可达 130 ~ 150m，涌水量较大的	安装复杂、主要是 SD、JD 型
潜水泵	水位最大的可达 150m，一般在 100m 以内，涌水量较大的	安装比深井泵简单
空气压缩机	水位较深，（随设备压力而定），缺电区域	设备较笨重，使用方便

（2）常用抽水设备的安装和使用

1）离心泵的安装和使用

离心泵是利用离心力原理进行工作的。在开泵前都要把泵和进水管灌满水，或用真空泵把空气完全排尽。安装时应使机座平稳，吸水管连接严密不漏气，底阀启闭灵活。水泵轴及电动机轴润滑部分应适当加润滑油，丝扣连接部分要求用铅油、麻填充。为了调节水量，可在排水管上加一阀门或调整水泵转速。如水泵能力大于出水量时，可在排水管上安装回水管，使一部分水返回孔内。回水管的出水口末端，最好放在动水位以下 5m 处。

2）深井泵的安装和使用

深井泵是将吸水管、泵体、扬水管装于孔内水面下，电动机装在地面的泵座上。泵体内有多级叶轮，叶轮通过长立轴转动，叶轮级数可根据扬程确定。上海产的深井泵叶轮直径小，出水量大，适用于口径小出水量大的钻孔，由于泵管和过滤器间隙较大，适宜于进行抽水试验。沈阳出的深井泵，由于法兰盘连接，最好安装测水位管进行水位测量。

深井泵安装时，泵轴中心和出水管中心必须同心。泵轴和轴承应保持良好的松紧程度、并应加好润滑剂。水泵应潜入动水位以下 2 ~ 3m。抽水试验常用阀门调节水量，以控制不同降深。

3）潜水泵的安全使用

应遵循潜水泵使用说明书。

4）空气压缩机的安装与使用

空气压缩机抽水是将空气送入孔内水中，使其与水混合后，由于密度降低，在孔外压力下，使水上升而溢出孔外。使用空气压缩机抽水，首先要确定风管的沉没深度（风管在动水位以下的深度）、压缩空气的排风量和压力。

常用空压机的排风量为 6 ~ 9m^3/min，风压为 0.7MPa。因此，通常风管的沉没深度不能超过 70m；风管沉没深度与风管全长之比，称为没入率。没入率一般不能低于 50%。

空气压缩机抽水的安装方法基本有两种。

① 同心式安装即风管下入水管内。常用提吊法下管，下完水管后，安上三通补心，再将风管下入管内。一般风管比水管短 5 ~ 7m，风管上端用反正丝接头或高压胶管连接。

② 并列式安装即风管与水管并行安装。风管和水管可同时下入孔内。水管和风管是通过一个特制接头或混合器连接的。为了进行 3 次抽降，接头是反丝扣，也就是做完最大抽降后，把风管卸掉，然后插入水管内进行第 2 次抽降，然后把风管上提即可完成第 3 次

抽降。为了测量水位，需要在出水管外下入测水位管。

4. 抽水试验的观测工作

（1）测量水位的工具

常用的有以下几种：

1）测钟

当水位深度在20m之内，常用测钟测水位。测钟用直径12～15mm、长50～100mm的钢管制成，上端封闭并系以测绳，当测钟与水面接触时，即发出声音，以此计算深度。

2）电测水位计

电测水位计由电极（测棒）、接地电极、电线、电流表（毫安表）或灯泡、干电池等组成。当测棒接触水面时，因水的导电而使电路闭合，电流表的指针振动（或灯泡发亮）。测量井内电线和电极长度，即可测得水位深度。

（2）测量水量的工具

1）提桶

当出水量不大和精度要求不高时，可用量水桶测量水量。一般要求充满一桶水所需的时间不宜少于15s，应读数到0.1s。为精确起见可重复测数次，然后取其平均值。

2）流量表

使用水泵抽水时，可以在水泵出水管上安装流量表。为了保证流量表正常工作，要求水中不应含有砂等杂物。流量表的误差为±2%～3%，读数精确到0.1m³。

3）堰

常用的是三角堰，水量较大时用梯形堰或矩形堰。三角堰可通过流量1～100L/s。堰底宽度要大于三角缺口中线高度的3倍，长度大于高度的5倍。三角刃口厚度应大于1mm，并做成60°坡角，其坡面朝外。堰箱常设2～3块圆眼挡板，以减少水位波动。

三角堰的堰口高度应大于30cm，堰箱宽80～90cm，高为100～150cm；长为170～200cm。为测量流量准确，堰箱必须安置平稳。三角堰的流量可按下式计算：

$$Q = 0.14h^2\sqrt{h} \qquad (3.1-6)$$

式中 Q——流量（L/s）；

h——通水堰的高度（cm）。

5. 抽水试验的要求和方法

（1）抽水试验的基本要求

1）供水管井和水文地质勘探孔在正式抽水试验前要进行洗井。洗井结束后，应测量井深度，如发现井内沉砂过多或堵塞过滤器时，应立即进行清除。

2）抽水试验的排水防渗。抽水前要挖好排水沟，把抽出的水排到适当的地方。当地表渗透性较强时，应采取防渗措施，并尽量将抽出的水排到下游影响范围之外，防止排出水回渗，以保证抽水试验资料的准确性。

3）水位、出水量测量。当用堰箱测定出水量时，读数应准确到mm；水位的测量，在同一试验中应采取同一方法，仪器抽水孔水位读数应到cm，精度不低于±2cm；观测孔水位读数应到mm；水温、气温读数应到0.5℃。

4）采取水试样。一般每个抽水孔取水样一份，当水质变化较大时，应每次抽降均取水样。当地表水与地下水有水力联系时，应分别采取水试样。取样数量和方法按分析项目要求确定。

5）含砂量测定。供水管井在抽水试验结束前，应进行抽出的水的含砂量测定。

（2）抽水试验的方法与要求

1）稳定流抽水试验（工程勘察中，水文地质勘探钻孔和管井常用的方法）

① 抽水试验的下降次数与下降顺序

一般要求进行3次水位下降抽水，其中最大水位下降值可接近孔内的设计动水位，其余两次下降值分别为最大水位下降值的2/3和1/3；各次下降值的差值不小于1m；若出水量很小，或已掌握一定试验资料的地区，可进行1~2次水位下降，各次抽降，抽水设备的吸水管口安装深度应相同。水位下降顺序，根据含水层颗粒大小确定。在砂、砾石含水层，应由小到大进行；在均质的卵石、砾石含水层或裂隙岩溶层，应由大到小进行。当采用泥浆钻进时，已采用了大流量洗井。可不受上述要求的限制。供水管井一般只做一次大降深抽水试验。

② 抽水试验的稳定延续时间

在一般情况下，抽水稳定延续时间应达到规范规定的要求。

A. 卵石、砾石、粗砂含水层的稳定延续时间为8h。

B. 中砂、细砂、粉砂含水层的稳定延续时间为16h。

C. 基岩含水层（带）、裂隙和岩溶含水层的稳定延续时间为24h。

根据含水层的类型、补给条件、水质变化和试验目的等因素，抽水试验的稳定延续时问可适当调整。

③ 抽水试验的稳定标准

在抽水试验稳定延续时间内，出水量和动水位与时间关系曲线只在一定范围内波动，且没有持续上升或下降的趋势。用水泵抽水，水位允许波动在2~3cm。出水量波动率≤3%；用空气压缩机抽水，水位允许波动在10~15cm，出水量波动率≤5%。当有观测孔时，以观测孔或最远的观测孔为准，水位波动应小于2~3cm。在分析和判断动水位有无上升或下降的趋势时，应考虑到自然水位的影响。

④ 抽水试验的观测工作

抽水试验的观测项目，包括水位（静止水位、动水位、恢复水位和稳定水位）、出水量、水温、气温、水质等。如地下水与地表水有水力联系。则对地表水水位也应进行观测。

A. 静止水位（亦称天然水位，指抽水前井孔中的稳定地下水位）的观测

在抽水试验开始前，必须同步测量抽水孔、观测孔及附近可以利用的水井、泉和其他水点等自然水位。一般地区每小时观测1次，当观测3次数据相同时，即可认为是自然水位。

B. 动水位（指抽水试验过程中，钻孔内某一时刻的水位）及出水量的观测

抽水试验时的动水位、出水量必须同时进行观测。观测时间，一般要求在抽水开始后的第5、10、15、20、25、30min各观测1次，以后每隔30min或60min观测1次。

C. 水温、气温的观测

在抽水开始时观测一次，以后每隔2~4h观测一次。水温与气温宜同时观测。观测水温时，要求温度计浸泡水中时间，不得少于10~15min。

D. 恢复水位（指从停止抽水到水位稳定前水位恢复期内任何时刻的水位）的观测

抽水试验结束或在抽水中途因故停抽，均应观测抽水孔和观测孔的恢复水位。需要在试验结束或因故停抽后第 1、2、3、4、6、8、10、15、20、25、30、40、50、60、80、100、120min 各观测 1 次，以后每隔 30min 观测 1 次。

E. 稳定水位量测

稳定水位是指钻探时的水位经过一定时间恢复到变化很小的且无系统上升或下降趋势的地下水位。稳定水位应在勘察结束后统一量测。对强透水层（砂土、碎石土）要求不少于 0.5h；弱透水层（粉土、黏性土）不少于 8h；软土不得小于 24h；对位于江、河、海岸边的工程，地表水和地下水同时量测，并注明量测时间；钻孔中稳定潜水位应在水位恢复稳定后量测；微承压或承压水位量测时应采取止水措施，将被测含水层与其他含水层隔离，实施分层量测水位；当需要编制地下水等水位线图或工期较长时，宜在勘察工程结束后统一量测 1 次稳定水位。

2）非稳定流抽水试验

① 抽水试验前需观测自然水位和测量主孔与观测孔间的距离。

② 抽水试验的出水量应保持常量，如有变化，其允许波动率≤3%。

③ 抽水试验的延续时间应按水位下降与时间关系曲线，即 s（或 Δh^2）—lg$t$ 曲线确定。

如 s（或 Δh^2）—lg$t$ 曲线有拐点时，则延续时间宜至拐点后线段出现平缓段后，并能推出最大水位下降值时，即可结束抽水；如 s（或 Δh^2）—lg$t$ 关系曲线无拐点，呈直线延伸时，其水平投影在 lg$t$ 轴的数值不少于两个对数周期，且宜根据试验目的确定延续时间。当有观测孔时，应以观测孔或最远的观测孔的 s（或 Δh^2）—lg$t$ 曲线判定。

④动水位与出水量应同时观测，观测时间宜按抽水开始后的第 1、2、3、4、5、6、7、8、9、10、15、20、25、30、40、50、60min 各观测 1 次。以后隔 30min 观测 1 次。观测孔的水位应与抽水孔的水位同时观测。

⑤ 其余观测项目及精度要求。可按稳定流抽水试验要求进行。

（3）抽水试验时注意事项

1）采用空压机抽水时，空压机要尽量靠近抽水井。风管直径要一致，避免弯曲过多，以减少风压和风量的损失。

2）不论使用哪一种抽水设备，管道丝扣连接部位均应采取措施使其密封，以免抽水时发生漏水、漏气等。

3）三角堰安装应周正水平，不要把三角堰埋在出水面以下，堰口要离开出水面 1 ~ 2cm。堰内应放一些挡水物以便水面平衡，波动不大地流地堰口，否则造成观测数值不准确。

4）水位和水量将要进入稳定阶段时，不要轻易调节风压和水阀、柴油机转速等，否则会拖延抽水试验时间。

5）用水泵抽水时，供电要连续，电压要稳定，否则很难使水位和水量稳定。

6）试验抽水前应检查抽水设备，发现问题及时处理，完全无异常后进行抽水试验。

7）严格岗位责任制，加强对机械设备、工具的维护保养。如抽水过程发生故障时。必将破坏已形成的下降漏斗曲线，造成返工浪费。

8）按抽水试验规定，及时准确做好记录。

（4）水试样的采取

1）水试样的采取和保管

① 当混凝土或钢结构处于地下水位以下时，应采取地下水试样和地下水位以上的土试样；当处于地下水位以上时，应采取土试样；当处于地表水中时，应采取地表水试样；分别进行相应试样的腐蚀性试验。

② 每个场地水试样的采取数量不应少于2件，对建筑群不宜少于3件。

③ 水样的采取要求在抽水试验结束前采取。每件水试样的采集量，简分析和侵蚀性二氧化碳分析应等于或大于500mL，全分析应为500~1000mL。

④ 水试样采取后水样瓶内留10~20mm空间。及时封好瓶口，贴好标签，及时进行试验；清洁水放置时间不宜超过72h，稍受污染的水不宜超过48h，受污染的水不宜超过12h。夏天应避免阳光照射，冬天应防止水样瓶冻裂。

⑤ 当需要了解地表水与地下水的水力联系时，要求采取地表水水样，这种水样要求距河岸1m或在河中心的水面以下0.3~0.5m处采取。

⑥ 水试样送到试验需要填写水质分析委托书，明确分析目的和项目。

2）水试样的采取质量

① 采取的水试样应能代表天然条件下的水质情况；

② 取水容器应清洗干净，取样前应用水试样的水对水样瓶反复冲洗3次；

③ 采取水样时应将水样瓶沉入水中预定深度缓慢将水注入瓶中，严防杂物混入，水面与瓶塞间要留有1cm左右的空隙；

④ 分析侵蚀性二氧化碳的水试样取出后，应加入2~3g的大理石粉；

⑤ 水试样应及时试验。

水样在运送途中，应尽量保持低温（在10℃以下，或不超过取样时的水温）。

（5）抽水试验记录。表式参见表3.1-36。

抽水试验记录表 　　　　**表3.1-36**

孔　号　　　　　　　　　　　　　　　　　　　　　　　　　　　　第　　页

时间 年				累计（min）	孔口至水位深度（m）	降深 S（m）	堰口过水高度（cm）		涌水量 Q（L/s）	水温（℃）	气温（℃）	备　注
月	日	时	分				测量	实际				
												1. 孔口高出地表，m； 2. 三角堰总高，cm

续表

时间 年				累计（min）	孔口至水位深度（m）	降深 S（m）	堰口过水高度（cm）		涌水量 Q（L/s）	水温（℃）	气温（℃）	备 注
月	日	时	分				测量	实际				
												1. 孔口高出地表，m；2. 三角堰总高，cm

试验者：　　　　　　　　　　　　记录者：

第九节　常见孔内事故的预防与处理

孔内事故不但影响钻探施工正常进行，而且延长了钻孔施工周期，增加了钻探成本，甚至影响整个勘察工程的进度和质量。严重的孔内事故将造成人力、物力和工期的极大损失。一旦发生孔内事故，必须弄清事故孔段的孔深、地层情况，钻具的位置、规格、数量，分析发生事故的原因，判明事故类型，慎重决定有效的处理方案。在处理孔内事故过程中应随时掌握事故的变化情况，及时采取相应对策，切忌情况不明盲目处理，导致事故复杂或恶化。应明确负责人、组织有关人员争取在尽可能短的时间内迅速排除，恢复正常施工，使损失尽量减少。

一、常见孔内事故原因

钻探事故包括孔内事故、机械事故、人身事故 3 种。其中事故发生在孔内的，排除较困难，占用的时间也较多，所以必须加强预防措施，把事故消灭在发生之前。一旦发生，应立即采取适当的处理方法，有计划、有步骤地处理，防止事故恶化造成其他事故。

1．埋钻常见孔内事故原因及预防措施

（1）原因

1）孔壁坍塌，钻具来不及提上来时造成埋钻事故。

2）孔内岩屑过多时，泥浆泵发生故障，容易造成埋钻事故。

（2）预防措施

1）泥浆指标应达到要求。

2）注意孔内泥浆的沉淀和漏失，及时进行补充和搅动，避免孔壁坍塌。

3）清水钻进时应有足够长度的取粉管，孔内岩粉过多时应进行捞取。

4）加强泥浆泵的监视工作。

5）停止冲洗液循环之前应将钻具提离孔底一定高度。

6）松散易塌的地层采用套管护壁。

7）保证孔内泥浆柱有足够的压力，必要时可接长护口管以抬高液面高度。

2. 卡钻与夹钻

（1）原因

1）孔壁不稳定，有活动的探头石、掉块碎石或地层缩径。

2）钻头不圆或磨损严重没有及时补焊，换用钻头尺寸过大。

3）大卵石从抽筒式钻头上部翻出。

4）操作不当，下放钻具速度过猛，转速过快。

（2）预防措施

1）严格按照要求加工钻头。

2）钻头磨损严重时应及时补焊。

3）遇复杂地层，特别是由硬层变软层时应控制进尺速度，避免出现螺旋形孔壁和斜孔。

4）遇缩径地层，每次下钻应进行扫孔或上下提拉钻具进行刮壁，回次钻进时间不宜过长，下钻时要减慢速度。

5）遇有不稳定孔壁，下放钻具和回转速度不要过快，以免冲撞孔壁产生掉块或坍孔。

3. 钻具折断与脱落

（1）原因

1）钻具质量不佳。

2）地层复杂，回转阻力大。

3）大口径钻进使用小口径钻具。

4）操作不当，冲击钻进坚硬地层时松绳过长，钻具摇摆严重；回转钻进憋钻时强拧。

（2）预防措施

1）下钻前认真检查钻具，质量不合格的钻具不使用。

2）憋钻时不要强拧。

3）岩芯管焊接要直并且坚固。

4）工字钻头钻进坚硬地层时，松绳不要过长，避免钻具摇摆摔打孔壁。钻具加装保险绳。

4. 孔斜

（1）原因

1）地质方面的原因

① 在松散层中钻进遇到大卵石或漂石，由于地层软硬不均，钻具常偏向软的方向。

② 在基岩中钻进遇到较宽近乎垂直的裂隙，钻孔常向裂隙倾向方向偏斜。

③ 在岩层倾角接近90°、软硬互层的基岩中钻进，钻孔沿层理面滑移。

④ 遇到灰岩溶洞钻孔向溶洞方向偏斜。

⑤ 当钻孔穿过软地层接触硬地层，在软地层中产生超径现象，容易造成孔斜。

2）设备安装方面的原因

① 天车和转盘中心不在同一条铅垂线上，会造成开孔孔斜。

② 钻机基础地基软硬不均，钻进过程中由于沉陷或机械震动，使钻塔歪斜，造成孔斜。

③ 钻机安装固定不牢产生位移，造成孔斜。

3）钻具方面的原因

① 钻杆不直；岩心管弯曲。

② 钻具连接不直。

③ 钻头不圆，钻具各部分连接后中心不一致。

4）操作方面的原因

① 开孔加压时使钻杆歪斜。

② 冲击钻进一定深度，接上圆钻杆后仍以牵拉水龙头的方法校正孔斜时，使孔斜更严重。

③ 遇到不良地质条件，未能适当减慢钻进速度，盲目加压松绳。

（2）预防措施

1）冲击钻进孔斜的预防

① 钻机安装要平稳牢固，遇有软硬不均地基要进行加固处理，确保在钻进当中不移动。

② 开孔时设法控制钻具不摆动。

③ 保证活芯旋转灵活。

④ 细心操作避免出现扁孔。

⑤ 钻头加工要匀称、连接要直，各部分的中心必须在同一直线上。

⑥ 遇有软硬不均地层，应减慢钻进速度，消除孔底异常后再松绳。

2）回转钻进孔斜的预防

① 钻机安装要平稳牢固，遇有软硬不均的地基应适当地加固。

② 开钻前对钻机的安装质量必须进行严格的检查和验收，钻进过程中也应检查有无变动，如有变动要及时校正。

③ 不使用弯曲的钻杆和岩心管。

④ 使用的钻头必须符合标准，镶焊应圆整，连接要直。

⑤ 如果钻具自重不能满足轴心压力时，应采用钻铤加压。

⑥ 尽量使用长岩芯管（不小于3m），如果使用短岩芯管应加导正装置。

⑦ 软层变硬层或硬层变软层时应减压钻进。

⑧ 扩孔或变径时必须加导正装置。

⑨ 钢粒不宜过大，投粒量不宜过多。

⑩ 大口径钻进遇大卵石或漂石时应用爆破法将其除掉，再用钻头修孔。

5．井（套）管事故

（1）原因

井（套）管事故主要是指井管（或套管）折断、脱落和损坏。其事故原因是井管质量差、强度不够，连接不牢，下管设备、工具有毛病，下管作业操作不当，施工人员互相配合不好，安全检查不彻底，起吊井管重量超过了设备和井管自身抗拉所能承受的负荷等。

（2）预防措施

1）井（套）管质量及其丝扣要符合要求，下管前要对井管进行仔细检查，对质量不符合要求的井管不应下入井孔内。

2）当井（套）管的有效重量超过下管设备和井管本身极限负荷时，应采取相应辅助措施（如托盘、浮板、分级下管等）以保证安全。

3）下管前对下管用的工具、设备进行全面检查，确保灵活、牢固、安全、可靠。在下管过程中要有专人检查、监督安全，统一指挥，配合协调，严禁快放和猛刹车。

4）井（套）管下放遇到孔壁阻力时不要猛冲，可提起井管边拧边下，仍不顺利时不能勉强凑合强行下管，应提出井管，对井孔加以处理后再下入。

5）钻孔井（套）管弯曲超过规定，须经过纠正才能下管。

二、冲击钻进孔内事故的处理

1. 钻孔坍塌和埋钻的处理

（1）调整泥浆相对密度和黏度，并将钻孔注满泥浆。其方法如下：

1）在泥浆坑里搅拌泥浆灌入孔内；

2）将钻孔下部相对密度大的泥浆掏出，以循环的方式使新泥浆流入孔内。

（2）清除孔内坍塌物

1）孔壁坍塌未形成埋钻事故，用掏泥筒掏出坍塌物。

2）如形成埋钻事故，试提无效时，需清除淤埋物，可采用空气压缩机或反循环清除。

3）在处理过程中必须泥浆充足，保证良好循环，避免孔壁继续坍塌。

2. 掉钻事故的处理方法

掉钻事故应根据掉钻原因、钻具形式及钻具在孔内的状态，分别采用以下方法打捞：

（1）捞钩打捞

如果掉入孔内的钻具拴有保险绳或留有一段钢丝绳，一般用倒刺钩打捞。如是不带钢丝绳的抽筒，一般使用直角钩打捞。

如果钻具歪斜靠壁，先用扶正器扶正再下入捞钩打捞。也可用扶正捞钩，在扶正的同时钩住或卡住钻具将其提出。

（2）掏泥筒卡捞

利用掉入孔内钻具上部的凸凹部分，下入带半活门的掏泥筒打捞。如钻具在孔内被淤埋，上提阻力较大时，把掏泥筒吊在钻机卷扬机的钢丝绳上提吊。

3. 卡钻事故的处理

（1）提钻时发生的卡钻不能强提，应用重锤下砸，活动后再提升。如仍然提升无效，可采用反冲击的方法消除阻力。

（2）在冲击钻进中发生卡钻，如试提无效，可用小径钻具在孔内事故钻具与孔壁之间冲击，配合反循环排砂。如上述方法无效，可采取孔内爆破的方法处理。

三、常见孔内事故的处理

1. 处理孔内事故的方法，见表3.1－37。

处理孔内事故的方法 **表3.1－37**

处理方法	操作方法	适用范围
捞	用各种类型的丝锥和捞管器打捞事故的钻具	用于钻具折断、脱落、跑钻事故
提	用升降机提拉	用于卡、埋、夹钻及打捞对上以后

续表

处理方法	操作方法	适用范围
扫	开车回转钻具把挤夹物扫掉或挤入孔壁	用于钻具能回旋但不能升降时
冲	用冲洗液冲洗事故钻具上部或周围障碍物	用于埋钻及夹钻
打	用吊锤冲打事故钻具	多用于处理掉快或钢粒挤夹钻，卡、埋、烧钻
顶	用千斤顶起拔事故钻具	用于阻力大的夹、埋、烧钻等
反	通过反事故接头或采用反丝钻杆和反丝丝锤将事故钻具分若干次从孔内反出	用于卡、埋、夹钻具等
炸	用炸药炸断事故钻杆或震松事故套管	用于埋、夹、烧钻具及孔内落物事故
透	用小一级或二级的钻头从粗径钻具内往下透过钻头 1~2cm	用于孔内只剩下粗径钻具挤夹力较大时
扩	用大一级岩心管连接薄壁钻头扩孔套取	夹钻、埋钻、烧钻事故等
割	用割管器分段割去	用于阻力较大时。夹钻、埋钻、烧钻事故
磨	用特制钻头将事故钻具磨完	特殊情况下采用

2. 一般钻具折断和脱落事故的处理

（1）丝锥打捞

事故发生后，通过打印器打印确定钻具在孔内的状态，可以采用加设导向的丝锥打捞。

（2）扩孔套取

当钻具在岩芯管异径接头处折断或脱落，并且接头水眼已经堵塞，或者岩芯管折断，则须用比事故钻具大 1~2 级径差的钻具扩孔套取。

（3）卡具打捞

如果钻杆接头断在孔内，可采用半活门抽砂筒卡取。岩芯管折断并且管内无岩芯，可用倒楔形木塞打捞。

（4）捞钩打捞

如果钻杆靠壁时采用扶正捞钩捞取。在扩孔中发生钻头脱落或岩芯管折断时，可从钻具中间下入倒刺钩进行打捞。

（5）绳套打捞

大口径钻孔，大直径钻杆折断可用钢丝绳套套取。

3. 卡钻事故的处理

（1）由于掉块产生卡钻而又没有卡死时不能强提，可采取串动钻具办法处理，要转动钻具，改变掉块的状态和处于孔壁的部位。

（2）如果钻具卡死于孔底，在强提的同时用吊锤或震动器，对钻具进行冲击和震动从而使挤卡物松动。

（3）当钻具没有卡死时也可回转钻具往上扫，如果岩心管接头镶有合金片就更为方便。

以上处理方法都无效时，条件允许可采取扩孔套取或爆破的方法处理。

4. 孔壁坍塌及埋钻事故的处理

（1）首先要加大泥浆的相对密度、黏度和泵送泥浆量。

（2）一旦发现回转阻力增大，立即停止回转，上下活动钻具或立即强提。

（3）如淤埋颗粒较粗，可用空气压缩机、反循环或抽砂筒清除。

5. 孔斜的处理

（1）孔斜的判断

对孔斜的判断应该有较高的技能和高度的责任感，要及时发现和处理，减少经济损失。

1）冲击钻进孔斜的判断

① 在同一地层中钻进，钻具冲击阻力突然增大不进尺。

② 当钻具下放时很顺利，提升时阻力很大。

③ 钢丝绳偏离孔口中心。

④ 钢丝绳某段的保护油已磨掉，说明钻孔偏斜距离已经超过钻孔半径，钢丝绳磨光深度即是孔斜起始深度。

⑤ 提钻或下钻时，钢丝绳时而偏离孔口中心一方，时而偏离孔口中心另一方，说明钻孔弯曲。

2）回转钻进孔斜的判断

① 钻进当中突然阻力增大，效率显著下降。

② 当发现钻杆某段已经磨光发亮，说明孔斜偏离距离已经超过钻孔半径。

③ 提钻时钻杆靠钻孔一侧或偏离转盘中心，取下或安放卡方很困难。

④ 在提钻或下钻时，钻杆时而偏离转盘中心一方，时而又偏向另一方，说明钻孔已经弯曲。

⑤ 提升或下放钻具有阻力。

⑥ 当加压钻进时钻杆歪斜。

（2）孔斜的纠正

通过测斜仪器测量或以钢丝绳（或钻杆）偏离孔口中心的距离判断，孔斜严重影响下入井管时，需采取纠正措施进行处理。

1）冲击钻进孔斜的纠正

① 加大钻头的摩擦面或切削刃的外径，从上至下进行扩孔。如果局部孔斜，可将补焊后的钻具放至孔斜起始深度进行扩孔。

② 回填与地层相应的黏土或碎石至孔斜起始深度以上，而后下入钻具钻进。

2）回转钻进中发现孔斜时，可在粗径钻具短钻杆上或钻具上部加设扶正器，即相当于加长岩芯管，从孔斜起始深度开始。采用中打、轻压、慢转速方法钻进。如为松散层也可用扩孔的方法校正，但应在钻具上加设扶正器。

6. 工具及铁件掉落孔内

由于孔口封闭不好，将工具及一些铁件掉入孔内。发生这类事故，处理有时较困难，甚至可能造成钻孔报废。要针对具体情况，研究打捞办法。为了防止工具掉入孔内，（提钻后）应将孔口盖好，没有用的工具不要放在孔口附近，工具用完后要立即放入工具箱（袋）内。

四、事故的预防

1. 孔内事故的原因主要有以下 3 种：

（1）操作人员未遵循施工推荐使用的基本工艺措施和方法，违反操作规程；

（2）所用设备的不可靠性、不完善性和不配套性；

（3）钻孔地质条件的急剧变化。

以上3个原因，远非钻探中可能引起事故的所有原因，但是大多数事故，均与这些原因有关。

2. 预防事故的措施：

（1）在开赴施工地点之前，应当全面检查钻机和工具的可靠性和工作性能，所发现的任何问题均应予以消除；

（2）钻进过程中，必须遵守有关工艺规程和施工方法；

（3）钻探人员应该考虑到钻进中所钻岩土的性质随时可能发生剧烈变化，因而钻探过程应考虑到这种变化的可能性；

（4）钻探无事故工作的重要条件是确保钻进过程的不间断性，只有在极端必要时，才可中止钻进过程，而且要十分谨慎，钻具不能停放于孔底，未加固的不稳定孔段应采取下套管护壁等措施；

（5）除上述一般建议外，应特别注意钻进中的回次进尺量，用冲击法钻进的回次进尺不应超过0.5～0.7m。回次进尺量稍微增大，就有可能导致严重的卡钻事故。在冲击振动钻进中，回次期间应多次周期性地轻微提动钻具。

当钻进非黏结性岩石时，应该避免用探头和土样套筒在套管内钻进（即在套管管靴超前于孔底时），防止钻具与套管塞卡住。

第十节　钻孔回填

一、回填要求

工程勘察钻孔完成后，对可能导致建筑物基础、边坡稳定破坏、引起渗漏的钻孔；可能引起含水层水量、水位、水质变化，而致使供水水文地质条件恶化的钻孔；可能影响工程地质条件的钻孔均要以不同材料与方法分层回填。封孔（回填）材料及方法见表3.1－38。

封孔（回填）材料及方法　　**表3.1－38**

回填材料	回填方法
原土	每0.5m分层夯实
直径20mm左右黏土球	均匀回填，每0.5～1m分层捣实
水泥、膨润土（4:1）制成浆液或水泥浆	泥浆泵送入孔底，逐步向上灌注
素混凝土	分层捣实
灰土	每0.3m分层夯实

二、回填方法

1. 钻孔、探井、探槽宜采用原土回填，并应分层夯实，回填土的密度不宜小于天然土层。

2. 需要时，应对探洞洞口采取封堵处理。

3. 临近堤防的钻孔应采用干黏土球回填，并应边回填夯实；有套管护壁的钻孔应边起拔套管边回填；对隔水有特殊要求时，可用水泥浆或4:1水泥、膨润土浆液通过泥浆泵由孔底向上灌注回填。

4．特殊地质或特殊场地条件下的钻孔、探井、探槽和探洞的回填，应按勘探任务书的要求回填，并应符合有关主管部门的规定。

第十一节　安全与环境保护

一、安全措施及注意事项

1．平整场地及搬迁中的注意事项

（1）钻机的地基必须平坦、稳固、适用。在山坡上修建地基时，其上方坡度不大于60°，并要及时除掉坡上险石。

（2）设备搬迁时，必须由专人负责，统一指挥，以防乱中伤人。

（3）运输时车上物品要用绳索捆绑结实，以防车辆行驶时货物在车厢内移动、滑落；严禁人货混装。

2．安装及拆卸

（1）拆建钻塔时分工要明确，塔上塔下作业须由机长统一指挥，上下协调，互相关心互相照顾，密切配合。

（2）拆迁钻塔前，应严格检查塔材、工具、绞车、绳索和挑杆是否牢固，不符合安全要求不准使用。现场人员一律戴安全帽，上钻架作业不准穿易滑的硬底鞋，塔上或高处作业要系牢安全带。工具、零件要装入工具袋内。

（3）立、卸钻塔时，不准同时在塔下进行安装、拆卸工作。从塔上往下投掷物品时，要事先通知下面人员离开方可投掷。

（4）塔架及所有机械设备上的螺丝必须上紧，不得随意拆除，以免降低荷载能力及机械的稳固性。

（5）禁止在缺少足够照明条件下，进行夜间钻探作业。

（6）在五级以上大风、大（雷）雨和大雾天气时，禁止进行安装与拆卸工作。

（7）钻探设备和安全设施安装后，机长必须进行设备安装质量和安全检查。

3．安全防护措施

（1）各种天车（滑轮）必须安装安全挡板或保险绳。

（2）塔上台板、梯子、机械传动（皮带或链条）的地方必须安装防护栏或防护罩。

（3）高度10m以上的钻塔或桅杆必须安装绷绳，绷绳直径一般为8～12mm，与地面夹角不得超过45°，用紧绳器绷直。

（4）雷雨季节施工时，塔架要安装避雷针。

二、安全操作要点

1．钻进

（1）钻探工程开钻前由勘察单位组织机长、技术员参加开钻前验收工作。对场内钻探设备安装和安全设施质量逐一检查验收合格后方可开钻。

（2）严格交接班制度。班长及岗位责任者将本班所发生的问题及处理经过、结果向接班者交代明确，必要时填写在班报表内。当班人员应明确岗位职责。

（3）新工人上岗应进行岗前安全教育，应在机长、班长、老工人的直接帮助下进行，达到一定熟练程度后方可单独操作。

（4）现场员工穿戴要整齐。上班穿工作服，戴安全帽；衣襟、袖口、帽绳要束好。

（5）遵守劳动纪律。班前不准喝酒，操作时精力要集中；不准谈笑、打闹、打瞌睡，不准擅自离开工作岗位。

（6）开动机器时，应先打招呼，确认机器转动部位无人靠近时再开车。

（7）机械运转时，不许触摸或擦洗运转的部件。

（8）松紧钻机卡盘时，要有专人看管钻机离合器。

2. 升降钻具操作要点

（1）提升钻具时应服从班长或带班人员的统一指挥，密切配合，不得各行其是。

（2）提升前，各岗位责任者应事先检查好提升制动系统（提引工具、钢丝绳）的安全情况，遇有不安全的因素应立即向班长报告，及时处理。

（3）操作升降机的制动装置必须灵敏可靠；禁止用手摸、拉游动着的钢丝绳；防止提引器拉倒天车；起放钻具要使提引器缺口朝下。

（4）孔口人员不准把手握在垫叉把底部，并防止垫叉滑出伤人。

（5）操作升降机时信号不明禁止升降，从高处或地面投掷物品时要先打招呼，待对方回话后方可行动。

（6）孔口人员要离开钻具移动范围；粗径钻具提出孔口后，禁止把手伸进钻头内试探岩芯或低头看悬吊着的钻具内的岩芯，不准用手掌托钻头底端。

（7）若遇孔内阻力大时，班长应立即指挥其他人员脱离危险范围后，方可强力起拔。

（8）禁止在塔架上堆放工具。

3. 处理孔内事故安全要点

（1）用升降机提吊事故钻具时，必须详细检查滑车、天车、塔梁、吊环、制动装置、钢丝绳、提引器、卷筒等安全情况，不准带病冒险使用。

（2）打吊锤时，钻杆、打箍一定要拧紧，吊锤、打箍、提引器最好用钢丝拴牢，吊锤活动范围的下端要夹上冲击把手，开打之前要检查天车螺丝是否松动。经常拧紧震松的打箍螺丝。

（3）使用千斤顶起拔被卡钻具时，必须将千斤顶帽和卡瓦栓绊牢固，并挂好提引器，防止钻杆顶断后蹿起或卡瓦弹出伤人。

（4）反孔内事故钻具时，使用各种扳钳前应详细检查其安全可靠程度。禁止用手推方法扭钻具，操作人员不准站在钳子或搬杆的反转范围内，掌握扳钳者要躲到机架后面。

（5）处理事故时现场必须清洁，严禁乱扔、乱放工具。防止工具等掉入孔内，造成双重事故。

（6）使用升降机、千斤顶排除孔内事故时，塔上一律不准站人；非操作人员不得进入现场。

（7）孔内事故处理，应由机长或指定专人负责组织处理。

三、环境及地下设施保护

1. 钻探施工过程应遵守《中华人民共和国环境保护法》和勘察项目所在地政府的环境保护法规。

2. 在城市绿地和自然保护区勘察作业时，采取减少对作业现场植被的破坏措施。勘察作业前，对作业人员进行环境保护交底，对勘探设备进行检查、维护。作业过程中安环境保护要求对设备添加和排放油液、钻探冲洗液排放、弃土弃渣处理、噪声等进行控制。

3. 对轨道交通及市政工程，施工前应采取各种方法，仔细调查周边的地下管线和地下设施，在确保地下管线和地下设施安全的情况下，再进行施工，严禁蛮干，破坏地下管线和地下设施。

4. 对轨道交通及市政工程的施工，钻孔终孔后应立即封孔，夯实处理，以免人、畜、车辆陷入。

5. 在城区作业时，严格按照国家或地方政府有关规定控制噪声污染，当噪声超标时应采取整改措施，并在达到标准后再继续作业。

第二章　现场鉴别与记录

第一节　现场鉴别与记录的概念

现场勘探是工程勘察的一个重要环节，对岩土工程勘察成果有直接的影响，在工程勘察中占据着重要地位。

现场记录是指经岗位培训合格的人员，按照有关规范规程的要求，正确、及时对钻探、取样及测试等工作进行记录、岩心鉴定和地质描述的勘察现场工作，为内业资料分析整理提供及时、客观、真实、全面的第一手资料的活动过程。

现场记录是岩土工程勘察的重要环节之一。其成果是工程勘察现场的第一手资料，是勘察工作的一项重要成果，是工程技术人员了解场地地质条件的最直接依据，是进行岩土工程判断、分析、评价编制勘察报告的重要基础文件。

因此要求记录工作应在现场进行，及时记录钻（勘）探过程中发生的情况，客观对地层进行鉴定，真实地、全面地进行记录。

现场记录工作通过现场记录员（也称描述员）来完成。记录员在勘探过程中发挥着极其重要的作用，主要表现在以下几个方面：

1. 配合机长落实《勘察纲要》或《钻探任务书》中现场勘探、原位测试、取样等技术工作的实施。

2. 负责本班勘探钻过程中各项原始资料的记录工作，及时、准确、真实、清晰地填写钻探记录，并负责保管好。

3. 负责岩芯、岩样、土样、水样的采集整理与保管。

4. 确定和记录回次进深和地层的分层深度。

5. 确定和记录钻孔观测水位和孔深校正。

6. 确定和记录岩土样采取等级、编号、深度，填写岩土样标签。

7. 确定和记录水样采取编号、深度，填写水试样标签。

8. 现场描述完成后，负责及时整理现场记录资料，报送工程技术人员验收。

第二节 现场鉴别

作为现场记录的一个重要部分，及时对岩土性质进行描述，描述的前提是现场鉴别，岩土的现场鉴别主要采用目测、手感并辅助一定的原位测试确定。

根据国家现行标准《建筑工程地质勘探与取样技术规程》JGJ/T 87 、《岩土工程勘察规范》GB 50021，提出了相关鉴定方法和原则。

一、黏性土、粉土的现场鉴别

土的目力鉴别是野外区别黏性土与粉土较好的方法。目力鉴别包括光泽反应、摇振反应、干强度和韧性。

光泽反应：用小刀切开稍湿的土，并用小刀抹过土面，观察有无光泽以及粗糙的程度。

摇振试验：用含水量接近饱和的土搓成小球，放在手掌上左右摇晃，并以另一手振击该手，如土球表面有水渗出并呈光泽，但用手指捏土球时水分与光泽很快消失，称摇振反应。反应迅速表示粉粒含量较多，反之黏粒含量较多。

干强度试验：将风干的小土球，用手指捏碎的难易程度来划分。

韧性试验：将土调成含水量略高于塑限、柔软而不黏手的土膏，在手掌中搓成约 3mm 的土条，再搓成土团二次搓条，根据再次搓条的可能性，分为低韧性、中等韧性和高韧性。

各试验等级如表 3.2－1。

野外鉴别干强度、摇振反应、干强度和韧性 **表 3.2－1**

鉴别方法	等　级	特征、反映及特点
干强度	无或低干强度	仅用手压就碎
	低干强度	用手指能压成粉末
	中等干强度	要用相当大的压力才能将土样压得粉碎
	高干强度	虽然用手指能压碎，但不能成粉末
	极高干强度	不能在大拇指和坚硬表面之间压碎
摇震反应	反应迅速	摇动时很快在表面渗出（表面发亮），挤压时很快消失（表面发暗）
	反应缓慢	需要用力敲打才能使水从表面渗出，且挤压时外表改变甚少
	无反映	看不出试样有什么变化
塑性搓条～韧性试验	柔和软	在接近塑限含水量时，只能用很轻的压力滚搓，土条极易碎裂，碎裂以后土条不能再重塑成土团
	中等	在接近塑限含水量时，需要用中等压力滚搓，几寸长的土条能支持其自身的重量，并在碎裂以后可以捏拢重塑成土团，但轻搓又碎裂
	很硬	在接近塑限含水量时，需要用相当大的压力滚搓，几寸长的土条能支持其自身的重量，在碎裂之后土条可以重塑成土团

黏性土、粉土的现场鉴别应符合表 3.2－2 的规定。

黏性土、粉土的现场鉴别　　表 3.2－2

鉴别方法和特征	黏　土	粉质黏土	粉　土
湿润时用刀切	切面非常光滑，刀刃有黏腻的阻力	稍有光滑面，切面规则	无光滑面，切面比较粗糙
用手捻摸的感觉	捻摸湿土有滑腻感，当水分较大时极易黏手，感觉不到有颗粒的存在	仔细捻摸感觉到有少量细颗粒，稍有滑腻感，有黏滞感	感觉有细颗粒存在或感觉粗糙，有轻微黏滞感或无黏滞感
黏着程度	湿土极易黏着物体（包括金属与玻璃），干燥后不易剥去，用水反复洗才能去掉	能黏着物体，干燥后容易剥掉	一般不黏着物体，干后一碰就掉
湿土搓条情况	能搓成小于 0.5mm 的土条（长度不短于手掌）手持一端不致断裂	能搓成 0.5～2mm 的土条	能搓成 2～3mm 的土条
干土的性质	坚硬，类似陶器碎片，用锤击才能打碎，不易击成粉末	用锤易击碎，用手难捏碎	用手很易捏碎
摇震反应	无	无	有
光泽反应	有光泽	稍有光泽	无
干强度	高	中等	低
韧性	高	中等	低

黏性土状态的现场鉴别应符合表 3.2－3 的规定。

黏性土状态的现场鉴别　　表 3.2－3

稠度状态	坚硬	硬塑	可塑	软塑	流塑
黏土	干而坚硬，很难掰成块	1. 用力捏先裂成块后显柔性，手捏感觉干，不易变形； 2. 手按无指印	1. 手捏似橡皮有柔性； 2. 手按有指印	1. 手捏很软，易变形，土块掰时似橡皮； 2. 用力不大就能按成坑	土柱不能直立，自行变形
粉质黏土	干硬，能掰开或捏成块，有棱角	1. 手捏感觉硬，不易变形，土块用力可打散成碎块； 2. 手按无指印	1. 手按土易变形，有柔性，掰时似橡皮； 2. 能按成浅凹坑	1. 手捏很软，易变形，土块掰时似橡皮； 2. 用力不大就能按成坑	土柱不能直立，自行变形

粉土湿度的现场鉴别应符合表 3.2－4 的规定。

土湿度的现场鉴别　　表 3.2－4

湿　度	稍　湿	湿	很　湿
鉴别特征	土扰动后不易握成团，一摇即散	土扰动后能握成团，摇动时土表面稍出水，手中有湿印，用手捏水即吸回	用手摇动时有水析出，土体塌流成扁圆形

新近沉积土的现场鉴别应符合表 3.2－5 的规定。

新近沉积土的现场鉴别　**表 3.2－5**

沉积环境	颜色	结构性	含有物
河漫滩、山前洪、冲积肩（锥）的表层、古河道，已填塞的湖、塘、沟、谷和河道泛滥区	较深而暗，呈褐、暗黄或灰色，含有机质较多时带灰黑色	结构性差，用手扰动原状土时极易变软，塑性较低的土还有振动水析现象	在完整的剖面中无粒状结核体，但可能含有圆形及亚圆形钙质结核体（如礓结石）或贝壳等，在城镇附近可能含有少量碎砖、瓦片、陶瓷、铜币或朽木等人类活动遗物

红黏土的现场鉴别应符合表 3.2－6 的规定。

红黏土的现场鉴别　**表 3.2－6**

主要鉴别项目	特　征
母岩名称	石灰岩、白云岩
母岩岩性	主要为碳酸岩类岩石，岩层褶皱剧烈，岩石较破碎，易风化，成土后土质较细，液限大于 50%，塑性高，黏粒含量在 50% 以上
分布规律及特征	多分布在山区或丘陵地带，见于山坡、山麓、盆地或洼地中，其厚度取决于基岩的起伏，一般是低处厚，高处薄，变化极大。 颜色棕红、褐黄、直接覆盖于碳酸岩系之上的黏土，具有表面收缩，上硬下软，裂隙发育的特征。地下水位以上的土，一般结构性好，强度高；地下水位以下的土，一般呈可塑、软塑或流塑状态，强度低，压缩性高。切面很光滑

膨胀土的现场鉴别应符合表 3.2－7 的规定。

膨胀岩土的现场鉴别　**表 3.2－7**

主要鉴别项目	特　征
分布规律	分布于盆地的边缘和较高级的阶地上。下接湖积或冲积平原，上邻丘陵山地；在堆积时代上多属更新世，在成因类型上冲积、坡积和残积均有
矿物成分	含多量的蒙脱石、伊利石（水云母）、多水高岭土等（化学成分以 SiO_2 和 Al_2O_3、Fe_2O_3 为主）
颗粒与结构	黏土颗粒含量较高，塑性指数大，一般接近于黏土，土的结构强度高，但在水的作用下其表部易成泥泞的稀泥并在一定范围内膨胀
干燥后的特征	干燥时土质坚硬，易裂，具有不甚明显的垂直节理，在现场可见高度 2～5m 左右的陡壁，有崩塌现象

残积土的现场鉴别应符合表 3.2－8 的规定。

残积土的现场鉴别　**表 3.2－8**

主要鉴别项目	特　征
结　构	结构已全部破坏，矿物成分除石英外，已风化成土状。镐易挖掘，干钻易钻进，具可塑性
分布规律	分布于基岩起伏平缓地区，与下卧基岩风化带呈渐变关系
残积砂土	未经分选，可具母岩矿物成分，表面粗糙，有棱角，常与碎石及黏性土混在一起，其厚度不均
残积粉土和残积黏性土	产状复杂，厚度不均，深埋者常为硬塑或坚硬状态。裸露地表者，孔隙比较大
残积碎石土	碎石成分与母岩相同，未经搬运，分选差，大小混杂、颗粒呈棱角形

黄土的现场鉴别应符合表3.2－9的规定。

黄土的现场鉴别 **表3.2－9**

黄土名称	颜色	特征及包含物	古土壤	沉积环境	挖掘情况
Q_4^2 新近堆积黄土	浅褐至深褐色，或黄至黄褐色	土质松散不均，多虫孔和植物根孔，有粉末状或条纹状碳酸盐结晶，含少量小砾石或钙质结核，有时有砖瓦碎块或朽木等	无	河漫滩低级阶地，山间洼地的表面，黄土源、峁的坡脚，洪积扇或山前坡积地带，老河道及填塞的沟槽洼地的上部	锹挖很容易，进度较快
Q_4^1 黄土状土	褐黄至黄褐色	具有大孔、虫孔和植物根孔，含少量小的钙质结核或小砾石。有时有人类活动遗物，土质较均匀	底部有深褐色黑垆土	河流阶地的上部	锹挖容易，但进度稍慢
Q_3 马兰黄土	浅黄、褐黄或黄褐色	土质均匀、大孔发育，具垂直节理，有虫孔及植物根孔，有少量小的钙质结核，呈零星分布	底部有一层古土壤，作为与Q_2黄土的分界	河流阶地和黄土塬、梁、峁的上部，以及黄土高原与河谷平原的过渡地带	锹、镐挖掘不困难
Q_2 离石黄土	深黄、棕黄或黄褐色	土质较密实，有少量大孔。古土壤层下部钙质结核含量增多，粒径可达5～20cm，常成层分布成为钙质结核层	夹有多层古土壤层，称“红三条”或“红五条”甚至更多	河流高阶地和黄土塬、梁、峁的黄土主体	锹、镐挖掘困难
Q_1 午城黄土	浅红或棕红色	土质密实，无大孔，柱状节理发育，钙质结核含量较Q_2黄土少	古土壤层不多	第四纪早期沉积，底部与第三纪红黏土或砂砾层接触	锹、镐挖掘很困难

冻土构造与现场鉴别应符合表3.2－10的规定。

冻土构造与现场鉴别 **表3.2－10**

构造类别	冰的产状	岩性与地貌条件	冻结特征	融化特征
整体构造	晶粒状	1. 岩性多为细颗粒土，但砂砾石土冻结亦可产生此种构造； 2. 一般分布在长草或幼树的阶地和缓坡地带以及其他地带； 3. 土壤湿度：稍湿	1. 粗颗粒土冻结，结构较紧密，孔隙中有冰晶，可用放大镜观察到； 2. 细颗粒土冻结，呈整体状； 3. 冻结强度一般（中等），可用锤子击碎	1. 融化后原土结构不产生变化； 2. 无渗水现象； 3. 融化后，不产生融沉现象
层状构造	微层状（冰厚一般可达1～5mm）	1. 岩性以粉砂或黏性土为主； 2. 多分布在冲—洪积扇及阶地其他地带，植被较茂密； 3. 土壤湿度：潮湿	1. 粗颗粒土冻结，孔隙被较多冰晶充填，偶尔可见薄冰层； 2. 细颗粒土冻结，呈微层状构造，可见薄冰层或薄透镜体冰； 3. 冻结强度很高，不易击碎	1. 融化后原土体积缩小现象不明显； 2. 有少量水分渗出； 3. 融化后，产生弱融沉现象
	层状（冰厚一般可达5～10mm）	1. 岩性以粉砂为主； 2. 一般分布在阶地或塔头沼泽地带； 3. 有一定的水源补给条件； 4. 土壤湿度：很湿	1. 粗颗粒土如砾石被冰分离，可见到较多冰透镜体； 2. 细颗粒土冻结，可见到层状冰； 3. 冻结强度高，极难击碎	1. 融化后土体积缩小； 2. 有较多水分渗出； 3. 融化后产生融沉现象

续表

构造类别	冰的产状	岩性与地貌条件	冻结特征	融化特征
网状构造	网状（冰厚一般可达10～25mm）	1. 岩性以细颗粒土为主； 2. 一般分布在塔头沼泽与低洼地带； 3. 土壤湿度：饱和	1. 粗颗粒土冻结，有大量冰层或冰透镜体存在； 2. 细颗粒土冻结，冻土互层； 3. 冻结强度偏低，易击碎	1. 融化后土体积明显缩小，水土界限分明，并可成流动状态； 2. 融化后产生融沉现象
	厚层网状（冰厚一般可达25mm以上）	1. 岩性以细颗粒土为主； 2. 分布在低洼积水地带，植被以塔头、苔藓、灌丛为主； 3. 土壤湿度：超饱	1. 以中厚层状构造为主； 2. 冰体积大于土体积； 3. 冻结强度很低，极易击碎	1. 融化后水土分离现象极其明显，并成流动体； 2. 融化后产生融陷现象

二、砂土的现场鉴别

砂土的现场鉴别应符合表3.2－11的规定。

砂土的现场鉴别 **表3.2－11**

鉴别特征	砾砂	粗砂	中砂	细砂	粉砂
颗粒粗细	约有1/4以上颗粒比荞麦或高粱粒（2mm）大	约有一半以上颗粒比小米粒（0.5mm）大	约有一半以上颗粒与砂糖或白菜籽（>0.25mm）近似	大部分颗粒与粗玉米粉（>0.1mm）近似	大部分颗粒与米粉近似
干燥时的状态	颗粒完全分散	颗粒完全分散，个别胶结	颗粒基本分散，部分胶结，胶结部分一碰即散	颗粒大部分分散，少量胶结，胶结部分稍加碰撞即散	颗粒少部分分散，大部分胶结，稍加压即能分散
湿润时用手拍后的状态	表面无变化	表面无变化	表面偶有水印	表面有水印及翻浆现象	表面有显著翻浆现象
黏着程度	无黏着感	无黏着感	无黏着感	偶有轻微黏着感	有轻微黏着感

砂土湿度的现场鉴别应符合表3.2－12的规定。

砂土湿度的现场鉴别 **表3.2－12**

湿　度	稍　湿	很　湿	饱　和
鉴别特征	呈松散状，用手握时感到湿、凉，放在纸上不会浸湿，加水时吸收很快	可以勉强握成团，放在手上有湿感、水印，放在纸上浸湿很快，加水时吸收很慢	钻头上有水，放在手掌上水自然渗出

砂土密实度判别应符合表3.2－13规定。

砂土密实度判别表 **表3.2－13**

密实度	标准贯入锤击数 N	密实度	标准贯入锤击数 N
松散	$N \leqslant 10$	中密	$15 < N \leqslant 30$
中密	$10 < N \leqslant 15$	密实	$N > 30$

三、碎石土、卵石土密实度的现场鉴别

碎石土、卵石土密实度的现场鉴别应符合表 3.2－14 的规定。

碎石土、卵石土密实度的现场鉴别　　表 3.2－14

状态	天然陡坎或坑壁情况	骨架和充填物	挖掘情况	钻探情况	说明
密实	天然陡坎稳定，能陡立，坎下堆积物少；坑壁稳定，无掉块现象	骨架颗粒含量大于总重的 70%，呈交错排列，连续紧密接触，孔隙填满，坚硬密实，掏取大颗粒后填充物能成窝形，不易掉落	用镐挖掘困难，用撬棍方能松动，用手掏取大颗粒有困难	钻进极困难，冲击钻探时钻杆和吊锤跳动剧烈	1. 密实程度按表列各项综合确定； 2. 本表不包括半胶结的碎石、卵石土； 3. 本表未考虑风化和地下水影响
中密	天然陡坎不能陡立或陡坎下有较多的堆积物，自然坡大于颗粒的安息角	骨架颗粒含量占总重的 60%～70%，呈交错排列，大部分接触，疏密不均，孔隙填满，填充砂土时掏取大颗粒后填充物难成窝形	用镐可挖掘，用手可掏取大颗粒	钻进较困难，冲击钻探时钻杆和吊锤跳动不剧烈	
稍密	不能形成陡坎，自然坡接近于颗粒的安息角 坑壁不能稳定，易发生坍塌	骨架颗粒含量小于总重的 60%，排列混乱，大部分不接触，而被填充物包裹填充砂土时，掏取大颗粒后砂随即坍塌	用镐易刨开，手锤轻击即可引起部分塌落	钻进较容易，冲击钻探时钻杆稍有跳动	

碎石土、卵石土的密实度在钻探过程中可根据动力触探、标准贯入试验进行定量判别，判别方法见表 3.2－15。

碎石土、卵石土密实度判别表　　表 3.2－15

密实度	重型动力触探锤击数 $N_{63.5}$	超重型动力触探锤击数 N_{120}
松散	$N_{63.5} \leqslant 5$	$N_{120} \leqslant 3$
稍密	$5 < N_{63.5} \leqslant 10$	$3 \leqslant N_{120} \leqslant 6$
中密	$10 < N_{63.5} \leqslant 20$	$6 < N_{120} \leqslant 11$
密实	$N_{63.5} > 20$	$11 < N_{120} \leqslant 14$
很密		$N_{120} > 14$

注：$N_{63.5}$、N_{120} 是杆长修正后的值。

四、岩石的现场鉴别

岩石风化程度的现场鉴别应符合表 3.2－16 的规定。

岩石风化程度的现场鉴别　　表 3.2－16

岩石类别	风化程度	野外观察的特征	开挖或钻探情况
硬质岩石	微风化	组织结构基本未变，仅节理面有铁锰质渲染或矿物略有变色。有少量风化裂隙，岩体完整性好	开挖需爆破，一般金刚石岩芯钻方可钻进
	中风化	组织结构部分破坏，矿物成分基本未变化，仅沿节理面出现次生矿物。风化裂隙发育，岩体被切割成 20～50cm 的岩块，锤击声脆，且不易击碎	不能用镐挖掘，一般金刚石岩芯钻方可钻进
	强风化	组织结构已大部分破坏，矿物成分已显著变化，长石、云母已风化成次生矿物，裂隙很发育，岩体被切割成 2～20cm 的岩块，可用手折断	用镐可挖掘，干钻不易钻进

续表

岩石类别	风化程度	野外观察的特征	开挖或钻探情况
软质岩石	微风化	组织结构基本未变，仅节里面有铁锰质渲染或矿物略有变色，有少量风化裂隙，岩体完整性好	开挖用撬棍或爆破，一般金刚石、硬质合金均可钻进
	中风化	组织结构部分破坏，矿物成分发生变化，节理面附近的矿物已风化成土状，风化裂隙发育，岩体被切割成20~50cm岩块，锤击易碎	开挖用镐或撬棍，硬质合金可钻进
	强风化	组织结构已大部分破坏，矿物成分已显著变化，含大量黏土矿物，风化裂隙很发育，岩体被切割成碎块，干时可用手折断或捏碎，浸水或干湿交替时可较迅速地软化或崩解	用镐可挖掘，干钻可钻进
全风化		组织结构已基本破坏，但尚可辨认，有残余结构强度，风化成土混砂砾状或土夹碎粒状，岩芯手可掰断捏碎	用镐锹可挖掘，干钻可钻进
残积土		组织结构已全部破坏，已风化成土状，具可塑性	用镐锹可挖掘，干钻可钻进

岩石硬度的现场鉴别应符合表3.2－17的规定。

岩石硬度的现场鉴别 **表3.2－17**

硬　度	鉴别特征
很软的	用手指易压碎，锤轻击有凹痕
软的	用手指不易压碎，用笔尖刻划可有划痕
中等的	用笔尖难于刻划，用小刀刻划有划痕，用钎击有凹痕
中硬的	用小刀难于刻划，用锤轻击有击痕或破碎
坚硬的	用锤重击出现击痕破碎
很坚硬	用锤反复重击方能破碎

五、围岩分级和岩土施工分级

围岩分级应根据隧道围岩的工程地质特征、结构形态和完整状态、围岩弹性纵波波速等因素划分为Ⅰ级、Ⅱ级、Ⅲ级、Ⅳ级、Ⅴ级和Ⅵ级。具体表3.2－18。

隧道围岩分级 **表3.2－18**

围岩级别	围岩主要工程地质条件		围岩开挖后的稳定状态（单线）	围岩弹性纵波波速 V_P（km/s）
	主要工程地质特征	结构形态和完整状态		
Ⅰ	坚硬岩（单轴饱和抗压强度 $f_r>60$MPa）：受地质构造影响轻微，节理不发育，无软弱面（或夹层）；层状岩层为巨厚层或厚层，层间结合良好，岩体完整	呈巨块状整体结构	围岩稳定，无坍塌，可能产生岩爆	>4.5

续表

<table>
<tr><th rowspan="2">围岩级别</th><th colspan="2">围岩主要工程地质条件</th><th rowspan="2">围岩开挖后的稳定状态（单线）</th><th rowspan="2">围岩弹性纵波波速 V_P（km/s）</th></tr>
<tr><th>主要工程地质特征</th><th>结构形态和完整状态</th></tr>
<tr><td rowspan="2">Ⅱ</td><td>坚硬岩（$f_r>60$MPa）：受地质构造影响较重，节理较发育，有少量软弱面（或夹层）和贯通微张节理，但其产状及组合关系不致产生滑动；层状岩层为中层或厚层，层间结合一般，很少有分离现象；或为硬质岩偶夹软质岩石；岩体较完整</td><td>呈大块状砌体结构</td><td rowspan="2">暴露时间长，可能会出现局部小坍塌，侧壁稳定，层间结合差的平缓岩层顶板易塌落</td><td rowspan="2">3.5～4.5</td></tr>
<tr><td>较硬岩（30MPa $<f_r\leqslant$ 60MPa）：受地质构造影响轻微，节理不发育；层状岩层为厚层，层间结合良好，岩体完整</td><td>呈巨块状整体结构</td></tr>
<tr><td rowspan="2">Ⅲ</td><td>坚硬岩和较硬岩：受地质构造影响较重，节理较发育，有层状软弱面（或夹层），但其产状组合关系尚不致产生滑动；层状岩层为薄层或中层，层间结合差，多有分离现象；或为硬、软质岩石互层</td><td>呈块（石）碎（石）状镶嵌结构</td><td>拱部无支护时可能产生局部小坍塌，侧壁基本稳定，爆破震动过大易塌落</td><td>2.5～4.0</td></tr>
<tr><td>较软岩（15MPa $<f_r\leqslant$ 30MPa）和软岩（5MPa $<f_r\leqslant$ 15 MPa）：受地质构造影响严重，节理较发育；层状岩层为薄层、中厚层或厚层，层间结合一般</td><td>呈大块状结构</td><td>拱部无支护时可能产生局部小坍塌，侧壁基本稳定，爆破震动过大易塌落</td><td>2.5～4.0</td></tr>
<tr><td rowspan="3">Ⅳ</td><td>坚硬岩和较硬岩：受地质构造影响极严重，节理较发育；层状软弱面（或夹层）已基本破坏</td><td>呈碎石状压碎结构</td><td rowspan="3">拱部无支护时可产生较大坍塌，侧壁有时失去稳定</td><td rowspan="3">1.5～3.0</td></tr>
<tr><td>较软岩和软岩：受地质构造影响严重，节理较发育</td><td>呈块石、碎石状镶嵌结构</td></tr>
<tr><td>土体：
1. 具压密或成岩作用的黏性土、粉土及碎石土
2. 黄土（Q_1、Q_2）
3. 一般钙质或铁质胶结的碎石土、卵石土、粗角砾土、粗圆砾土、大块石土</td><td>1 和 2 呈大块状压密结构；3 呈巨块状整体结构</td></tr>
<tr><td rowspan="2">Ⅴ</td><td>软岩受地质构造影响严重，裂隙杂乱，呈石夹土或土夹石状极软岩（$f_r\leqslant$5 MPa）</td><td>呈角砾碎石状松散结构</td><td rowspan="2">围岩易坍塌，处理不当会出现大坍塌，侧壁经常小坍塌；浅埋时易出现地表下沉（陷）或塌至地表</td><td rowspan="2">1.0～2.0</td></tr>
<tr><td>土体：一般第四系的坚硬、硬塑的黏性土、稍密及以上、稍湿或潮湿的碎石土、卵石土，圆砾土、角砾土、粉土及黄土（Q_3、Q_4）</td><td>非黏性土呈松散结构，粘性土及黄土松软状结构</td></tr>
<tr><td rowspan="2">Ⅵ</td><td>岩体：受地质构造影响严重，呈碎石、角砾及粉末、泥土状</td><td>呈松软状</td><td rowspan="2">围岩极易坍塌变形，有水时土砂常与水一齐涌出，浅埋时易塌至地表</td><td rowspan="2"><1.0（饱和状态的土<1.5）</td></tr>
<tr><td>土体：可塑、软塑状黏性土、饱和的粉土和砂类等土</td><td>黏性土呈易蠕动的松软结构，砂性土呈潮湿松散结构</td></tr>
</table>

注：1. 表中“围岩级别”和“围岩主要工程地质条件”栏，不包括膨胀性围岩、多年冻土等特殊岩土。

2. Ⅲ、Ⅳ、Ⅴ级围岩遇有地下水时，可根据具体情况和施工条件适当降低围岩级别。

岩土施工工程分级分为松土、普通土、硬土、软质岩、次坚石和坚石。具体见表3.2-19。

岩土施工工程分级 **表3.2-19**

等级	分类	岩土名称及特征	钻1m所需时间：液压凿岩台车、潜孔钻机（净钻分钟）	钻1m所需时间：手持风枪湿式凿岩合金钻头（净钻分钟）	钻1m所需时间：双人打眼（工天）	岩石单轴饱和抗压强度（MPa）	开挖方法
Ⅰ	松土	砂类土、种植土、未经压实的填土					用铁锹挖，脚蹬一下到底的松散土层，机械能全部直接铲挖，普通装载机可满载
Ⅱ	普通土	坚硬的、硬塑和软塑的粉质黏土、硬塑和软塑的黏土，膨胀土，粉土，Q_3、Q_4黄土，稍密、中密的细角砾土、细圆砾土、松散的粗角砾土、碎石土、粗圆砾土、卵石土，压密的填土，风积沙					部分用镐刨松，再用锹挖，脚蹬连蹬数次数才能挖动的。挖掘机、带齿尖口装载机可满载、普通装载机可直接铲挖，但不能满载
Ⅲ	硬土	坚硬的黏性土、膨胀土，Q_1、Q_2黄土，稍密、中密粗角砾土、碎石土、粗圆砾土、卵石土，密实的细圆砾土、细角砾土，各种风化成土状的岩石					必须用镐先全部松动才能用锹挖。挖掘机、带齿尖口装载机不能满载、大部分采用松土器松动方能铲挖装载
Ⅳ	软质岩	块石土，漂石土，含块石、漂石30%~50%的土及密实的碎石土、粗角砾土、卵石土、粗圆砾土，岩盐，各类较软岩、软岩及成岩作用差的岩石：泥质砾岩，煤、凝灰岩、云母片岩、千枚岩		<7	<0.2	<30	部分用撬棍及大锤开挖或挖掘机、单购裂土器松动，部分需借助液压冲击镐解碎或部分采用爆破方法开挖
Ⅴ	次坚石	各种硬质岩：硅质页岩、钙质岩、白云岩、石灰岩、泥灰岩、玄武岩、片岩、片麻岩、正长岩、花岗岩	≤10	7~20	0.2~1.0	30~60	能用液压冲击镐解碎，大部分需用爆破法开挖
Ⅵ	坚石	各种极硬岩：硅质砂岩、硅质砾岩、石灰岩、石英岩、大理岩、玄武岩、闪长岩、花岗岩、角岩	>10	>20	>1.0	>60	可用液压冲击镐解碎，需用爆破法开挖

注：1. 软土（软黏性土、淤泥质土、淤泥、泥炭质土、泥炭）的施工工程分级，一般可定为Ⅱ级，多年冻土一般可定为Ⅳ级。

2. 表中所列岩石均按完整结构岩体考虑，若岩体极破碎、节理很发育或强风化时，其等级应按表对应岩石的等级降低一个等级。

第三节　现场记录要求

一、现场记录的相关规定

岩土定名、描述术语及记录均应符合国家现行标准《岩土工程勘察规范》GB 50021等的规定。

根据《建筑工程地质勘探与取样技术规程》JGJ/T 87、《岩土工程勘察规范》GB 50021的相关规定，现场记录应符合下列规定：

1. 现场勘探记录应由经过专业培训的编录人员或专业工程技术人员承担（有的地区对培训合格人员颁发上岗证书）；

2. 现场记录应按勘探任务书或勘察纲要要求进行；

3. 勘探记录应在勘探进行过程中同时完成；

4. 记录内容应包括岩土描述及钻进过程两个部分；

5. 钻探现场记录表的各栏均应按钻进回次逐项填写，当同一回次中发生变层时，应分行填写，不得将若干回次或若干层合并一行记录；

6. 现场记录应真实及时，不得事后追记或转抄，误写之处可用横线划去在旁边更正，不得在原处涂抹修改；

7. 岩土描述前应首先进行岩土鉴别；

8. 现场鉴别可采用肉眼鉴别和手触方法，有条件或勘察工作有明确要求时，可采用原位测试等辅助的方法；

9. 现场记录有精度要求，误差应控制在要求范围之内；

10. 现场记录应有项目负责人或授权人验收签字；

11. 钻探现场可采用肉眼鉴别和手触方法，有条件或勘察工作有明确要求时，可采用微型贯入仪等定量化、标准化的方法；

12. 钻探成果可用钻孔野外柱状图或分层记录表示，岩土芯样可根据工程要求保存一定期限或长期保存，亦可拍摄岩芯、土芯彩照纳入勘察成果资料。

二、现场记录哪些内容

现场记录内容包括勘探过程（主要是钻探）及岩土层描述两大部分。

（一）岩土层描述

各类地层的描述应符合下列规定：

1. 碎石土和卵砾石土应描述下列内容：

（1）颗粒级配、颗粒含量、颗粒粒径、磨圆度、颗粒排列及层理特征；

（2）粗颗粒形状、母岩成分、风化程度和起骨架作用状况；

（3）充填物的性质、湿度、充填程度及密实度。

2. 砂土应描述下列内容：

（1）颜色、湿度、密实度；

（2）颗粒级配、颗粒形状和矿物组成及层理特征；

（3）黏性土含量。

3. 粉土应描述下列内容：
（1）颜色、湿度、密实度；
（2）包含物、颗粒级配及层理特征；
（3）干强度、韧性、摇振反应、光泽反应。
4. 黏性土应描述下列内容：
（1）颜色、湿度、状态；
（2）包含物、结构及层理特征；
（3）光泽反应、干强度、韧性等。
5. 填土应描述下列内容：
（1）填土的类别：可分为素填土、杂填土、充填土、压密填土；
（2）颜色：状态或密实度；
（3）物质组成、结构特征、均匀性；
（4）堆积时间、堆积方式等。

对于特殊性岩土，除应描述相应土类的内容外，尚应描述其特殊成分和特殊性质。

对具有互层、夹层、夹薄层特征的土，尚应描述各层的厚度和层理特征。

岩石的描述应包括地质年代、地质名称、颜色、主要矿物、结构、构造和风化程度、岩芯采取率、岩石质量指标（RQD）。对沉积岩尚应描述沉积物的颗粒大小、形状、胶结物成分和胶结程度；对岩浆岩和变质岩尚应描述矿物结晶大小和结晶程度。

岩体的描述应包括结构面、结构体、岩层厚度和结构类型，并宜符合下列规定：

1. 结构面的描述宜包括类型、性质、产状、组合形式、发育程度、延展情况、闭合程度、粗糙程度、充填情况和充填物性质以及充水性质等；

2. 结构体的描述宜包括类型、形状和大小、完整程度等情况。

（二）钻探过程记录

钻探过程的记录应包括下列内容：
1. 使用的钻进方法、钻具名称、规格、护壁方式等；
2. 钻进的难易程度、进尺速度、操作手感、钻进参数的变化情况；
3. 孔内情况，应注意缩径、回淤、地下水位或冲洗液位及其变化等；
4. 取样及原位测试的编号、深度位置、取样工具名称规格、原位测试类型及其结果；
5. 钻探日期、天气情况、孔深；
6. 钻孔实际位置、高程偏差；
7. 异常情况。

第四节　现场勘探成果

根据《建筑工程地质勘探与取样技术规程》JGJ/T 87 规定，勘探成果应包括下列内容：
1. 勘探现场记录；
2. 岩土芯样、岩芯照片；
3. 钻孔、探井（槽、洞）的柱状图、展开图等；
4. 勘探点坐标、高程数据一览表。

表 3. 2 – 20 勘探孔现场记录表为常见钻探记录方式之一，其特点是将勘探情况与地层描述记录在一张表格上，是较普遍的一种记录方式。表 3. 2 – 21 钻探原始记录表、表 3. 2 – 22钻探地质编录表，是将勘探情况与地层描述分别记录在不同表格上，岩石地区常采用这种记录方式。现场钻孔柱状图式可参见表 3. 2 – 23。

勘探孔现场记录表 **表 3. 2 – 20**

__________工程钻探现场记录 全____页，第____页

钻孔（探井）编号：__________ 孔（井）口标高：__________m

工作地点：__________ 钻机型号__________

钻孔口径 开孔__________m 终孔__________m 孔（井）位坐标 X：__________m Y：__________m

地下水位 初见：__________m 稳定：__________m 时间 自____年____月____日起 至____年____月____日止

回次	进尺（m）		地层名称	地层描述					岩石质量指标RQD	岩芯采取率	土样				原位测试类型及成果	钻进工程情况记载
	自	至		颜色	状态	密度	湿度	成分及其他			编号	取样深度	取土器型号	回收率		

项目负责人________ 钻探机长________ 记录员________ 检查人________

钻探原始记录表 **表 3. 2 – 21**

工程名称： 孔号： 钻探日期： 年 月 日～ 年 月 日 钻机型号：

钻孔直径	钻探方法	钻杆根数	钻杆总长（m）	岩心管长（m）	钻具总长（m）	机高（m）	机上余尺（m）	回次进尺（m）	孔深（m）	岩心长度（m）	RQD	岩性描述	取样深度编号	地下水位（m）初见/稳定	备注（冲洗液消耗量、返水颜色等情况）

项目负责人________ 钻探机长________ 检查人________

钻探地质编录表

表 3.2－22

工程名称：　　　　　孔号：　　　　坐标：　X：×××　Y：×××　H：×××

钻孔直径	钻探方法	钻杆根数	钻杆总长（m）	岩心管长（m）	钻具总长（m）	机高（m）	机上余尺（m）	回次进尺（m）	孔深（m）	岩心长度（m）	RQD	岩性描述	取样深度编号	地下水位（m）初见/稳定	备注（冲洗液消耗量、返水颜色等情况）

项目负责人＿＿＿＿＿　记录员＿＿＿＿＿　检查人＿＿＿＿＿

现场钻孔柱状图式

表 3.2－23

工程名称　　　　终孔深度　　　　m　钻机型号　　　　钻进日期　　　　年　月　日

孔　　号　　　　孔口标高　　　　m　孔位坐标　　　　地下水位　　　　初见　　m　静止　　m

层序	深度及标高（m）	层厚（m）	图例	岩性描述	岩芯		土样	原位测试	
					采取率（%）	RQD（%）	取样深度及取土器型号	类型	测试结果

制图　　　　　　校对　　　　　　项目负责人

绘制探井剖面展开式应将4个侧面连续展开，底面在第2个侧面底部向下展开，并标识方向标、比例尺、图例等。探井剖面展开式可按图3.2－1的式样绘制。

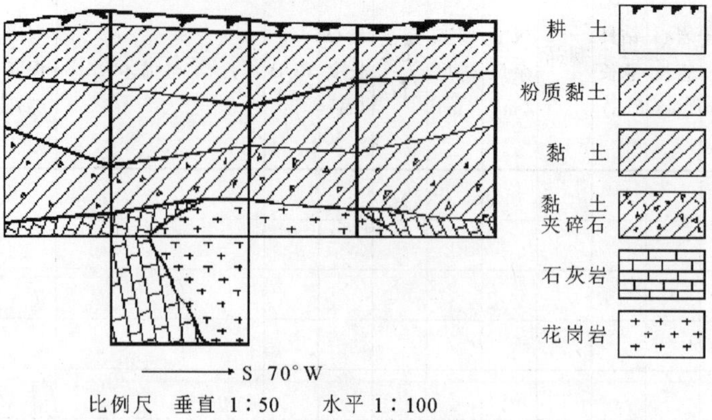

图3.2－1 探井剖面展开式

绘制探槽剖面展开式应以底面为中心，将4个侧面分别按上、下、左、右展开，并标识方向标、比例尺、图例等。探槽剖面展开式可按图3.2－2的式样绘制。

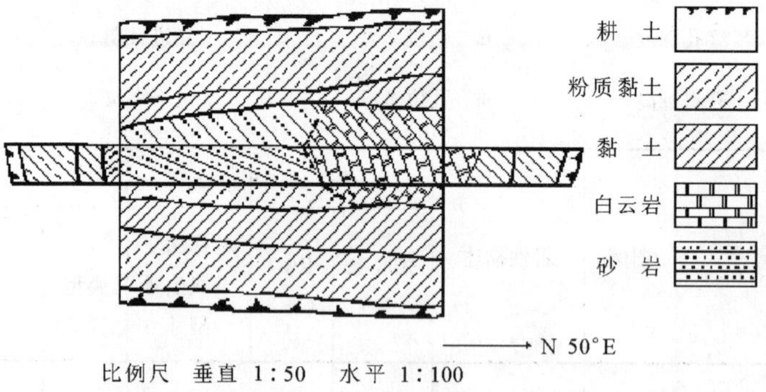

图3.2－2 探槽剖面展开式

绘制探洞剖面展开式应以底（或顶）面为轴心，将两个侧面分别向上下展开，并标识方向标、比例尺、图例等（图3.2－3）。

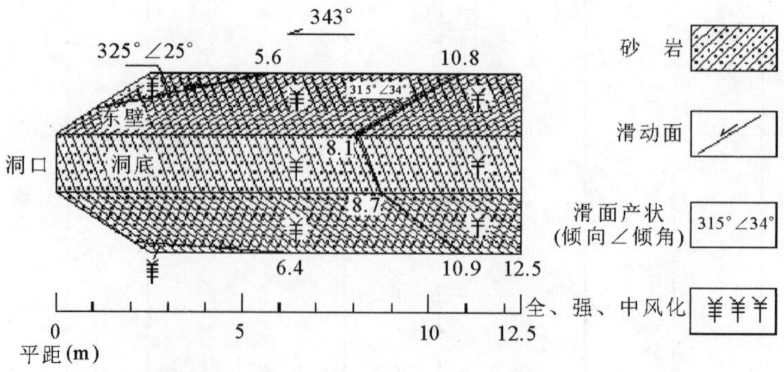

图3.2－3 探洞剖面展开式

第五节　现场记录注意事项

工程实践中，现场记录注意事项主要表现在以下几个方面：

一、记录不及时

主要表现在记录人员事后补记，或一人同时记录多个钻孔，造成漏记。

岩土工程勘察在绝大多数情况下要求仔细研究覆盖土层，而覆盖土层的样品取出地面之后湿度、状态会随时间迅速变化，或记录失真。岩层编录也存在同样问题，特别对于岩性不稳定的软质岩尤其是极软岩，岩芯取出后经暴露时间过长岩性将发生较大变化，如志留系泥岩暴露后逐渐崩解，见水膨胀软化。

因此强调现场记录要在钻进过程中及时完成，不得采用事后追忆进行编录的方法。

二、记录不规范

未按记录表中要求的内容全面记录，或对记录进行涂改等。

所描述的内容多侧重于岩土性质，而不大重视钻进过程，包括钻进难易、孔内情况、进尺速度及其他钻探参数的记载，特别是漏记钻探中的异常情况，如钻进速度突快、掉钻、循环水颜色突变等，因而遗漏许多能够反映地下情况的宝贵信息。

现场记录以目测、手触的经验鉴别方法为主，地层记录结果在很大程度上存在差异，除要求记录人员应接受严格训练外，还应提倡采用一些辅助性的标准化、定量化的鉴别工具和方法。

三、责任人签署不规范

主要表现在无检查人、项目负责人签字。

第四篇　安全生产篇

安全生产是党和国家为了保护劳动者利益的一项重要政策，也是我国企业管理的基本原则之一。为了提高钻探质量和劳动生产率，勘察单位必须加强安全生产管理，坚持安全第一、预防为主、综合治理的方针，必须加强安全生产管理和教育，制定一整套安全生产规章制度，建立健全勘察安全生产责任制，坚决杜绝一切事故的发生。

第一章　主要安全生产和劳动保护法规

我国在《中华人民共和国宪法》、《中华人民共和国劳动法》、《中华人民共和国工会法》和国务院《女职工劳动保护规定》等法律、法规中都有劳动保护条文；《中华人民共和国安全生产法》、《中华人民共和国建筑法》和《中华人民共和国消防法》等法规，对安全生产和防火专门立法。国务院根据《中华人民共和国建筑法》和《中华人民共和国安全生产法》制定了《建设工程安全生产管理条例》，于2004年2月1日起施行，该条例明确了从事建设工程活动的建设单位、施工单位、勘察、设计、工程监理及其他有关单位的安全责任，各级政府实施对建设工程安全生产的监督管理。为了规范生产安全事故的报告和调查处理，落实生产安全事故追究制度，防止和减少生产安全事故，国务院根据《中华人民共和国安全生产法》和有关法律，制定了《生产安全事故报告和调查处理条例》，于2007年6月1日起施行。现将国务院《建设工程安全生产管理条例》中与勘察单位有关的条文摘录如下：

第三条　建设工程安全生产管理，坚持安全第一、预防为主的方针。

第四条　建设单位、勘察单位、设计单位、施工单位工程监理单位及其他与建设工程安全生产有关的单位，必须遵守安全生产法律、法规的规定，保证建设工程安全生产，依法承担建设工程安全生产责任。

第十二条　勘察单位应当按照法律、法规和工程建设强制性标准进行勘察，提供的勘察文件应当真实、准确，满足建设工程安全生产的需要。

勘察单位在勘察作业时，应当严格执行操作规程，采取措施保证各类管线、设施和周边建筑物、构筑物的安全。

第四十三条　县级以上人民政府负有建设工程安全生产监督管理职责的部门在各自的职责范围内履行安全监督检查职责时，有权采取下列措施：

（一）要求被检查单位提供有关建设工程安全生产的文件和资料；

（二）进入被检查单位施工现场进行检查；

（三）纠正施工中违反安全生产要求的行为；

（四）对检查中发现的安全事故隐患，责令立即排除；重大安全事故隐患排除前或者排除过程中无法保证安全的，责令从危险区域内撤出作业人员或者暂时停止施工。

第四十四条　建设行政主管部门或者其他有关部门可以将施工现场的监督检查委托给建设工程安全监督机构具体实施。

第四十五条　国家对严重危及施工安全的工艺、设备、材料实行淘汰制度。具体目录由国务院建设行政主管部门会同国务院其他有关部门制定并公布。

第五十六条　违反本条例的规定，勘察单位、设计单位有下列行为之一的，责令限期改正，处10万元以上30万元以下的罚款，责令停业整顿，降低资质等级，直至吊销资质证书；造成重大安全事故，构成犯罪的，对直接责任人员，依照刑法有关规定追究刑事责任；造成损失的，依法承担赔偿责任：

（一）未按照法律、法规和工程建设强制性标准进行勘察、设计的；

（二）采用新结构、新材料、新工艺的建设工程和特殊结构的建设工程，设计单位未在设计中提出保障施工作业人员安全和预防生产安全事故的措施建议的。

第五十八条　注册执业人员未执行法律、法规和工程建设强制性标准的，责令停止执业3个月以上1年以下；情节严重的，吊销执业资格证书，5年内不予注册；造成重大安全事故的，终身不予注册；构成犯罪的，依照刑法有关规定追究刑事责任。

第二章　安全生产基本要求

第一节　勘察单位安全生产管理机构与责任

一、勘察单位的安全生产管理与责任人

勘察单位主要负责人对本单位安全生产工作全面负责，勘察单位应设置安全生产管理机构，设置分管安全生产工作的负责人和安全生产管理人员。

二、勘察单位安全生产管理工作

勘察单位应制定和完善本单位安全生产方针和规章制度，制定并实施安全生产事故应急救援预案，加强从业人员的安全生产教育培训，完善安全防护设备和设施，定期进行安全生产检查，及时消除安全生产隐患，明确相关人员责任，层层落实安全生产责任制，真正做到有章可循，有章必循，违章必究，体现安全监管的严肃性和权威信。

三、勘察单位安全生产管理制度

勘察单位制定的安全生产责任制应符合国家安全生产法律、法规和政策、方针的要求，要与生产经营单位管理体制协调一致，应根据本单位、部门、班组、岗位的实际情况来制定，安全生产责任制要有专人与机构来保障落实，同时应建立监督、检查等制度，特别要求注意发挥群众的监督作用。

四、分包单位的安全生产管理

勘察单位应对分包单位实施安全生产管理，并应签订安全生产协议，分包合同应明确分包单位安全生产管理责任人和各自在安全生产方面的权利、义务，并应对分包单位的安全生产承担连带责任。

五、安全生产事故后续工作

勘察单位对从业人员在作业过程中发生的伤亡事故和职业病状况进行统计、报告和处理。

第二节　勘察项目安全管理

一、项目安全生产管理负责人职责

对于具体的勘察项目，应明确项目安全生产管理负责人，项目负责人编制的勘察纲要应根据单位安全生产管理要求，制定安全生产方面的具体要求。

野外作业前，项目安全生产负责人应对作业人员进行安全技术交底，应如实告知作业人员作业场所和工作岗位存在的危险源、安全生产防护措施和安全生产事故应急救援预案。

危险源辨识包括下列作业条件（危险因素）：

1．作业现场地形、水文、气象条件，不良地质作用发育情况；

2．场地内及周边影响作业安全的地下建（构）筑物、各种地下管线、地下空洞、架空输电线路等环境条件；

3．临时用电条件、临时用电方案；

4．高度超过2m的高处作业；

5．工程物探方法或其他爆炸作业，危险品的储存、运输和使用；

6．勘探设备安装、拆卸、搬迁和使用；

7．作业现场防火、防雷、防爆、防毒；

8．水域勘察作业、特殊场地条件；

9．其他专业性强、操作复杂，危险性大的作业环境和作业条件。

评价结果应分为轻微危险、一般危险、较大危险、重大危险和特大危险。

凡具备下列条件的危险源应判定为重大危险：

1．曾经发生过人身安全事故，且无有效的安全生产防护措施；

2．直接观察到可能导致危险发生，且无有效的安全生产防护措施；

3．违反安全操作规程，会导致人身伤亡事故。

对评为有重大危险的作业条件，除应采取改善作业条件措施外，尚应根据所辨识的危险源，制定相应的危险性控制措施和相应的应急救援预案。

对评为特大危险的作业条件，不得进行勘察作业，应调整勘察方案。

二、勘察项目作业人员职责

作业人员在生产过程中必须遵守施工现场各项安全生产管理规定，严格遵守安全生产法规、标准和操作规程，熟悉和掌握当地生存、避险和相关应急技能，应进行安全生产记录。

三、隔离带和安全标志

进入建筑工地作业，应先了解作业场地施工状况，以及与作业点的关系，存在危及安全生产因素的勘察作业场地，如在建筑物屋顶边缘或基坑与边坡边沿或在存在滚石的山坡上作业，应采取安全防护措施后方可进行作业，或采取专人瞭望、短暂停止施工作业等办法。

要求对可能危及作业人员和他人安全的作业区、设施和设备等应设置隔离带和安全标志的规定是一种安全防护措施，目的在于提醒大家的安全警觉性，避免或减少安全生产事故发生。

第三节　安全培训与训练

一、勘察单位安全生产管理人员培训

勘察单位主要负责人、分管安全生产工作负责人、安全生产管理人员和项目负责人应具备相应的勘察安全生产知识和管理能力，安全生产培训考核要达到合格。

二、勘察单位对从业人员安全培训

国家《劳动法》第六十八条规定，用人单位应当建立职业培训制度，按照国家规定提取和使用职业培训经费，根据本单位实际情况有计划地对从业人员进行培训。一般要求对新从业人员的安全生产教育培训时间不得少于 24 学时，危险性较大的岗位不得少于 48 学时。

国家《安全生产法》第二十三条规定，特种作业人员必须按照国家有关规定经专门的安全作业培训，取得特种作业操作资格证书，方可上岗作业。一般取得《特种作业操作资格证书》的人员，每 2 年应进行一次复审，连续从事本工种 10 年以上的，经用人单位进行知识更新教育后，每 4 年复审一次，未按期复审或复审不合格者，其操作证自行失效。

因此，勘察单位应对从业人员定期进行安全生产教育和安全生产操作技能培训，未经培训考核合格的作业人员，严禁上岗作业。

三、勘察单位应急救援预案与从业人员安全训练

在编制安全生产事故应急救援预案时，应尽可能有详细、实用、明确和有效的技术与组织措施。并应定期检验（演习）和评估应急救援预案的有效性，从业人员每两年应进行不少于一次的自救互救技能训练，发现有缺陷时应及时进行修订。应急救援预案应包括以下主要内容：

1. 应急救援预案的适用范围；
2. 事故可能发生的地点和可能造成的后果；
3. 事故应急救援的组织机构及其组成单位、组成人员、职责分工；
4. 事故报告的程序、方式和内容；
5. 发现事故征兆或事故发生后应采取的行动和措施；
6. 事故应急救援（包括事故伤员救治）资源信息，包括队伍、装备、物资、专家等有关信息的情况；
7. 事故报告及应急救援有关的具体通信联系方式；
8. 相关的保障措施，如监测组织、交通管制组织、公共疏散组织、安全警戒组织等；
9. 与相关应急救援预案的衔接关系；

10．应急演练的组织与实施；

11．应急救援预案管理措施和要求。

第四节　作业人员安全防护措施

一、勘察单位应配备劳动防护用品和安全防护措施

根据国家《劳动法》第九十二条和国家《安全生产法》第三十七条的有关规定，为了保证劳动防护用品在劳动过程中真正对作业人员的人身起保护作用，使作业人员免遭或减轻各种人身伤害或职业危害，应按作业岗位配备符合国家标准的劳动防护用品和安全防护设施等要求。勘察单位应根据作业场所从事的工作范畴及其危害程度，为从业人员免费提供符合国家规定的防护用品，并按产品说明书的使用要求，及时更换、报废过期和失效的防护用品。勘察单位每年度应安排用于配备劳动防护用品、安全生产防护措施、安全生产教育和培训等安全生产费用。用于配备劳动防护用品和安全防护措施的专项经费，不得以货币或者其他物品替代。

二、作业人员应佩戴和使用劳动防护用品

作业人员应配备符合国家标准的劳动防护用品，作业现场应设置安全生产防护设施，勘察作业人员应佩戴和使用劳动防护用品，否则严禁上岗作业。

三、职业病防护

勘察单位对有职业病危害的工作岗位或作业场所，采取符合国家职业卫生标准的防护措施，并应定期对从事有职业病危害的作业人员进行健康检查。

四、执行与检查

勘察单位应按照规章制度要求进行勘察作业，勘察项目按照勘察纲要中的安全生产措施执行。

1．安全生产检查时间、内容与方法

分管安全生产工作负责人应对现场安全生产进行检查，及时发现和纠正可能存在的安全隐患。安全检查制度是落实安全生产责任制的一项具体措施，是防范和杜绝安全生产事故的一项有力保障。通过日常、专项和全面安全检查，可以及时发现安全隐患，对检查中发现的安全问题及时进行处理。每次检查应将检查情况、安全隐患处理意见和处理结果记录在案，便于追溯。安全生产检查时间、检查内容、检查方法主要有以下几种：

（1）安全生产检查——定期检查、经常性检查、季节性和节假日前检查、不定期职工代表巡视检查。

（2）安全检查内容——专业或专项检查、综合性检查。主要查思想、查管理、查隐患、查整改、查事故报告、调查及处理。

（3）安全检查方法——常规检查法、安全检查表法、仪器检查法。

定期检查是指每个项目的勘察周期内应进行不少于一次现场安全生产检查；对勘察周期较长的项目，每月应进行不少于一次的安全生产检查。对危险部位、生产过程、生产行为和存在隐患的安全设施，应落实监控人员、确定监控措施和方式，实施重点监控，必要时应连续监控，并采取纠正和预防措施。

2．整改与处罚

在安全检查中发现的问题，应责成相关部门、责任人分析原因，提出对策并及时进行整改，勘察单位要按规章制度的规定对责任人进行相应处罚。

第三章　勘察作业准备工作

第一节　现场踏勘与勘察纲要编制要求

一、现场踏勘要求

编制岩土工程勘察纲要前，勘察项目负责人应组织有关专业负责人到现场踏勘，除应收集、了解拟建场地及周边毗邻区域与勘察安全生产有关的资料和作业条件外，还应了解和判断作业场地及毗邻区域内各类管线和设施（架空输电线，地下电缆，易燃、易爆、有毒、有腐蚀介质管道，自来水管道，地下硐室等）是否会构成危及勘察作业安全的危险源；并应判断勘察作业是否会危及周边建筑物、构筑物的安全。当有上述危险源存在时，应制定相应的安全防护措施，并要求业主排除危险源。在工程勘察纲要或在岩土工程检测方案中说明保证各类管线、设施和周边建筑物、构筑物安全的防护措施和安全生产应注意的事项。严禁在危险源未排除或安全防护技术措施未落实前进行勘察作业。

二、勘察纲要安全方面编制要求

勘察纲要是实施安全生产的指导性文件，是保证勘探作业质量和安全生产控制的依据。因此，勘察纲要针对勘察项目特点提出的安全防护技术措施应可靠、安全、有效。勘察单位应有专人、专门机构负责组织岩土工程勘察纲要的审批工作，安全生产职能部门应派人参加纲要审查工作。

安全防护技术措施应包括以下内容：

1．明确勘察进度和安全的关系，体现安全第一、预防为主的方针；强调勘察纲要应针对项目的危险源制定相应的安全生产防范措施。

2．岩土工程勘察纲要应有项目安全生产条件描述、安全生产和职业健康要求、安全技术措施和施工现场临时用电方案，还应注明重点安全生产部位和生产环节，并应对防范勘察安全生产事故提出指导性意见，明确作业人员和勘察设备安全防护措施。

3．强调特殊作业条件下勘察作业安全生产防护措施的重要性，特别是当岩土工程勘察涉及坑探作业、爆破作业、特殊场地、特殊地质、特殊气象条件时，应在勘察纲要中针对勘察项目作业场地的安全生产条件，提出保证安全生产、职业健康的防护措施，并组织安全评审；对特别复杂、重要工程应邀请专家进行专题论证。

三、安全技术交底

勘察作业前，项目安全管理负责人、项目负责人应根据勘察纲要中的安全防护技术措施对作业人员进行安全技术交底，针对工程项目的现场条件、工作条件，采取相应的有针对性的安全技术措施，对重要安全生产部位和生产环节，交底后，还要对作业人员进行询问，以确认其是否理解并掌握。

第二节　勘探设备检查

钻探工作进场前，对施工设备均进行安全检查，包括动力设备，钻探设备、辅助设备。勘察设备的各种安全防护装置、报警装置和监测仪表应完好，检查机械设备、仪器的使用范围，是否超过限度或未按照说明书规定操作，是否存在仪器、设备故障、损坏。柴油机启动后，应检查钻机传动系统是否正常，检查钻机连接部件是否完好无损、连接部位是否牢固可靠，勘探作业中，不得使用安全防护装置不完整或有故障的勘察设备。

以下为几种带病作业设备实例（图 4.3－1～图 4.3－6）：

图 4.3－1　木头替代破损零件 1

图 4.3－2　木头替代破损零件 2

图 4.3－3　钻探架固定螺丝不全

图 4.3－4　变形的钻塔和吊式天车

图 4.3－5　天车防缠绕设置

图 4.3－6　破损的钢丝绳

在施工过程中，对经常使用的器具应经常检查，消除安全隐患。

勘探设备及辅助设备的检查应符合下列要求：

1. 泥浆泵：泥浆泵机架应安装在基台上，各连接部位和管路应连接牢固。启动前，吸水管、底阀和泵体内应注满清水，压力表缓冲器上端应注满机油，出水阀或分水阀门应打开。泥浆泵不得超过额定压力运转。

2. 柴油机：柴油机使用摇把启动时，应紧握摇把不得中途松手，启动后应立即抽出摇把；使用手拉绳启动时，启动绳一端不得缠绕在手上。

柴油机使用时间较长，水箱冷却水的温度会升高，如果温度过高时，应停止勘探作业，并应继续怠速运转降温，不应立即停机，严禁用冷水注入水箱或泼洒内燃机机体，当需开启冷却水沸腾的水箱盖时，作业人员应佩戴防护手套，面部应避开水箱盖口。柴油机“飞车”时，应迅速切断进气通路和高压油路做紧急停车。

3. 潜水泵：潜水泵使用前，应用500V摇表检测绝缘电阻，绝缘电阻值应符合产品说明书的规定，潜水泵运转中发现漏水、漏气、填料发热、底阀滤网堵塞、运转声音异常、电动机温升过高、电流突然增大、机械零件松动或其他故障时，应立即停机检修。停止作业时，应先关闭压力表，再关闭出水阀，然后切断电源。冬季使用时，应将各放水阀打开，放净水泵和水管中的积水。

潜水泵的负荷线应使用无破损和接头的防水橡皮护套铜芯软电缆。由于潜水泵是在水中工作，其电动机对绝缘程度要求较高，长时间使用需要定期测定其绝缘电阻值。如果绝缘电阻值低于0.5 MΩ，说明电动机受潮，必须旋开放气封口塞，检查定子绕阻是否有水或油，若有水或油时，必须放尽并经烘干后方可使用。

放入水中前，应检查电路和开关，接通电源进行试运转，在经检查并确认旋转方向正确后再放入水中，脱水运转时间不得超过5min。

为了保证潜水泵电动机的绝缘程度，除了应装设保护接零或剩余电流动作保护装置外，还应定期测定其绝缘电阻值。

提、下泵前应先切断电源，严禁拉拽电缆或出水软管，潜水泵下到预定深度后，电缆和出水软管应处于不受力悬空状态，潜水泵运行时，泵体周围30m以内水体不得有人、畜进入。

4. 空气压缩机：空气压缩机作业现场应搭设防护棚，严禁储气罐暴晒或高温烘烤，移动式空气压缩机的拖车应采取接地措施，空气压缩机的输气管路应连接牢固、密封、畅通，不得扭曲，打开送气阀前，应告知作业地点有关人员，出气口处不得有人作业。空气压缩机的储气罐体应定期检定，空气压缩机运转时储气罐内压力不得超过额定压力。

第三节　勘察作业安全防护要求

勘探作业时，应对各类管线、设施、周边建筑物和构筑物采取安全生产防护措施。

一、钻探设备与架空输电线安全距离

在架空输电线路附近勘察作业时，导电物体外侧边缘与架空输电线路边线之间的最小安全距离应符合表4.3－1的有关规定，并应设置醒目的安全标志（图4.3－7）。

图 4.3－7　钻探设备与架空输电线

勘察作业导电物体外侧边缘与架空输电线路边线之间的最小安全距离　　**表 4.3－1**

电压（kV）	<1	1~10	35~110	154~330	550
最小安全距离（m）	4	5	10	15	20

注：当电压大于 550kV 时，最小安全距离应按有关部门规定执行。

当安全距离不符合表 4.3－1 规定时，应采取停电、绝缘隔离、迁移外电线路或改变勘察方案等安全生产防护措施。当采取的安全生产防护措施无法实施时，严禁进行勘察作业。

二、钻探设备与地下管线安全距离

钻探作业区与地下通信电缆、给水排水管道及地下设施边线的水平距离不应小于 2m；与地下广播电视线路、电力管线、石油天然气管道和供热管线及其地下设施边线的水平距离不应小于 5m；

当勘探点与地下管线、设施的水平安全距离无法满足要求时，必须先在勘探点周边采用其他方法探明地下管线、设施，并采取相应安全防护措施后再进行勘探作业。

三、野外作业人数要求

单班单机钻探作业人员不应少于 3 人。每个探井、探槽单班作业人员不应少于 2 人。

进入勘探作业区，作业人员应穿戴工作服、工作鞋和安全帽等安全生产劳动防护用品，高处作业应系安全带。

四、泥浆池安全标志与防护

泥浆池周边应设置安全标志，当泥浆池深度大于 0.8m 时周边应设置防护栏。

第四章　现场临时用房

勘察现场临时用房分为住人临时用房和非住人临时用房。

由于野外作业往往受客观条件限制，搭建临时用房存在一定困难，在这种情况下，可根据作业现场实际情况搭设帐篷或遮棚作为宿营。勘察现场的生活区与作业区应分开设置，生活区与作业点的安全距离应大于25m，为作业人员提供一个相对安全、无污染、环境好的临时住房。

野外宿营地一般指几天内的短期宿营，所以对住宿条件要求不高。但是宿营地的选址仍应给予足够的重视，如果选址不当，遇恶劣气候条件或地质灾害时，同样也可能发生安全生产事故，造成人身伤亡、财产损失。

第一节　临时用房位置选择

临时用房应搭建在场地稳定、不易受水淹没、无不良地质作用、周边环境无污染的地方。严禁在洪水淹没区、沼泽地、潮汐影响滩涂区、风口、旋风区、雷击区、雪崩区、滚石区、悬崖和高切坡以及可能产生滑坡或受地质灾害影响的场地内选址。临时用房的主体结构应无安全隐患。

夏季，宿营地点应选择在干燥、地势较高、通风良好、蚊虫较少的地方。通常，湖泊附近和通风的山脊、山顶是夏天较为理想的设营地点，森林和灌木丛也是较理想的宿营地。

冬季，宿营地点应视避风以及距燃料、设营材料、水源的远近等情况而定。应避开易被积雪掩埋的地点，避开崖壁的背风处，在林区和雪地宿营时应先将雪扫净，在雪较厚的地方，应将雪筑实再在雪上铺一层厚10cm以上的干草等措施，以防止雪受热融化。

第二节　临时用房与周边建（构）筑物的安全距离

临时用房与周边建（构）筑物应有一定的安全距离，避免相互影响，危及作业人员安全。根据不同的周边建（构）筑物发生事故可能波及的范围，确定其不同的安全距离。与公路、铁路和存放少量易燃易爆物品仓库的安全距离不应小于30m；与油罐及加油站的安全距离不应小于50m；与架空输电线路边线的最小安全距离应符合表4.3－1规定的距离；与变配电室、锅炉房的安全距离不应小于15m；与在建建（构）筑物的安全距离不宜小于20m。

临时用房不得设置在吊装机械回转半径区域内及作业设备倾覆影响区域内。

第三节　临时用房材料和布置要求

从安全防护的角度出发，住人临时用房的建筑标准、防火、劳动卫生等方面应满足要求，保证住人临时用房的安全性和适用性。

一、临时用房材料和强度要求

虽然临时用房仅供临时使用，但是临时用房是供作业人员居住、生活的场所，应采用阻燃或难燃材料，符合环保、消防等要求，要求其主体结构应具备一定的安全性和一定的抵御风雪能力，并且应有一定的安全防护设施和一定的舒适度，最大限度地满足作业人员一般的生活需求。

建设场地内搭建临时用房还应有防坠物伤人、毁物的安全防护措施。

二、住人临时用房搭建要求

临时用房使用装配式活动房时，各构件应具有产品合格证书。各构件间连接应可靠牢固，室内净高度不应小于2.5m，室内床铺搭设不得超过两层，应有良好的采光、排气和通风设施，门、窗不应向内开启。

配有吊顶的住人临时用房，吊顶及吊顶上的吊挂物应安装牢固。

临时用房必须满足消防安全距离和消防通道的有关要求，每幢住人临时用房出口不得少于2个，应采取保障疏散通道、安全出口畅通的安全防护措施。

城镇内勘察临时用房之间的安全距离不应小于5m，城镇外勘察临时用房之间的安全距离不应小于7m。

三、住人临时用房防火要求

由于是临时住房，作业人员往往不够重视，经常图方便省事把一些易燃、易爆物直接存放在住人临时用房内，稍不注意很容易引发安全生产事故，从安全角度出发，临时用房严禁存放柴油、汽油、氧气瓶、乙炔气瓶、煤气罐等易燃、易爆液体或气体容器，房内不得使用电炉、煤油炉、煤气（燃气）炉。

采用煤、木炭等取暖的火炉与可燃物的安全距离不得小于1m。在木制地板上搭设火炉时应用隔热或非可燃材料与地板隔离。

取暖火炉应指定专人负责管理，严禁使用各种油料引火或助燃，火炉周围不得存放易燃、易爆物，炉渣应随时清理并放置在室外安全地方。

住人临时用房应配备灭火器材，并应放置在明显和便于取用的地点，且不得影响安全疏散。灭火器材应放置稳固，其铭牌必须朝外。手提式灭火器宜设置在挂钩、托架上或放置在灭火器材箱内，其顶部离地面高度应小于1.50m，底部离地面高度不宜小于0.15m。灭火器不得放置在超出其使用温度范围以外的地点。

第四节　非住人临时用房要求

非住人临时用房存放易燃、易爆和有毒物品时应分类和分专库存放，与住人临时用房的距离应大于30m。

存放易燃、易爆物品临时用房的用电开关插座等用电设施，应使用相应的防火、防爆型开关和安全照明灯具；应保持通风并配备足够数量相应类型的灭火器材，且应悬挂安全标志，严禁烟火靠近。

勘察现场临时食堂应设置在远离厕所、垃圾站、有毒、有害场所等污染源的地方，并应有简易的排污处理设施。

第五章　勘察设备安装、拆卸与搬迁

勘察作业人员应按使用说明书要求正确安装、使用、维护和保养勘察设备。

勘察设备的各种安全防护装置、报警装置和监测仪表应完好，不得使用安全防护装置不完整或有故障的勘察设备。勘探设备地基应根据设备的安全使用要求修筑或加固，钻塔基础应坚实牢固。勘察设备搬迁、安装和拆卸应由专人统一指挥。

第一节　勘察设备安装

勘察设备在钻探位置进行安装时，基台构件的规格、数量和形式应符合勘察设备使用说明书的要求。

一、钻塔基础要求

钻塔系指升降作业和钻进时悬挂钻具、管材用的构架；基台系指安装钻探设备的地面基础设施；踏板亦称台板。

勘探设备地基应根据设备的安全使用要求修筑或加固，钻塔基础应坚实牢固。在山坡上修建地基时，其上方坡顶不得大于60°，并应清除坡上危石。勘察设备机架与基台应使用螺栓牢固连接，设备安装应稳固、周正、水平。

车装设备安装时，机体应固定在基台或支撑液压千斤顶上，车轮应离地并固定。

二、勘察设备安装要求

钻探设备通过机架用螺栓与基台牢固连接，钻塔塔腿压住基台构件（基石枕或基台梁，最好压住基台梁）并与基台构件连接。塔腿与基台连接方式主要有插销、栓钉插接和螺栓连接。这些连接方法除上述作用外，还可以防止塔腿在受力时移位可能产生的倒塌等安全生产事故。

人字钻塔和三脚钻塔一般多采用整体安装方法，即在地面上先把钻塔构件连接好，然后使用钻机卷扬机或人力将钻塔整体竖立起来并定位牢固。

钻塔、钻机通过基台构成一个完整的受力体系，从而使卷扬机实施升降作业。因此，不得随意在钻塔构件上打眼或进行改装，以免受力体系受到破坏降低了钻探设备的整体强度。

三、勘察设备安装注意事项

钻机卷扬机的最大起降重量亦称最大提升力。勘察设备安装时，钻塔额定负荷量应大于配套钻机卷扬机最大提升力，钻塔天车应有过卷扬防护装置，钻塔天车轮前缘切点、立轴或转盘中心与钻孔中心应在同一轴线上。

钻塔起落时，作业人员应远离钻塔起落范围，不得停留或通过钻塔影响范围，并应有专人控制索引绳和观察钻塔起落动向，防止发生倒塔安全生产事故。

钻塔起落范围内不得放置设备和材料，钻塔构件应安装齐全，不得随意改装，作业人员不得在钻塔上、下同时作业，钻塔整体起落时，应控制起落速度，严禁将钻塔自由摔落。

第二节　勘察设备拆卸

勘探孔完成后，需拆卸勘察设备，勘察设备的拆卸较容易出现问题，因此，拆卸程序应严格按照设备说明书要求进行。

一、拆卸准备工作

拆卸钻塔前，应严格检查塔材、工具、绞车、绳索和挑杆是否牢固，不符合要求不准使用。

现场人员一律佩戴安全帽，上钻架作业不准穿易滑的硬底鞋，塔上作业要系牢安全带。工具、零件要装入工具袋内。

拆卸勘察设备时，还应注意天气情况，在五级以上大风、大（雷）雨和大雾天气时，禁止进行拆卸。

二、拆卸钻塔要求

拆卸钻塔时要分工明确，塔上、塔下作业由机长统一指挥，上下协调，互相关心，互相照顾，密切配合。

三、拆卸钻塔注意事项

拆卸钻塔时，不准同时在塔下进行拆卸工作，不得从钻塔上向下抛掷物品。

拆卸的设备应有序堆放，不得将设备或部件从高处滚落或抛掷。

第三节　勘察设备搬迁与运输

一、严禁整体迁移

钻探孔完成后，钻探设备需搬迁到其他钻探孔位，有的勘察作业人员为图方便，将非车装钻探机组整体迁移，其危险性较大，出现不少事故，因此，迁移时钻塔必须落下，严禁整体迁移。

钻探机组整体迁移是指未将钻塔落下进行的钻探机组整体迁移，或是利用钻塔边迁移钻探设备、边用人力移动塔腿的方式进行的钻孔间迁移。

二、勘察设备搬迁与运输

使用人力装卸设备时，起落跳板应有足够强度，坡度不得超过30°，下端应有防滑装置。

使用葫芦装卸设备时，三脚架架腿间应安装平拉手，以便保持三脚架的稳定，架腿定位应稳固，注意不得超载，起重前应检查葫芦受力构件的完好性并进行试吊，并应检验制动器的可靠性，确认无安全事故隐患后再进行起吊作业。

作业过程中，操作者拽动手拉链条时用力应均匀和缓，以免手拉链条跳动或卡环；如发现拉不动时不得强拉，应立即停止作业对卡环进行检查和处理。

使用起重机械吊装勘察设备和器材时应遵守现行国家标准《塔式起重机安全规程》GB 50061 和国家现行标准《建筑机械使用安全技术规程》JGJ 33 的有关规定，使用起重机械装卸设备应符合现行国家标准《起重机械安全规程》GB 6067 的规定。

汽车运输勘察设备时应装稳绑牢，不得人货混装，驾驶车装勘察设备人员必须具备驾驶执照，汽车运输还应遵守道路交通管理法规的有关规定。

起重吊装作业时必须由持上岗证的人员指挥和操作，严禁使用起重机载运人员，作业时人员严禁滞留在起重臂和起重物下。

在架空输电线路附近作业时，起重设备与架空输电线路之间的最小安全距离应符合表 4. 3 –1 的规定。

第六章　钻探作业安全操作要求

第一节　安全防护设施

一、钻探机组安全防护设施

钻探机组安全生产防护设施应符合要求，机械设备外露运转部位应设置防护罩或防护栏杆。各种天车（滑轮）必须安装安全挡板或保险绳，钻塔上工作平台、梯子应设置高度大于 0. 9m 的防护栏，机械传动（皮带或链条）必须安装防护罩，木质踏板厚度不应小于 0. 05m。

高度 10m 以上的钻塔应设置安全绷绳。

二、设备操作安全防护

钻机水龙头与主动钻杆连接应牢固，高压胶管应采取防缠绕措施。

作业人员不得跨越正在运转的设备，不得对运转中的设备进行维护或检修。

勘察设备运行时应有人值守。运行过程中出现异常情况时应及时停机检查，并应在排除故障后再重新启用。

有多档速度的机械设备变速时，应先断开离合器再换档变速。

第二节　钻　进

一、钻进前的检查与准备

作业前，对钻探机组安装质量、管材质量和安全防护设施等进行检查，符合规定后再进行作业。

开动机器时，应先打招呼，确认机器运转部位无人靠近时再启动机器。

二、机械运转、钻探过程中的注意事项

机械运转时，不准触摸或擦洗运转着的部件；松紧钻机卡盘时，要有专人看管钻机离合器。

维修、安装和拆卸高压胶管、水龙头及调整回转器时，应关停钻机动力装置。扩孔、扫孔或在岩溶地层钻进时，非油压钻机提引器应挂住主动钻杆，控制钻具下行速度。

在岩溶发育区、采空区和地下空洞区钻探宜使用油压钻机，立轴钻机倒杆前应将提引器吊住钻具；斜孔钻进应设置提引器导向装置，钻塔应安装安全绷绳。

钻探机械出现故障时，将钻具提出钻孔或提升到孔壁稳定的孔段。

钻探过程中，卷扬机系统的构件、连接件和打箍应连接牢固，不得使用锤体或构件有缺陷的吊锤、穿心锤，使用穿杆移动吊锤或穿心锤时，锤体应固定，锤击时，锤垫或打箍应系好导正绳，应有专人负责检查、观察锤垫、打箍和钻杆的连接状况，发现松动时应停止作业并拧紧丝扣，不得边锤击边拧紧丝扣，锤击过程中，不得用手扶持锤垫、钻杆和打箍。吊锤活动范围以下的钻杆应安装冲击把手或其他限位装置，打箍上部应与钻杆接头连接，并应挂牢提引器。

严格交接班制度，各岗位责任人应将本班所发生的问题及处理经过、结果向接班者交代明确，并填写相应记录。

第三节　升降钻具

升降作业时，卷扬机提升力不得超过钻塔额定负荷。作业人员不得触摸、拉拽卷扬机上的钢丝绳，卷扬机操作人员应按孔口或钻塔上作业人员发出的信号进行操作，普通提引器应设置安全联锁装置，起落钻具或钻杆时，提引器切口应朝下。

起落钻具时，作业人员不得站在钻具升降范围内，不得在钻塔上进行与升降钻具无关的作业，使用垫叉或摘、挂提引器时，不得用手扶托垫叉或提引器底部。

钻具或取土器处于悬吊状态时，不得探视或用手触摸钻具和取土器内的岩、土芯样。

提放螺旋钻时，不得直接用手扶托钻头的刃口，不得悬吊钻具清土，不得用金属锤敲击钻头的切削刃口。

钻杆不得竖立靠在“A”字形钻塔或三脚钻塔上。跑钻时，严禁抢插垫叉或强行抓抱钻具。

钢丝绳使用时，钢丝绳端部与卷扬机卷筒固定应符合钻机说明书的规定。提升作业时，保留在卷筒上的钢丝绳不应少于3圈，钢丝绳与提引装置的连接绳卡不应少于3个。最后一个绳卡距绳头的长度应大于0.14m，钢丝绳检验、更换和报废应符合现行国家标准《起重机械用钢丝绳检验和报废实用规范》GB 5972的有关规定。不得使用卷扬机升降人员。

第四节　孔内事故处理

通常把钻探工程施工过程中发生的，中断钻孔内正常钻进的各种故障统称为孔内事故。它分为埋钻、卡钻、烧钻、断钻、落物、套管事故等几种类型。

处理孔内事故方法很多，本文仅针对常规处理方法中存在的不安全生产因素提出要求。孔内事故直接影响到钻探作业进度和作业安全，处理过程还会存在许多不定因素和不安全因素。所以处理孔内事故前应根据实际情况，针对孔内事故具体情况和变化制定处理方案，减少和避免事故处理过程中可能发生的其他不安全生产事故。

当出现孔内事故时，非操作人员应撤离基台，处理孔内事故经常使用吊锤上、下冲击震动孔内事故钻具，使孔内被卡或被埋钻具事故得到排除，下面对孔内事故处理与安全有关方面提出要求：

1. 不得同时联合使用卷扬机、千斤顶、吊锤

由于卷扬机与千斤顶同步处理事故易出现卷扬机超负荷、钢丝绳损坏和千斤顶卡瓦脱出伤人等现象。卷扬机强力提拔时，吊锤同步冲击易导致卷扬机卷筒损坏；千斤顶顶拔时，吊锤同步冲击易出现千斤顶卡瓦飞出伤人，故不得同步使用卷扬机、千斤顶、吊锤等处理孔内事故。

2. 使用钻机油压系统和卷扬机联合顶拔孔内事故钻具，且立轴倒杆未卸荷时，升降机或钻塔将因超负荷而损坏，故必须先卸去卷扬机负荷后再卸去油压系统负荷。

3. 打吊锤时，钻杆、打箍要拧紧，吊锤、打箍、提引器用钢丝拴牢，吊锤活动范围的下端要夹上冲击把手，开打之前要检查天车螺丝是否松动，经常拧紧振松的螺丝。

4. 采用卷扬机或吊锤处理孔内事故时，钻杆不得靠在钻塔上，防止由于振动而滑落或倒塌。

5. 反回孔内事故钻具时，作业人员身体不得处于扳钳扳杆或背钳扳杆回转范围内，不得使用链钳或管钳反回孔内事故钻具。

6. 使用千斤顶处理钻探孔内事故时，置于基台梁上的千斤顶应放平、垫实，不得用金属物件做垫块；千斤顶回杆时，不得使用卷扬机吊紧被顶起的事故钻具。

7. 打紧卡瓦后，卡瓦应拴绑牢固，上部宜用冲击把手贴紧卡住，将提引器挂牢在事故钻具的顶部。

8. 在处理孔内事故过程中，经常会瞬时或短时间超负荷使用设备，有可能留下事故隐患，为防止钻探设备和设施进一步遭受损坏，孔内事故处理结束后，必须对作业现场的勘探设备、安全生产防护设施和基台进行检查，并应在消除安全事故隐患后再恢复钻探作业。

第五节　原位测试

一、标准贯入试验和圆锥动力触探试验

进行标准贯入试验和圆锥动力触探试验时，经常发生自动落锤装置与钻杆连接部位丝扣松动等现象，但作业人员经常未能按操作规程的要求停止试验上紧连接部位丝扣，而是采用直接边作业边上紧丝扣的危险操作方式，导致经常发生作业人员手臂、手指受伤的安全生产事故。因此，穿心锤起吊前应检查销钉是否锁紧，测试过程中应随时观察钻杆的连接状况，钻杆应紧密连接，试验前应打招呼，测试过程中严禁用手扶持穿心锤、导向杆、锤垫和自动脱钩装置等，测试结束后应立即拆除试验设备并平稳放置。

二、静力触探试验

静力触探试验过程中的危险源，主要来自于试验过程中突遇地层阻力增大导致探杆发生脆性断裂造成作业人员受到伤害的安全生产事故。以及地锚反力不足造成设备倾覆受损或伤人的安全生产事故。故静力触探设备安装应平稳、牢固、可靠；采用地锚提供反力时，应合理确定地锚数量和排列形式，作业过程中应经常检查地锚的稳固状况，发现松动应及时进行调整；作业过程中，贯入速度和压力出现异常时应立即停止试验，静力触探加

压系统宜设置安全生产防护装置。

三、手动式十字板剪切试验

手动十字板剪切试验杆件、旋转装置和卡瓦的连接、固定应牢固可靠。

手动式十字板剪切试验过程中，突遇地层阻力增大容易造成操作人员手把反弹伤及作业人员，酿成安全生产事故，应引起特别注意。

四、旁压试验

在勘察作业现场，旁压试验所使用的氮气瓶经常被置于阳光直接照射的高温作业环境中，导致瓶内气体膨胀、压力增高，成为重大危险源。所以，旁压试验用的氮气瓶应使用合格气瓶，搬运和运输过程中应轻拿轻放、放置稳固，并应由专人操作。

五、抽水试验、压水试验和注水试验

抽水试验、压水试验和注水试验安装过程中，不得强行插入管井，安装后，孔口周围应设置防护栏。试验过程中应观测和记录抽水试验点附近地面塌陷和毗邻建筑物变形情况，发现异常应停止试验，并及时报告、处理；对受影响的坑、井、孔、泉以及水流沿裂隙渗出地表等现象进行观测和记录。

第七章　特殊作业条件勘察

第一节　水域勘察

一、水域勘察准备工作

水域勘察作业前，应进行现场踏勘，搜集与水域勘察安全生产有关的资料，包括：作业水域水下地形、地质条件，勘察期间作业水域的水文、气象资料，历史上相同作业期间的水深、风向、风力、波浪、水流和潮汐等变化情况，水下电缆、管道的敷设情况，人工养殖及航运等与勘察作业有关的资料。

不同水域对勘察作业的主要影响因素有所不同，海域的主要影响因素是水深、风浪和流向；江、河下游及入海口的主要影响因素是潮差、潮流、水深、风浪和流速；江、河主要影响因素是水深、风浪和流速；湖泊的主要影响因素是风浪。此外，水底沉积物类型和厚度也直接影响到锚泊稳定性和勘探孔孔口套管的稳定程度，应通过现场踏勘确认。

由于水域勘察作业存在诸多不安全生产因素，所以勘察纲要对指导安全生产具有重要的意义。编制的水域勘察纲要应包括水域勘察设备和作业船舶选择，锚泊定位要求，水域作业技术方法，水下电缆、管道、养殖、航运、设备和勘察作业人员安全生产防护措施等方面内容。

二、水域勘探作业应悬挂相应的信号和安全标志

如果水域勘探作业采用钻探手段时，则一般采用固定式即每一勘探点作业完成后才搬迁，勘探作业船舶相对在水域中固定不动。因此，作业期间应按海事或交通管理等部门的有关规定悬挂相应的信号和安全标志。否则，将会对过往船舶构成安全威胁，不注意就会酿成重大安全生产事故。

三、船舶的安全要求

勘察作业船舶的行驶、拖运、停泊、抛锚定位、调整锚绳、起锚及移泊等必须根据水域情况和规定的作业程序确定，应能保证勘察作业过程安全生产。如钻探船舶水上停泊应采用船头顶流逆水停泊方式，海域勘探应考虑潮汐和风浪因素。高潮汛期间，水流加上退潮，海流急、速度大，则船头应逆水停泊；低潮汛期间，水流较平缓则应考虑风向、海浪因素，这时船头应迎风顶浪停泊。抛锚、起锚和调整锚绳应按规定的作业顺序进行，作业程序正确与否直接关系到勘察作业安全。

勘察作业船舶行驶、拖运、抛锚定位、调整锚绳和停泊等必须统一指挥、有序进行，并由持证船员操作，无证人员严禁驾驶勘察作业船舶。持证船员系指应符合海事部门和水运管理部门等规定驾驶船舶应具备的条件。

四、通信联络要求

水域勘察过程中，保持通信联络，作业期间应指定专人收集每天的海况、天气和水情资讯。水情资讯包括：水深、流速、潮汐、动态水位、波浪状态、风浪和波高大小。天气情况主要指：雨、风向和风力。根据天气和水情资讯情况，采取相应的安全生产防护措施。

五、安全生产防护设施

勘察作业船舶、勘探平台或交通船配备救生、消防、通信联络等水上救护安全生产防护设施，并规定联络信号，作业人员穿戴水上救生器具。

六、船舶与勘探平台

根据作业水域的海况、水情、勘探深度、勘探设备类型和负荷等选择勘探作业船舶或勘探平台的类型、结构强度和总载荷量。

勘探作业船舶或勘探平台的载重安全系数应大于5，采用双船拼装作为水域钻场宜选用木质船舶，两船的几何尺寸、形状、高度、运载能力应基本相同，并应联结牢固，作业平台宽度不应小于5m，作业平台四周应设置高度不小于0.9m的防护栏。

水深大于20m的内海勘探作业除使用专用勘探作业船舶外，使用其他船舶进行勘探作业应采用自航式、船体宽度大于6m、载重安全系数大于10的单体船舶。

水域漂浮钻场安装勘探设备与堆放勘探材料应均衡，可采用堆放重物或注水压舱方式保持漂浮钻场稳定。

勘探作业船舶抛锚定位应遵守先抛主锚、后抛次锚的作业顺序，在通航水域，每个定位锚应设置锚漂和安全标志，勘探设备与勘探作业船舶或勘探平台之间应连接牢固，钻塔高度不宜大于9m，且不得使用塔布或遮阳布。

七、水域钻探注意事项

水域勘探作业人员安装勘探孔导向管应系安全带，在涨落潮水域作业应根据潮水涨落及时调整导向管的高度，水域固定式勘探平台的锚绳必须均匀绞紧，定位准确稳固，漂浮钻场有专人检查锚泊系统，根据水情变化及时调整锚绳。

漂浮钻场暂时离开孔位时，应在孔位或孔口管上设置浮标和明显的安全标志。

严禁在漂浮钻场上使用千斤顶处理孔内事故；能见度不足100m时，交通船舶不得靠近漂浮钻场接送作业人员。

勘探船舶横摆角度大于3°时，应停止勘探作业；停工、停钻时，勘探船舶应由持证船员值班。

水域勘察作业完毕，应及时清除埋设的套管、井口管和留置在水域的其他障碍物。

单机单班钻探作业人员不得少于4人。

筏式勘探平台遇4级以上风力、大雾或浪高大于1.0m时，应停止勘探作业。

第二节　特殊场地和特殊地质条件勘察

特殊地质条件和不良地质作用发育区勘察系指在滑坡体、崩塌区、泥石流堆积区等危险地带的勘察作业，不同条件下的勘察作业应注意不同事项，具体如下：

一、滑坡体、崩塌区、泥石流堆积区

在滑坡体、崩塌区、泥石流堆积区等进行勘察作业时，应设置监测点对不良地质体的动态变化进行监测，作业过程中发现异常时应立即停止作业，并将作业人员撤至安全区域。

二、峡谷、岩溶洞穴

在岩体破碎的峡谷中作业时应避免产生较大振动，进入岩溶洞穴勘察作业应携带照明用具、指南针、绳索等，行进途中应沿途做好标记，应随时观察洞壁稳定状况，发现异常应停止作业。进入旧矿坑勘察作业应先检测有毒、有害气体含量。

三、山区与陡坡、悬崖峭壁

山区勘察作业人员应配备和掌握登山装备的使用方法，并采取相应的安全生产防护措施，在大于30°的陡坡、悬崖峭壁上作业时，应使用带有保险绳的安全带，清除作业场地上方不稳定块石，且不得在山坡的上下同时作业，雨季不宜在峭壁、陡坡或崩塌地段进行勘探作业。

若需搭脚手架形成钻探平台进行钻探时，应进行专门的搭架设计，并通过专家论证。

四、低洼地带

低洼地带勘察作业应加高勘探设备基台，并选择作业人员撤退的安全路线，勘察物资放置在作业期间预计的洪水位警戒线以上，大雨、暴雨、洪水或泄洪来临前，应将作业人员和设备转移至安全地带。

五、沙漠、荒漠地区

沙漠、荒漠地区勘察作业人员应备足饮用水，作业人员应佩戴护目镜、指南针、遮阳帽等安全防护用品和通信、定位设备，作业人员应掌握沙尘暴来临时的防护措施，作业过程中应经常利用地形、地物等标志确定自己的位置。

六、高原

高原作业区勘察作业的初入高原者应逐级登高、减小劳动强度、逐步适应高原环境，

作业现场配足氧气袋（瓶）、防寒用品、用具等，作业人员应配备遮光、防太阳辐射用品，携带能满足通信和定位需要的设备。

七、雪地

雪地勘察作业人员应佩戴雪镜、防寒服装、冰镐、手杖等雪地装备，两人之间行进距离不应超出视线范围，遇积雪较深或易发生雪崩等危险地带应绕道而行。

八、冰上

冰上勘察作业前应搜集勘察区域的封冻期、结冰期、冰层厚度、凌汛时间、冰块的体积和流速，以及气象变化规律等资料，勘察冰冻厚度的作业人员数量不得少于2人，并应采取安全生产防护措施。

对冰洞、明流、薄弱冰带应设置安全标志和防护范围，除勘探作业所需的设备器材外，其他设备器材不得堆放在作业场地内，不得随意在作业场地内开凿冰洞，抽水和回水需开凿冰洞应选择远离勘探作业基台、塔腿的位置。

九、存在危及作业人员人身安全危险因素的勘察作业区

如在交通干线或基坑内作业，应设置隔离带和安全标志，夜间应设置安全警示灯，作业人员应穿反光背心。

第三节　特殊气象条件勘察

一、气象灾害情况

遇台风、暴雨、雷电、冰雹、浓雾、沙尘暴、暴雪等气象灾害时，停止现场勘察作业，并做好勘探设备和作业人员的安全生产防护工作。

遭遇气象灾害后，应对钻塔、机械、用电设备、仪器和供水管路等进行检查，发现异常应进行检修，并在确认无安全事故隐患后再恢复勘探作业。

二、水域风浪

大雾或浪高大于1.5m时，勘探作业船舶、水上勘探平台等严禁抛锚、起锚、迁移和定位作业。

5级以上大风或浪高大于2.0m时，勘探作业船舶和水上勘探平台等漂浮钻场严禁勘探作业，6级以上大风或接到台风预警信号时，应立即撤船回港。

三、洪汛期和台风季节

在江、河、溪、河滩、山沟和山谷等水域或低洼地带勘察作业时，尽量避开洪汛期和台风季节，当接到上游洪峰警报后应立即停止作业，并撤离作业现场靠岸度汛。

四、高温季节

高温季节勘察作业应避开高温时段，作业现场应配备防暑降温用品和急救药品。最高气温高于40℃时，应停止勘察作业。

五、雨季

下雨时应停止槽探和井探作业，雨后检查槽壁和井壁的稳定状况，并在确认无安全事故隐患后再恢复作业。

雨季不宜在易发生滑坡、崩塌、泥石流等地质灾害的危险地带进行勘察作业。下雨时，停止勘察作业，并将作业人员撤至安全区域，雨后应对滑坡体、崩塌体和泥石流堆积区进行观测，并在确认无安全事故隐患后再恢复作业。

六、冬季

冬季勘察作业人员应穿戴防寒劳动保护用品，不得徒手作业，作业现场应采取防冻措施，并设置取暖设施，作业现场采取防滑措施。上钻塔作业前必须先清除梯子、台板和鞋底上的冰雪，并及时清除作业场地内和塔套上的冰雪。

最低气温低于5°C时，给水设施应采取防冻措施，最低气温低于-20°C时，停止现场勘察作业。

第八章　其他野外勘察作业

第一节　工程地质测绘和调查

一、野外地质测绘人员要求

工程地质测绘野外勘察作业组的成员不应少于2人，作业时两人之间距离不应超出视线范围，并应配备通信设备或定位仪器，严禁单人进行作业。

在高寒、高原作业区，作业人员之间距离不得大于15m，每个作业小组不应少于3人，配备防寒用品、用具，并采取防紫外线、防缺氧等措施。

二、现场作业注意事项

在崩塌区作业不宜用力敲击岩石，作业过程中应有专人监测危岩的稳定状态。在乱石堆、陡坡区，在同一垂直线上下不得同时作业。

在沼泽地区作业，应随身携带探测棒和救生用品、用具，探测棒长度宜为1.5m。植被覆盖的沼泽地段宜绕道而行，对已知危险区应予以标识。

徒步涉水水深不得大于0.6m，流速应小于3m/s。

在矿区、井、坑、洞内作业，先进行有毒、有害气体检测并采取通风措施，井口、洞口应有人值守，较深的井、洞应设置安全升降平台或采取其他安全升降措施。

第二节　槽探、井探

一、槽探、井探侧壁稳定性与支护

人工掘进的探槽，槽壁最高一侧深度不宜大于3m。当槽壁最高一侧深度大于3m时，采取支护措施或改用其他勘探方法。

进入探槽和探井作业时，经常检查槽、井侧壁和槽底土层的稳定和渗水状况，发现有不稳定或渗水迹象时，立即采取支护或排水措施。

探槽采用人工掘进方法时，不得采用挖空槽壁底部的作业方式，不得在探井四周或探槽两侧1.5m范围内堆放弃土或工具，严禁在悬石下方作业。

井壁、槽壁为松散、破碎岩土层时，必须采取先支护后掘进的作业方式。

二、作业人员要求

同一探槽内有2人或2人以上同时作业时，要保持适当的安全距离。位于陡坡的槽探作业应自上而下，严禁在同一探槽内上下同时作业。

作业人员上下探井应系有带安全锁的安全带，不得使用手摇绞车上下井，探井深度超过5m时，不得使用绳梯上下井。

三、槽探、井探作业注意事项

探井井口应进行安全防护，井口锁口应高于自然地面0.2m，井口设置安全标志，夜间应设置警示灯。停工期间或夜间，井口四周应设置高度不小于1.1m的防护栏，并盖好井口盖板。

井下作业时，井口必须有人监护，井口和井下应保持有效联络，联络信号应明确。

探井提升作业的提升设备必须安装制动装置和过卷扬装置，提升渣土的容器与绳索必须使用安全挂钩连接，安全挂钩和提升用绳的拉力安全系数应大于6；升降作业人员的提升设备应装设安全锁，升降速度小于0.5m/s。提升作业时不得撒漏渣土、水，井下设置厚度不小于50mm的安全护板，护板距离井底不得大于3m，升降作业时井下人员应位于护板下方。

探井掘进深度大于7m时，应采用压入式机械通风方式，探井工作面通风速度不应低于0.2m/s，风量不宜少于1.5m^3/min。

探井用电作业的电缆必须采取防磨损、防潮湿、防断裂等安全防护措施，工作面照明电压应小于24V，掘进期间，应采取保证通风系统供电连续不间断措施。

探槽和探井竣工验收后必须及时回填，拆除支护结构应由下而上，边拆除边回填。

第三节　洞　探

根据勘探目的、掘进深度、工程地质和水文地质条件、作业条件等洞探安全生产影响因素确定探洞断面规格、支护方案和掘进方法。

一、洞口安全要求

探洞洞口标高应高于当地作业期间预计最高洪水位1.0m以上，洞口周围和上方应无碎石、块石和不稳定岩石，洞口位置选择在岩土体完整、坚固和稳定的部位，洞口顶板采取支护措施，支框伸出洞外不得小于1.0m，洞口处于破碎岩层时，应采取加强支护或超前支护等安全生产防护措施。运输设备最大宽度与平洞侧壁安全距离大于0.25m，人行道宽度大于0.5m，有含水地层的平洞应设置排水沟或集水井。

二、施工过程安全要求

扶钎杆的作业人员不得佩戴手套，严禁打残眼和掏瞎炮，在含有瓦斯或煤尘的探洞内凿岩时，应选用防爆型电动凿岩机，并有安全防护措施。

掘进工作面或洞壁有透水征兆时应立即停止作业，并采取安全生产防护措施或撤离作业人员。

三、通风要求

洞探作业风筒口与工作面的距离：压入式通风不得大于10m，抽出式通风不得大于5m，混合式通风的压入风筒不得大于10m，抽出风筒应滞后压入风筒5m以上。

洞探作业应设置通风设施，风源空气含尘量应小于0.5mg/m^3，工作面空气中含有10%以上游离SiO_2的矽尘含量应小于2mg/m^3。洞探长度大于20m时应采用机械通风，通风速度应大于0.2m/s，氧气应大于20%，二氧化碳应小于0.5%。

四、用电安全要求

配电箱或开关箱应设置在无渗水、无塌方危险的地点，开关箱与作业面的安全距离不大于3m，悬挂电缆应设置在通风、给水排水管线另一侧，电缆接地芯线不得兼作其他用途，通信线路与照明线路不得设置在同一侧，照明线路与动力线路之间距离应大于0.2m。

存在瓦斯、煤尘爆炸危险的探洞作业应使用防爆型照明用具，不得在洞内拆卸照明用具。

五、其他要求

停止作业期间，探洞洞口栅门应关闭加锁，并应设置“不得入内”安全标志。

探洞竣工验收后，应及时封闭洞口；拆除支护结构应由内向外进行。

第九章　场地用电和用电设备

根据现场条件编制临时用电方案。临时用电设施应经验收合格后再投入使用。

勘察现场临时用电宜采用电源中性点直接接地的220/380V三相四线制低压配电系统，系统配电级数不宜大于三级；配电线路应装设短路保护、过载保护和接地故障保护；上下级保护装置的动作应具有选择性，各级之间应协调配合。

接驳供电线路、拆装和维修用电设备必须由持证电工完成，严禁带电作业。

用电系统跳闸后，应先查明原因，并应在排除故障后再送电，严禁强行送电。

停工、待工时，配电箱或总配电箱电源应关闭并上锁，停用1h以上的用电设备开关箱应断电并上锁。

发生触电事故应立即切断电源，严禁未切断电源直接接触触电者。

第一节　勘察现场临时用电

勘察作业现场采用电缆线路，电缆类型应根据敷设方式、作业环境选用，电缆中应包含全部工作芯线和用作保护线的芯线。需要三相四线配线的电缆线路应采用五芯电缆，架空线应采用绝缘导线。

一、电缆线路和架空线路敷设

电缆线路采用埋地或架空敷设，避免机械损伤和介质腐蚀，埋地电缆路径应设置方位标志，严禁沿地面明设，架空线路应架设在专用电杆上，严禁架设在树木、临时设施或其他设施上，架空敷设的低压电缆应沿建筑物、构筑物架设，架设高度不应低于2m。

电缆直埋时，电缆与地表的距离不得小于0.2m，电缆上下铺垫厚度不小于0.1m的软土或砂土，并铺设盖板保护，勘察作业现场临时用房的室内配线应采用绝缘导线或电缆，室内明敷主干线距地面高度不得小于2.5m。

二、电器保护装置

钻机使用的电器设备应有保护装置，把电器设备不带电的金属部分用导线和大地连起来，即接地保护，一般保护接地电阻不应超过4Ω。

保护地线或保护零线应采用焊接、压接、螺栓连接或其他可靠方法连接，严禁缠绕或钩挂。勘察作业现场临时用电系统严禁利用大地或动力设备金属构件做相线或零线。

低压用电设备的保护地线可利用金属构件等自然接地体，严禁利用输送可燃液体、可燃或爆炸性气体的金属管道作为保护地线。

三、配电系统

勘察作业现场配电系统应设置总配电箱、分配电箱、开关箱，动力和照明配电系统应分设。

每台用电设备必须有单独的剩余电流动作保护装置和开关箱，严禁一个开关箱直接控制2台及以上用电设备。

配电箱、开关箱的进、出线应采用橡皮护套绝缘电缆，进、出线口宜设置在箱体下底面，箱内的连接线应采用铜芯绝缘导线，严禁改动箱内电器配置和接线，开关箱出线不得有接头，配电箱、开关箱的电源进线端严禁采用插头和插座做活动连接。配电箱和开关箱进行维修、检查时，应将前一级电源隔离开关分闸断电。

开关箱中应装设隔离开关、短路器（或熔断器）和剩余电流动作保护装置。各种开关电器的额定值和动作整定值与其控制用电设备的额定值和特性相适应。

四、用电注意事项

作业过程中，不得用湿手触摸电线、开关、电器设备，打雷时，不准用手触摸避雷针引下线。

线路和电器设备应经常检修，如有漏电及破损现象要及时修理。

衣服、工具不得放在电器设备上，雨衣、雨伞不准悬挂在电动机或电线上。

遇到有人触电时，应立即切断电源或用木棍使触电人脱离电器，不得用手直接接触触电人身体。

遭遇台风、雷雨、冰雹或沙尘暴等气象灾害天气后，恢复作业前应对现场临时用电设施和用电设备进行巡视和检查。

临时用电使用完毕后，及时组织拆除用电设施。

五、现场照明

勘察作业现场照明器具选型：露天作业现场照明宜选用防水型照明灯具，作业现场临时用房照明宜选用防尘型照明灯具、密闭型防水照明灯具或配有防水灯头的开启式照明灯具，有爆炸和火灾危险的井探、洞探作业照明，应按危险场所等级选用防爆型照明灯具。照明灯具的金属外壳应与保护线连接。

勘察作业现场照明电缆距离地面高度低于2.5m时，电压不应大于36V，潮湿和易触及带电体场所的照明，电源电压不得大于24V，特别潮湿场所和导电良好的地面照明，电源电压不得大于12V。

第二节　用电设备维护与使用

新投入运行或检修后的用电设备应进行试运行，并在无异常情况后再转入正常运行。

用电设备的电源线应按其计算负荷选用无接头耐气候型橡皮护套铜芯软电缆。电缆芯线数应根据用电设备及其控制电器的相数和线数选择。

电动机使用与维护：绝缘电阻不得小于0.5MΩ，应装设过载和短路保护装置，并根据设备需要装设缺相和失压保护装置。应空载启动，严禁电压过高或过低时启动，严禁三相电动机两相运转，运行中的电动机遭遇突然停电时，应立即切断电源，并将启动开关置于停止位置。

正常运转时，不得突然进行反向运转，运行时应无异响、无漏电、轴承温度正常，且电刷与滑环接触良好。

第十章　防火、防雷、防爆、防毒、防尘与环境保护

采购、运输、保管和使用危险品的从业人员必须接受相关专业安全教育、职业卫生防护和应急救援知识培训，并应经考核合格后上岗作业。

存放易燃、易爆、剧毒、腐蚀性等危险品的区域应设立安全标志，有毒、腐蚀性物品的领取和使用必须严格管理，对剩余、废弃物的数量及处置应有详细记录。

第一节　危险品储存和使用

危险品应按其不同的物理、化学性质分别采用相应的包装容器和储存方法，储存量不得超过规定限额。理化性质相抵触、灭火方法不同的物品应分库储存并定期测温和检查。储存危险品的仓库应符合防火、防爆、防潮、防盗要求。

危险品入库前应进行检查登记，领用时，按最小使用量发放，定期检查库存，并建立和保存危险品使用记录。

易燃物品应放置在阴凉通风处，严禁用明火加热。易爆物品移动时不得剧烈震动，不得存放在操作室。

遇水易燃物品残渣严禁直接倒入废液桶内。易挥发的易燃物品或有毒物品应存放在密闭容器内。

搬运、使用腐蚀性物品应穿戴相应的劳动防护用品，高氯酸和过氧化物等强氧化剂使用时不得与有机物接触。

测试汞的试验室应安装排风罩，排风罩应安装在接近地面处，测试汞的试验台应有捕收废汞装置。

放射性试剂和放射源必须存放在铅室中。

第二节 防火

勘察作业现场临时用房消防器材配备应符合现行国家标准《建筑灭火器配置设计规范》GB 50140的规定，每幢不得少于2具，消防器材应合理摆放、标志明显，并应有专人负责保管。

作业现场和临时用房内严禁使用明火照明，严禁使用无保护罩电炉取暖，在无人值守情况下严禁使用电热毯取暖。

作业现场取暖装置的烟囱和内燃机排气管穿过塔布和机房壁板处应安装隔热板或防火罩。排气口距可燃物不得小于2.5m。

柴油机或其他设备油底壳不得用明火烘烤。

在林区、草原、化工厂、燃料厂及其他对防火有特别要求的场地内作业时，必须严格遵守当地有关部门的防火规定。

油料着火时，应使用砂土、泡沫灭火器或干粉灭火器灭火，严禁用水扑救。用电设备着火时，必须先切断电源然后再实施扑救。

含沼气地层勘探作业防火措施：

1. 勘察作业现场不得使用明火或存放易燃、易爆物品；

2. 勘探时应注意观察勘探孔内泥浆气泡和异常声音，发现返浆异常或勘探孔内有爆炸声时应立即停止作业，并测量孔口可燃气体浓度，应在确认无危险后再复工；

3. 当勘探孔内有气体溢出或燃烧时，应立即关停所有机械和电器设备、设立警戒线和疏散附近人员，并应立即报警。

在油气管道附近勘探作业时，应先查明管道的具体位置。发生钻穿管道事故时应立即关停所有机械电器设备、熄灭明火、设立警戒线和疏散附近人员，并应立即报警。

焊接与切割作业时，电、气焊作业区10m范围内不得存放易燃、易爆物品，并配备相应的消防器材。

第三节 防雷

雷雨季节，在易受雷击的空旷场地勘探作业时，钻塔应安装防雷装置。机械、电气设备防雷接地所连接的PE线应同时做重复接地，同一台机械电气设备的重复接地和机械的防雷接地可共用同一接地体，但接地电阻应符合重复接地电阻值的要求。

接闪器安装高度应高于钻塔1.5m以上，接闪器和引下线与钻塔间应采取绝缘措施。

勘察作业现场防雷装置冲击接地电阻值不得大于30Ω。

遇雷雨天气时，应停止现场勘察作业，严禁在树下、山顶和易引雷场所躲避雷雨。

第四节 防爆

易燃、易爆物品应分类、分专库存储。

爆炸、爆破作业人员必须经过专业技术培训，并取得相应类别的安全作业证书。

爆炸、爆破作业前，作业负责人应组织现场踏勘，了解和收集与爆炸、爆破作业安全有关的环境、气象、水文等资料，编制爆炸、爆破作业方案，制定防护措施和应急预案。

在地质条件复杂场地和水域进行爆炸、爆破作业，应进行专项爆炸、爆破设计。

在城镇进行爆炸、爆破作业，应对勘察场地周边公共设施、住宅区等产生的影响进行安全论证，必要时应采取相应的安全防护措施。

爆炸、爆破作业应由专人负责指挥，并应做好安全警戒。各种车辆、人员严禁进入爆炸、爆破作业影响范围。

在有地面塌陷或山体崩塌、岩块滚落等场地进行爆炸、爆破作业时，采取安全警戒措施，在通往作业区的道路上设置安全标志。

爆破作业结束后，先对作业场地进行通风、检查和处理后再进行其他工序作业。在有矿尘、煤尘、易燃、易爆气体爆炸危险的作业场地进行爆炸、爆破作业时，应使用专用电雷管和专用炸药。

第五节　防　毒

作业过程中遇有害气体时应加强监测。当有害气体浓度超过表4.10－1的规定时，应采取有效的通风、净化和安全防护措施，必要时应停止作业撤离人员。

有害气体最大允许浓度　　　　**表4.10－1**

有害气体名称	符号	允许体积浓度（%）	允许质量浓度（mg/m^3）
一氧化碳	CO	0.00240	30
氮氧化物	[NO]	0.00025	5
二氧化硫	SO_2	0.00050	15
硫化氢	H_2S	0.00066	10
氨	NH_3	0.00400	30

在含有害气体的探洞、探井、探槽内作业：

作业过程中应保证有效通风，并应定期检测有害气体浓度，瓦斯或沼气的体积浓度不应超过1.0%，氧气体积含量应大于20%，二氧化碳体积含量应小于0.5%，应使用防爆电器设备，严禁携带火种下井（洞）或在井（洞）内使用明火，进入长时间停、待工的探洞、探井、旧矿井或洞穴作业，先检测有害气体浓度，并在确认有害气体浓度不超过表4.10－1的规定后再进入作业。

使用剧毒、腐蚀性药品的作业人员应熟悉剧毒、腐蚀性药品的化学性质，作业时应严格执行操作规程及有关规定，并佩戴相应的劳动防护用品。

使用剧毒药品必须实行双人双重责任制，使用时必须双人作业，作业中途不得擅离职守，严禁单人独自使用。

作业完成后，对使用过剧毒药品的器皿和作业场所进行清理。剩余试剂应贴上警示标志，并按规定进行存储和管理，严禁带出室外。

剧毒、腐蚀性药品的废弃物、废液应放置在专用存储罐内，不得随意丢弃或排入下水道。

第六节　防　尘

在粉尘环境中作业时，作业人员应按规定正确使用个人防尘用具，并应定期更换。

产生粉尘的作业场所，扬尘点应采取密闭尘源、通风除尘、湿法防尘等综合防尘措施，作业环境中空气粉尘含量应小于 $2.0mg/m^3$。

在粉尘环境中工作的作业人员，应定期进行体检，患有粉尘禁忌症者不得从事产生粉尘的工作。

第十一章　环境保护

在城市绿地和自然保护区勘察作业时，采取减少对作业现场植被破坏的措施。

勘察作业前，对作业人员进行环境保护交底，并对勘探设备进行检查、维护。作业过程中按环境保护要求对设备添加和排放油液、钻探冲洗液排放、弃土弃渣处理、噪声等进行控制。

对机械使用、维修保养过程中产生的废弃物应集中收集存放、统一处理。

作业现场严禁焚烧各类废弃物，作业过程产生的弃土、弃渣应集中堆放，易产生扬尘的渣土应采取覆盖、洒水等防护措施。

有毒物质、易燃易爆物品、油类、酸碱类物质和有害气体严禁向城市下水道和地表水体排放。

在城区作业时，严格按国家和地方有关规定控制噪声污染，当噪声超标时应采取整改措施，并在达到标准后再继续作业。

勘察项目现场勘探工作结束，应清理施工现场，将场地内孔、井、槽回填整平，必要时应夯实处理。

附件一　地貌单元分类

地貌单元分类　　**附表 1-1**

成因	地貌单元		主导地质作用
构造、剥蚀	山地	高山	构造作用为主，强烈的冰川刨蚀作用
		中山	构造作用为主，强烈的剥蚀切割作用和部分的冰川刨蚀作用
		低山	构造作用为主，长期强烈的剥蚀切割作用
	丘陵		中等强度的构造作用，长期剥蚀切割作用
	剥蚀残丘		构造作用微弱，长期剥蚀切割作用
	剥蚀准平原		构造作用微弱，长期剥蚀和堆积作用
山麓斜坡堆积	洪积扇		山谷洪流洪积作用
	坡积裙		山坡面流坡积作用
	山前平原		山谷洪流洪积作用为主，夹有山坡面流坡积作用
	山间凹地		周围的山谷洪流洪积作用和山坡面流坡积作用
河流侵蚀堆积	河谷	河床	河流的侵蚀切割作用或冲积作用
		河漫滩	河流的冲积作用
		牛轭湖	河流的冲积作用或转变为沼泽堆积作用
		阶地	河流的侵蚀切割作用或冲积作用
	河间地块		河流的侵蚀作用
河流堆积	冲积平原		河流的冲积作用
	河口三角洲		河流的冲积作用，间有滨海堆积或湖泊堆积
大陆停滞水堆积	湖泊平原		湖泊堆积作用
	沼泽地		沼泽堆积作用
大陆构造—侵蚀	构造平原		中等构造作用，长期堆积和侵蚀作用
	黄土塬、梁、峁		中等构造作用，长期黄土堆积和侵蚀作用
海成	海岸		海水冲蚀或堆积作用
	海岸阶地		海水冲蚀或堆积作用
	海岸平原		海水堆积作用
岩溶（喀斯特）	岩溶盆地		地表水、地下水强烈的溶蚀作用
	峰林地形		地表水强烈的溶蚀作用
	石芽残丘		地表水的溶蚀作用
	溶蚀准平原		地表水的长期溶蚀作用及河流的堆积作用
冰川	冰斗		冰川刨蚀作用
	幽谷		冰川刨蚀作用
	冰蚀凹地		冰川刨蚀作用
	冰碛丘陵、冰碛平原		冰川堆积作用
	终碛堤		冰川堆积作用
	冰前扇地		冰水堆积作用
	冰水阶地		冰水侵蚀作用
	蛇堤		冰川接触堆积作用
	冰碛阜		冰川接触堆积作用

续表

成因	地貌单元		主导地质作用
风成	沙漠	石漠	风的吹蚀作用
		沙漠	风的吹蚀和堆积作用
		泥漠	风的堆积作用和水的再次堆积作用
	风蚀盆地		风的吹蚀作用
	沙丘		风的堆积作用

构造、剥蚀地貌分类　　附表 1 – 2

地貌类型	成因与特征
山地	按构造形式分类见附表 1 – 3 按地貌形态分类见附表 1 – 4
丘陵	相对高度小于200m。丘陵地区基岩一般埋藏较浅，顶部常直接裸露，风化现象严重，有时表层为残积物覆盖；谷底堆积有较厚的洪积物、坡积物或冲积物，有时还有淤泥等；在边缘地带常堆积有结构松散的新近堆积物。丘陵地区地下水的分布较复杂，一般丘顶部分无地下水，边缘和谷底常有上层滞水或潜水型的孔隙水
剥蚀残丘	低山在长期的剥蚀过程中，极大部分的山地都被夷平成为准平原，但在个别地段形成了比较坚硬的残丘，称剥蚀残丘。一般常呈几个孤零屹立的小丘，有时残丘与河谷交错分布
剥蚀准平原	剥蚀准平原是低山经过长期的剥蚀和夷平，外貌显得更为低缓平坦，具有微弱起伏的地形。其分布面积一般不大。由于长期受到剥蚀，因而基岩常裸露地表，有时低洼地段覆盖有不厚的残积物、坡积物、洪积物等。剥蚀准平原的地下水一般埋藏较深，或只有一些上层滞水，地下水位随地形的起伏而略有起伏

山地按构造形式分类　　附表 1 – 3

山地名称	成因与特征
断块山	由断裂作用上升所致，最初形成时，有完整断层面与明显的断层线，断层面为山前的陡崖，外形一般为三角形；断层线为谷底的轮廓线。但经长期的风化和剥蚀，断层面被破坏并向后退却；断层线被巨厚的碎屑物所覆盖
褶皱断块山	在构造形态上具有由褶皱断裂作用所致的特征，其所处位置曾经是构造运动剧烈且频繁的地区
褶皱山	由褶皱作用所致，除了简单的背斜或向斜褶曲外，尚有次生的小褶曲。山脉走向与褶曲的方向常相一致。在向斜构造及背斜构造的褶皱山区容易产生狭长的槽沟地形

山地按地貌形态分类　　附表 1 – 4

山地名称		绝对高度（m）	相对高度（m）	主要特征
最高山		>5000	>5000	其界线大致与现代冰川位置和雪线相符
高山	高山	3500 ~ 5000	>1000	以构造作用为主，具有强烈的冰川刨蚀切割作用
	中高山		500 ~ 1000	
	低高山		200 ~ 500	

续表

山地名称		绝对高度（m）	相对高度（m）	主要特征
中山	高中山	1000～3500	>1000	以构造作用为主，具有强烈的剥蚀切割作用和部分的冰川刨蚀作用
	中山		500～1000	
	低中山		200～500	
低山	中低山	500～1000	500～1000	以构造作用为主，受长期强烈剥蚀切割作用
	低山		200～500	

山麓斜坡堆积地貌分类 **附表1－5**

地貌分类	成因与特征
洪积扇	山区洪流沿河谷流出山口时，流速减小，搬运能力急剧减弱，洪流搬运的碎屑物质在山口逐渐堆积下来，形成洪积扇。它一般是由山口向山前倾斜的半圆扇形锥状堆积体
坡积裙	是由山坡上的面流将碎屑物搬运到山麓下，并围绕坡脚堆积而成的裙状地貌。坡积物分选性差，大小颗粒混杂在一起，由于重力作用，粗颗粒堆积在邻近山麓，细颗粒则堆积在较远的部位
山前平原	暂时性流水在山前堆积了大量的洪积物，这些洪积物与山坡上面流水所挟带的坡积物堆积在一起，形成宽广的山前倾斜平原。靠近山麓较高，远离山麓较低，地形狭长，波状起伏。 在新构造运动上升区，洪积扇向下方移动，山前平原不断扩大；如果山区上升过程中曾有过几次间歇，在山前平原上就会产生高差明显的山麓阶地
山间凹地	被环绕的山地所包围而形成的堆积盆地，称为山间凹地。山间凹地通常由周围的山前平原继续扩大所组成。凹地边缘颗粒粗大，一般呈亚角形；凹地中心，颗粒逐渐变细。地下水位浅，有时形成大片沼泽洼地

河流侵蚀堆积地貌分类 **附表1－6**

地貌类型		成因与特征
河谷	河床	是谷底河水经常流动的地方。由于受河流的侧向侵蚀作用而弯来弯去，经常改变河道的位置，河床底部的冲积物就复杂多变。一般来说，山区河流河床底部大多为坚硬的岩石或者是大块的碎石、卵石，但由于侧向侵蚀的结果常带来大量的细小颗粒，并可能有软土存在。特别是当河流两旁有许多冲沟支岔时，这些冲沟支岔带来的细小颗粒往往和河流挟带来的粗大颗粒交错在一起，使河床下的堆积物变得复杂化。 山区河流河床底部的堆积物本身也往往是不固定的，当下一次较大的洪水下来时，原来堆积的物质被搬运走了，而又堆积下来新的物质。平原地区河流的河床，一般是由河流自身堆积的细颗粒物质构成
	河漫滩	分布在河床两侧，经常受洪水淹没的浅滩称为河漫滩。河流上游，河漫滩往往由大块碎石所构成，且处于不稳定状态，再一次洪水到来时可能把它冲走。河流中游，河漫滩一般由砂土组成。河流下游，河漫滩一般由黏性土组成。河漫滩的地下水位一般都较浅，在干旱地区往往形成盐渍地。由于河流挟带的碎屑物不断堆积在河床的两侧，这样有时靠河床一侧的河漫滩地形较其他部分为高，河漫滩上的低洼部分则逐渐形成河漫滩湖泊或河漫滩沼泽地
	牛轭湖	是河流产生蛇曲的结果，当河流弯曲得十分厉害，一旦河流截弯取直，原来弯曲的河道淤塞，就成了牛轭湖。在枯水和平水期间，牛轭湖内长满了水草，渐渐淤积成为沼泽。在洪水期间，牛轭湖有时就和河流相接成为溢洪区。牛轭湖一般是泥炭、淤泥堆积的地区

续表

地貌类型		成因与特征
河谷	阶地	是地壳上升、河流下切形成的地貌。当上升过程中有几次停顿的阶段，就形成几级阶地。阶地由河漫滩以上算起，分别称为一级阶地、二级阶地等等。高阶地靠山坡的一侧也可能有新近堆积的坡积层、洪积层，其压缩性高，结构强度低。在低阶地，地下水位较浅。特别要注意低阶地上地形比较低洼的地段。这些地方有时积水，生长一些水草。这往往曾是河漫滩湖泊和牛扼湖的地方。有时河漫滩湖泊或牛扼湖的堆积物埋藏很深，成为透镜体或条带状的淤泥 阶地根据地貌形态可分为：横阶地、纵阶地。纵阶地根据成因又可分为：侵蚀阶地、堆积阶地（又可细分上叠阶地和内叠阶地）和基座阶地
	河间地块	河谷相互之间所隔开的广阔地段，称为分水岭。在山区分水岭通常是峻高的山脊；在平原地区，分水岭常表现为较平坦的地形，外表上不很明显，水仅从一个微高的地段流向两条不同的河流，这种分水岭称为河间地块。河间地块本身的地质构成可能是多种多样的，有的原先是构造平原，受相反方向两条河流的切割而成为剥蚀准平原类型；有的原先是洪积扇或阶地，为几条支流同时切割而成了河间地块。河间地块的地表水分别流入各自的河流，地下水也分别补给各自的河流，地表水的分水岭常与地下水的分水岭相一致（岩溶地区除外），地下水位随地形的起伏而变化

河流堆积地貌分类 **附表 1-7**

地貌类型	成因与特征
冲积平原	由大河流中、下游发生大量堆积而形成。岩体埋藏一般很深，其堆积巨厚的第四纪沉积物，以细颗粒为主，地下水位很浅。凡是地形较低洼或水草茂盛的地方，过去曾是河漫滩湖泊或牛轭湖，常分布较厚的条带状淤泥。有时被风成砂所掩盖，形成复杂的砂丘地貌。冲积平原又可分为山前平原、中部平原和滨海平原
河口三角洲	河流在入海或入湖的地方堆积了大量的碎屑物，构成了一个三角形的地段，称为河口三角洲。由于河口三角洲是河流的最末端，入口处经常受到海浪或潮汐的顶托作用，流速几乎为零，使淤泥等最细小的颗粒也能全部堆积下来，形成巨厚的淤泥层。河口三角洲地下水位一般很浅，地基土的承载力比较低，常为软土地基 在新构造运动上升的地区，海岸线不断往海域方向移动，河口三角洲的面积日益扩大；反之，则渐趋缩小 在河口三角洲形成的时期，河流流速迅速减小，产生了大量的分流，形成一个复杂的水系网。小的分流往往成为许多纵横交错的小河沟，这些小河沟后来又被河流冲积物或人工堆填所覆盖，成为暗浜或暗沟

大陆停滞水堆积地貌分类 **附表 1-8**

地貌类型	成因与特征
湖泊平原	由于地表水流将大量的风化碎屑物带到湖泊洼地，使湖岸堆积、湖边堆积和湖心堆积不断地扩大和发展，形成了大片向湖心倾斜的平原，称为湖泊平原 湖泊平原由于是在静水条件下堆积起来的，淤泥和泥炭的总厚度很大，其中往往夹有数层很薄的水平的细砂或黏土夹层，很少见到圆砾或卵石。土的颗粒由湖岸向湖心逐渐变细 湖泊平原上地下水位一般都很浅，土质也较软弱
沼泽地	湖泊洼地中水草茂盛，大量有机物在洼地中积聚，久而久之产生了湖泊的沼泽化。当喜水植物渐渐长满了整个湖泊洼地时，便形成了沼泽地 在平原上河流弯曲的地段容易产生沼泽地，大多曾是河漫滩湖泊或牛轭湖的地方。另一方面，当河流流经沼泽地时，由于沼泽地的土质松软，侧向侵蚀强烈，河道往往迂回曲折，有时形成许多小的牛轭湖 在山区，山坡较平缓的地段，由于地表水排泄不畅或由于地下水的出露亦可形成沼泽地

大陆构造-侵蚀地貌分类　　附表1-9

地貌类型	成因与特征
构造平原	由于地壳的缓慢上升，海水不断退出陆地，所形成的向海洋微微倾斜的平原，称为构造平原 构造平原分布极广，依照其所处的绝对标高的高度可分为： 1. 洼地：位于海平面以下的平展的内陆低地。这种低地为荒漠或半荒漠地区的内陆盆地，表面切割微弱； 2. 平原：绝对标高在200m以下的平展地带； 3. 高原：绝对标高在200m以上的顶面平坦的高地
黄土塬、梁、峁	由黄土覆盖的高原称为黄土高原。黄土高原地形平坦，但常被冲沟切割得支离破碎，这种被冲沟切割后还保持大片平缓倾斜的黄土平台，称为黄土塬。 黄土塬上受两条平行的冲沟切割而成条状的高地，称为黄土梁。 黄土梁进一步受冲沟的切割而成孤立的或连续的馒头状的高地或者由于古地面的影响而成单个孤立的丘陵，称为黄土峁。 黄土具有垂直的节理，因此能保持高耸的直立陡壁。黄土塬、梁上部地形平坦，但边缘常为冲沟或河流切割而成深邃的黄土峡谷，边坡常不稳定。 由于部分地区的黄土浸水后具有湿陷性，在自重湿陷性地区地表常有漏斗、碟形洼地、天生桥、黄土柱等特殊地貌景观。 黄土大多具有垂直的沟孔和孔隙，地表水容易渗透到底部，因此黄土高原上地下水一般埋藏都较深

海成地貌分类　　附表1-10

地貌类型	成因与特征
海岸	海岸是海洋与陆地的边界。根据地貌形态可分为： 1. 海岸悬崖：是直立突出的海岸。 2. 崖麓：是海岸悬崖的下面部分。它是由悬崖上的崩塌物和海浪冲来的滨海堆积物混合组成。 3. 海滩：海滩是平行于海岸线而伸展的平缓地形。它是由滨海堆积物所构成，海滩面微微倾向大海。 在上升海岸，海岸线逐渐向海中推移，海滩就会变得宽阔起来；在下降海岸，海岸线逐渐向海岸上移，海滩的范围也就逐步缩小。 海岸因海水的堆积作用常产生各种各样的堆积地形： 1. 砂坝和砂堤：底流携带泥砂流回大海时，遇到后浪作用，流速抵消，堆积成为砂坝。砂坝一般与海岸线平行。砂坝经不断的堆积后，起初形成暗滩，当突出海面后就成为砂堤。 2. 泻湖和海滨沼泽：砂堤和海岸之间与大海隔离的部分海面称为泻湖。当泻湖为水草填满时，就成为海滨沼泽。 3. 砂嘴：当岸流顺着海岸流动，在海岸拐角的地方，岸流一直流入大海中，海水变深，流速降低；或者由于两股岸流同向一个拐角处流动，相遇之后，流速抵消，泥砂就堆积成为一个顶部向大海突出的砂嘴。 海岸由于海浪的冲蚀作用可能引起海岸滑坡、崩塌等不良地质作用的产生。海岸被海水冲蚀破坏的速度与岩石的成分和产状有关。如系一种岩层组成，且具水平产状，那么它被冲蚀后就会变成陡峭的悬崖，底部被海浪掏空，形成浪龛。当岩层向大海倾斜时，破坏速度就较缓慢；如果向陆地方向倾斜，这时岩石就突出海岸成为高耸的悬崖

续表

地貌类型	成因与特征
海岸阶地	位于海滨的阶地称为海岸阶地。海岸阶地可分为： 1. 冲蚀阶地：由海浪的冲蚀作用和海岸的上升作用所形成，大多分布在多山地区的海岸。阶地前缘多有崩塌、滑坡等现象。 2. 堆积阶地：由海水的堆积作用和海岸的上升作用所形成，常见于平原地区的海岸。常有软土、淤泥等分布。 海岸阶地一般都是向大海倾斜的，阶地的外缘与海岸线大致平行。冲蚀阶地的宽度一般比较窄；堆积阶地一般比较宽阔
海岸平原	海岸平原是新的砂堤随着海岸线的下降而扩展形成的。海岸平原的地形开阔平坦，地面缓缓倾向大海。海岸平原上常有许多砂丘，有时微呈波状地形 海滨沼泽再进一步也会形成海岸平原。这种类型的海岸平原在外表上看来成一碟形洼地，洼地的底部多为泥炭和淤泥堆积

岩溶地貌分类 **附表 1－11**

地貌类型	成因与特征
岩溶盆地	岩溶盆地是一种漏斗状或盆状的凹地，常以较高、较陡的悬崖与周围相隔离。盆地的规模大小不一，形态上变化也很大，有时由数个岩溶盆地串通而成狭长形的带状凹地。 岩溶盆地的底部比较平坦（底部低洼部分常有软土、淤泥存在）。地表河流或地下暗河流经其中，并常有漏斗、竖井、落水洞等分布，在盆地边缘常有石灰岩的风化残积物（红黏土）及悬崖崩塌物的堆积。 岩溶盆地的周围常有岩溶下降泉出露，地表水及周围的下降泉均由无数的落水洞或暗河所排泄。当洪水期间，这些落水洞或暗河被堵，排泄不畅时，则形成暂时积水，淹没盆地底部或成为一个季节性的岩溶湖泊。 岩溶盆地常一连串地沿着断层线、褶皱轴或主要节理方向上发育，因这些构造形迹的存在，使岩溶盆地更易发育。 落水洞、竖井：是由于地表水沿着石灰岩凹地、高倾角节理、裂隙密集交叉处溶蚀扩大而成，起着近代地表水流入地下的通道作用者称落水洞；不起近代地表水流入地下通道作用者，称竖井或天然井。 漏斗：为倒圆锥状或漏斗状的低洼地形，由于水的侵蚀作用并伴随着塌陷而成。 溶洞、暗河：是以岩溶水的溶蚀作用为主，间有潜蚀和机械塌陷作用而造成的近于水平方向延伸的洞穴称溶洞。当溶洞中有经常性的水流，而流量又较大时，则称为暗河
峰林地形	岩溶盆地的边缘进一步受到溶蚀破坏，使连续的石灰岩悬崖切割分离而成柱形或锥形的陡峭石峰，就形成了峰林地形。 许多石峰分布在一起的称峰丛或峰林。当峰林地形形成后，由于地表河流的侧蚀作用和进一步的溶蚀作用，石峰的高度减低，相互间的距离增大，形成了孤立挺拔的孤峰，有时称为残峰。在厚层水平的石灰岩地区，当垂直节理发育时，经强烈的溶蚀作用而成密集壁立的石峰称为石林。 峰林地区的地面常崎岖不平，常有石芽发育，并伴有漏斗、竖井、落水洞、暗河等分布。 峰林往往顺岩层走向排列，在背斜的轴部峰林最易形成，而且发育也较完善。在产状平缓、层厚、质纯的石灰岩地区，峰林则常成星点状分布

续表

地貌类型	成因与特征
石芽残丘	当地表水沿石灰岩的表面或裂隙流动时，常将岩石溶切成很深的沟槽，其长度小于五倍宽度者，称为溶沟；大于五倍者称为溶槽。溶沟之间凸起的石脊，称为石芽。石芽分布在石灰岩裸露的地面上，成为石芽残丘。 石芽的形态表现多种多样，有山脊式、棋盘式和石林式。或裸露于地面，或隐伏于地下。石芽之间溶沟底部的红黏土，一般含水量较大，土质较软
溶蚀准平原	岩溶盆地经过长期的溶蚀破坏，形成比较开阔的平原称溶蚀准平原。其上常有稀落低矮的残峰分布，地表为河流冲积层或石灰岩的风化残积物（红黏土）所覆盖，河流两旁或河床底部有时有灰岩出露，地面分布着漏斗或落水洞，或有石芽出露地表。暗河时出时没，常见有地表塌陷及造成塌陷的土洞

冰川地貌分类 **附表 1－12**

地貌类型		成因与特征
冰蚀地貌	冰斗	在山谷或山坡低洼的地方，当气候变为严寒时，可能形成冰窝，经过冰川的刨蚀和冰胀作用，造成三面为陡崖包围的簸箕状的凹地，称为冰斗。 当气候变暖，冰窝中的冰川消失时，这时冰斗便积水成湖，称为冰斗湖。在高山地区往往称为天池。 当冰斗湖渐渐被三面陡崖的风化碎屑物所填充时，变成平坦的低湿地，有时形成沼泽地
冰蚀地貌	幽谷	冰川移动的山谷称为幽谷。冰川的底蚀和侧蚀力量很强烈，因而幽谷两壁陡立，横剖面呈“U”字形，且具有明显的冰川擦痕及磨光面等特征。纵剖面往往成台阶状，坚硬的岩石则成为羊背石。 幽谷有主谷和支谷，由于冰川刨蚀力大，主谷加深的速度一般大于支谷。这样，主谷中的冰川就将支沟的尾部切去，形成高悬的支谷，叫作悬谷。 冰蚀后的山脊常成尖鳍状，称为鳍脊；顶峰成尖角状，称为角峰
冰蚀地貌	冰蚀凹地	由于冰川具有强大的挖掘能力，常在冰川移动的幽谷中挖掘成凹地，称为冰蚀凹地。 冰川退缩后，凹地中的潴水成了冰川湖。有时冰川在前进的道路上沿途挖掘，形成一连串的凹地，潴水后称为串珠湖
冰碛地貌	冰碛丘陵 冰碛平原	当冰川退缩时，冰碛物全部堆积下来，成为底冰碛。底冰碛的厚度可达数十米。当冰碛物堆积于冰期以前的丘陵上时，就形成了冰碛丘陵。当冰碛物的分布面积很广，就形成了坡度缓和呈波浪起伏的冰碛平原
冰碛地貌	终碛堤	在冰川尽头的地方，所有冰川搬运的物质全部堆积下来，形成堤坝状的堆积物，称为终碛堤。 终碛堤是很复杂的。当冰川退缩时，终碛堤可能有数条，长度可达数百公里，其高度不超过数十米。终碛堤有时横越谷地，将谷地堵塞，在终碛堤和后退的冰川之间，形成了冰碛湖盆地
冰碛地貌	冰前扇地	从冰川末端往外，由冰川中融化所成的冰下水挟带了大量的泥砾和冰川研磨所形成的细泥，堆积在终碛堤的边缘，形成了向外扩展的、坡度愈向外愈平缓的扇形地，叫作冰前扇地。 冰前扇地具有宽广的平面，有时有大片的砂土覆盖，形成无数砂丘。冰前扇地上基岩埋藏不深，地下水很浅，河流在切割很浅的河谷中流动，水量很小，往往形成一片沼泽地
冰碛地貌	冰水阶地	大量的冰川中融化所成的冰下水沿着深谷以巨大的流速奔腾，又一次切割原先堆积的冰碛物，形成冰水阶地。 谷地中，冰水阶地常分为好几层。河流流出谷地后，冰水阶地的形态常不清楚，只有在出口的地方较为明显

续表

地貌类型		成因与特征
冰蚀地貌	蛇堤	蛇堤是冰川接触堆积作用所形成的一种狭长形的高地。蛇堤常沿冰川流动方向延伸，具有对称的外形，顶部平缓而狭窄，宽高各数十米，而长达数百米至数十公里。在丘陵地区，蛇堤分布在高地斜坡上，外形上很像阶地。蛇堤常沿它的伸展方向形成个别的小丘
	冰碛阜	绝大多数冰碛阜是在冰川边缘内侧的凹地中形成的，有些冰碛阜产生在为冰水堆积物所覆盖的大片冰面上。当大片冰面融化后，冰碛物塌陷，分裂为小丘，在小丘之间形成了洼地。冰碛阜上常有因冰块融化而塌陷成的锅穴，甚至还有尚未塌陷而保留的空洞

风成地貌分类 **附表 1-13**

地貌类型	成因与特征
石漠	地面平坦，满布砾石或者是光秃的岩石露头，很少有植物和砂。它是风把砂和尘土吹走以后留下来的岩块，或者是古老的砾石滩，或者是基岩直接暴露地表所形成的。也称之为“戈壁滩”
沙漠	是风积的细砂广泛分布的地区。沙漠的面积往往非常广阔。沙漠中的砂多成起伏的砂丘，形态上成为波状地形
泥漠	沙漠中的黏土颗粒被雨水搬运到低洼的地方堆积下来，就形成了泥漠 泥漠地区一般地面平坦、植物稀少。由于这些低洼地往往含有大量盐分（氯化物、硫酸盐和碳酸盐等），盐分吸水则膨胀，经常处于潮湿状态中，形成了盐沼泥漠。当盐沼泥漠干燥后就形成了龟裂地
风蚀盆地	在干旱地区，因风的吹蚀作用可将地面风化碎屑物吹走，从而形成宽广且轮廓不明显的洼地。 风蚀盆地大多呈椭圆形成排分布，并向主要风向伸展，有时形成巨大的马蹄形洼地。风蚀盆地因常积水并含有大量的盐分，则成为盐湖
砂丘	在风力作用下形成具有一定形状的堆积体，又分为新月形砂丘、砂垅、砂地、岸堤砂丘等形式

附件二　岩石的分类

岩浆岩的分类　　　　**附表 2－1**

<table>
<tr><td colspan="2">化学成分</td><td colspan="3">含 Si、Al 为主</td><td colspan="2">含 Fe、Mg 为主</td><td rowspan="5">产状</td></tr>
<tr><td colspan="2">酸基性</td><td>酸性</td><td colspan="2">中性</td><td>基性</td><td>超基性</td></tr>
<tr><td colspan="2">颜色</td><td colspan="3">浅色的（浅灰、浅红、红色、黄色）</td><td colspan="2">深色的（深灰、绿色、黑色）</td></tr>
<tr><td colspan="2" rowspan="2">矿物成分
成因及结构</td><td colspan="2">含正长石</td><td colspan="2">含斜长石</td><td>不含长石</td></tr>
<tr><td>石英、云母、角闪石</td><td>黑云母、角闪石、辉石</td><td>角闪石、辉石、黑云母</td><td>辉石、角闪石、橄榄石</td><td>辉石、橄榄石角闪石</td></tr>
<tr><td>深成的</td><td>等粒状，有时为斑状，所有矿物皆能用肉眼鉴别</td><td>花岗岩</td><td>正长岩</td><td>闪长岩</td><td>辉长岩</td><td>橄榄岩
辉岩</td><td>岩基
岩株</td></tr>
<tr><td>浅成的</td><td>斑状（斑晶较大且可分辨出矿物名称）</td><td>花岗斑岩</td><td>正长斑岩</td><td>玢岩</td><td>辉绿岩</td><td>苦橄玢岩
（少见）</td><td>岩脉
岩枝
岩盘</td></tr>
<tr><td rowspan="2">喷出的</td><td>玻璃状，有时为细粒斑状，矿物难于用肉眼鉴别</td><td>流纹岩</td><td>粗面岩</td><td>安山岩</td><td>玄武岩</td><td>苦橄岩
（少见）
金伯利岩</td><td>熔岩流</td></tr>
<tr><td>玻璃状或碎屑状</td><td colspan="5">黑曜岩、浮石、火山凝灰岩、火山碎屑岩、火山玻璃</td><td>火山喷出的堆积物</td></tr>
</table>

沉积岩的分类　　　　**附表 2－2**

成因	硅质的	泥质的	灰质的	其他成分
碎屑沉积	石英砾岩、石英角砾岩、燧石角砾岩、砂岩、石英岩	泥岩、页岩、黏土岩	石灰砾岩、石灰角砾岩、多种石灰岩	集块岩
化学沉积	硅华、燧石、石髓岩	泥铁石	石笋、石钟乳、石灰华、白云岩、石灰岩、泥灰岩	岩盐、石膏、硬石膏、硝石
生物沉积	硅藻土	油页岩	白垩、白云岩、珊瑚石灰岩	煤炭、油砂、某种磷酸盐岩石

变质岩的分类　　　　**附表 2－3**

岩石类别	岩石名称	主要矿物成分	鉴定特征
片状的岩石类	片麻岩	石英、长石、云母	片麻状构造，浅色长石带和深色云母带互相交错，结晶粒状或斑状结构
	云母片岩	云母、石英	具有薄片理，片理面上有强的丝绢光泽，石英凭肉眼常看不到

续表

岩石类别	岩石名称	主要矿物成分	鉴定特征
片状的岩石类	绿泥石片岩	绿泥石	绿色，常为鳞片状或叶片状的绿泥石块
	滑石片岩	滑石	鳞片状或叶片状的滑石块，用指甲可刻划，有滑感
	角闪石片岩	普通角闪石、石英	片理常常表现不明显，坚硬
	千枚岩、板岩	云母、石英等	具有片理，肉眼不易识别矿物，锤击有清脆声，并具有丝绢光泽，千枚岩表现得很明显
块状的岩石类	大理岩	方解石、少量白云石	结晶粒状结构，遇盐酸起泡
	石英岩	石英	致密的、细粒的块体，坚硬，硬度近7°，玻璃光泽、断口贝壳状或次贝壳状